现代通信

原理及应用

主　编◎刘亚娟

副主编◎黄显德　文良华　宋　清

四川大学出版社

项目策划：王　锋
责任编辑：王　锋
责任校对：胡晓燕
封面设计：墨创文化
责任印制：王　炜

图书在版编目（CIP）数据

现代通信原理及应用 / 刘亚娟主编. — 成都 : 四川大学出版社, 2020.8（2023.1 重印）
ISBN 978-7-5690-3427-1

Ⅰ. ①现… Ⅱ. ①刘… Ⅲ. ①通信原理 Ⅳ. ①TN911

中国版本图书馆 CIP 数据核字（2020）第 158770 号

书名　现代通信原理及应用
Xiandai Tongxin Yuanli Ji Yingyong

主　　编	刘亚娟
出　　版	四川大学出版社
地　　址	成都市一环路南一段 24 号（610065）
发　　行	四川大学出版社
书　　号	ISBN 978-7-5690-3427-1
印前制作	成都完美科技有限责任公司
印　　刷	四川五洲彩印有限责任公司
成品尺寸	185mm×260mm
印　　张	14.75
字　　数	345 千字
版　　次	2020 年 9 月第 1 版
印　　次	2023 年 1 月第 2 次印刷
定　　价	68.00 元

◆ 读者邮购本书，请与本社发行科联系。
电话：(028)85408408/(028)85401670/
(028)86408023　邮政编码：610065
◆ 本社图书如有印装质量问题，请寄回出版社调换。
◆ 网址：http://press.scu.edu.cn

四川大学出版社
微信公众号

目　录

第1章 绪 论

现代通信一般是指电信，国际上称为远程通信。国际电信联盟(ITU)对于通信(电信)给出的定义是：利用有线传输、无线电传输、光传输或其组合等任何光、电、磁传输系统向一个或多个指定的通信方或所有可能的通信方(广播方式)传递书写件或印刷材料、固定或活动图像、文字、音乐、可视或可闻信号、机械控制信号等任何可用形式及任何性质的信息的过程。简单来说，通信就是完成消息(信息)的传递和交换。

千百年来，人们一直在用语言、图符、钟鼓、烟火、竹简、纸书等传递信息。古代人的烽火狼烟、飞鸽传信、驿马邮递就是这方面的例子。在现代社会中，交通警察的指挥手语、航海中的旗语等是古老通信方式进一步发展的结果。这些信息传递的基本方式都是依靠人的视觉与听觉。19 世纪中叶以后，随着电磁波的发现和电报、电话的出现，使通信领域产生了根本性的变革，实现了利用金属导线来传递信息，甚至通过电磁波来进行无线通信的可能，使神话中的“顺风耳”“千里眼”变成了现实。从此，人类的信息传递可以脱离常规的视听觉方式，用电信号作为新的载体，由此带来了一系列通信技术的革新，开始了人类通信的新时代。

根据工业和信息化部统计，截至 2012 年底，我国电话用户总数已达 13.90308 亿户，其中移动电话用户数达 11.12155 亿户，在电话用户总数中所占的比重接近 80%。通信技术已经成为人类生活的一部分，并逐渐改变人类生活、生存的方式。

1.1 通信系统

通信系统(communication system)是指完成通信这一过程所需的全部电子设备和信道的总体。通信系统一般由信源(发送设备)、信宿(接收设备)和信道等组成。

信息论的创始人香农(C. E. Shannon)在 1948 年发表的《通信的数字理论》一文中明确指出：在概念层面上，通信系统可以由如图 1.1 所示的 5 个要素构成。

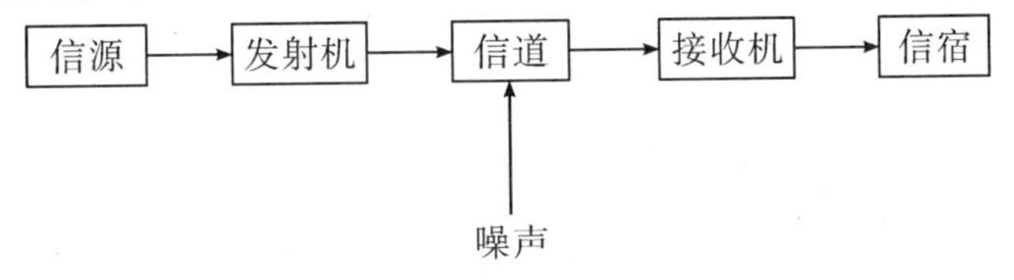

图 1.1 通信系统一般模型

信源：任何发送方想要接收方知道的信息。这个信息可以是语音、图片或视频。

发射机：对待发送信息进行操作，使其适合信道传输。

信道：发射机和接收机之间的传输媒介。可以是有线传输，也可以是无线传输。

例如现在的4G移动通信，是通过天线完成在无线空间的信息传输。

接收机：对接收信号进行操作，尽可能(最大程度)地对发送信息进行正确的判决。

信宿：信息传送的最终目的地，即信息的接收者。

1.1.1 通信系统的分类

通信系统可按所用的传输媒介、信源的种类、信号的物理特征、信号的种类和信道复用方式等特征进行分类。

(1)按所用的传输媒介分类：有线通信系统、无线通信系统。

(2)按信源的种类(业务类别)分类：电话通信系统、计算机(数据)通信系统、图像或多媒体通信系统等。

(3)按信号的物理特征分类：电通信系统、光通信系统。

(4)按信号的种类分类：模拟通信系统、数字通信系统。

(5)按信道复用方式分类：频分复用(FDM)系统、时分复用(TDM)系统和码分复用(CDM)系统等。

1.1.2 模拟通信系统

信源产生的信号一般被称为基带信号，无论基带信号是语音信号还是计算机数字信号，通常都不适合在信道中直接进行传输，其原因是信号能量会很快衰减，导致信号失真。通过调制可以将基带信号转换成适合在信道中传输的信号(高频信号)，以降低传输中的损耗，实现远距离通信的目的(图1.2)。根据传输过程中信号是否被调制，可以将通信系统分为基带传输系统和调制传输系统。本书将在第6章详细讨论数字信号基带传输。

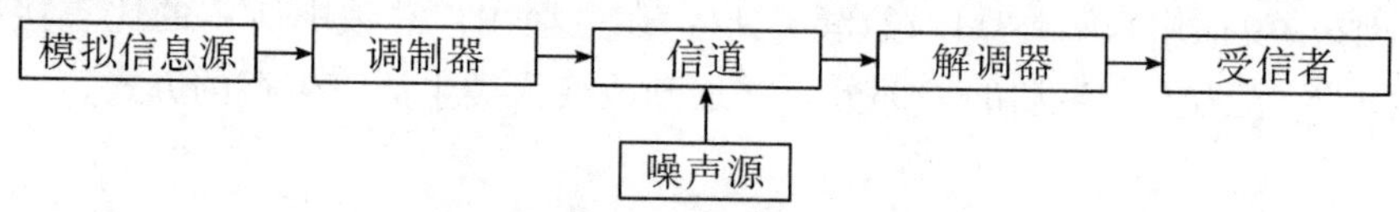

图1.2 模拟通信系统的构成

(1)调制器：将模拟信息源产生的模拟基带信号转换成适合在信道中传输的信号(高频调制信号)。

(2)解调器：实现调制的逆过程，即将高频调制信号还原为模拟基带信号。

(3)信道：信号的传输通道。

(4)噪声源：信号传输过程中产生差错的主要原因。

1.1.3 数字通信系统

数字通信系统的构成如图1.3所示。

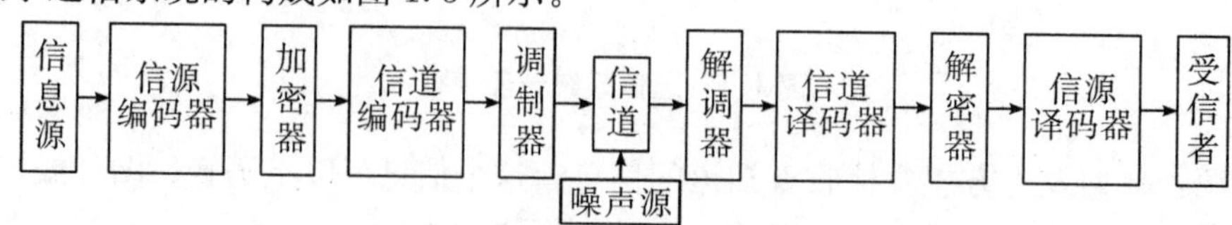

图1.3 数字通信系统的构成

(1)信源编码与译码：将信息源产生的模拟基带信号进行模拟/数字(A/D)转换，或将信息源产生的数字信号进行压缩处理。信源译码为信源编码的逆过程。

(2)加密与解密：实现通信传输过程的数据保密。

(3)信道编码与译码：为了提高数字通信系统的抗干扰性，根据不同信道的传输特性，对信源编码器发出的数字信号进行再编码(差错编码)。

1.1.4 数字通信的主要特点

数字通信的优点：

(1)抗干扰能力强。

(2)便于差错控制。

(3)易于与各种数字终端接口，用现代计算机技术对信号进行处理、变换、存储，从而形成智能网。

(4)易于集成化，从而使通信设备微型化。

(5)易于加密处理，且保密强度高。

数字通信的缺点：

(1)数字通信比模拟通信占用更宽的信道带宽。

(2)数字通信对信号同步要求高，因而需要较复杂的同步设备。

1.2 世界通信技术发展史

- 1837年，摩尔斯发明有线电报，其成为通信技术的开始。
- 1924年，奈奎斯特得出了给定带宽上无码间串扰的最大可用信号速率。
- 1939—1942年，柯尔莫哥洛夫和维纳得到的滤波器被称为最佳线性滤波器。
- 1947年，科特尔尼科夫提出了基于几何方法的各种数字通信的相干解调。
- 1948年，香农提出了信息论，建立了通信技术的统计理论。
- 1950年，美国贝尔实验室提出汉明码，它是第一个设计用来纠正错误的线性分组码。
- 1957年10月4日，苏联发射了第一颗人造地球卫星。
- 1965年，第一台程控交换机由美国贝尔公司投产开通。
- 1966年7月，英籍华裔学者高锟博士发表了一篇非常著名的文章——《用于光频的光纤表面波导》，该文从理论上分析证明了用光纤作为传输媒介以实现光通信的可能性。高锟因此被誉为“光纤之父”。
- 1983年，AMPS蜂窝系统在美国芝加哥开通。

1.3 我国通信技术的发展

- 1954年，我国研制成功60千瓦短波无线电发射机。
- 1958年，上海试制成功第一部纵横制自动电话交换机。
- 1970年，我国第一颗人造地球卫星发射成功。

• 1982年，我国首次在市内电话局间使用短波长局间中继光纤通信系统。

• 1983年9月16日，上海用150MHz频段开通了我国第一个模拟寻呼系统。

• 1984年5月1日，广州用150MHz频段开通了我国第一个数字寻呼系统。

• 1987年9月20日，钱天白教授发出了我国第一封电子邮件。

• 1993年9月19日，我国第一个GSM通信网在浙江省嘉兴市首先开通。

• 2000年5月，国际电信联盟正式公布第三代移动通信标准，中国提交的TD—SCDMA正式成为国际标准，与欧洲WCDMA和美国CDMA2000成为3G时代主流的三大技术。

• 2002年5月17日，中国移动在全国正式投入使用GPRS系统，中国真正迈入2.5G时代。

• 2009年1月7日，工业和信息化部为中国移动、中国电信和中国联通发放3张第三代移动通信(3G)牌照，此举标志着中国正式进入3G时代。

• 2013年12月4日，中国政府正式向国内三大运营商颁发了4G牌照，均为TD—LTE制式。相比3G时代10Mbps的下行峰值，4G的速度提升了10倍。中国在4G时代主导研发了作为4G标准的TD—TLE技术，在通信领域开始与世界领先国家比肩同行。

• 2019年10月1日起，国内三大运营商在40个城市开启5G网络试点。与4G不同的是，5G是跨时代的技术，它将开启物联网时代。5G时代，在对用户体验速率、连接数密度、流量密度、时延、峰值速率、移动性等方面提出更高要求的同时，连接需求也从人与人之间的通信扩展到了人与物、物与物之间。

1.4 信息的度量

通信的目的是完成消息的传输或交换。同一个消息，可以采用不同的信号形式(电或光)进行传输；不同的接收者获得的信息多少也不相同。那么，消息、信息和信号三者之间的具体关系是什么？信息不同于消息，消息只是信息的外壳，信息则是消息的内核；信息不同于信号，信号是信息的表现形式，信息则是信号的具体内容。

信息量被用来度量一个消息中包含了多少信息。香农在信息论中应用不确定性来定义信息量。一个消息出现的可能性愈小，其信息愈多；而消息出现的可能性愈大，则其信息愈少。换句话说，事件出现的概率越小，不确定性越多，信息量就越大；反之则少。比如在日常生活中，我们关注的一般是那些极少发生或不知道的事情，而对于司空见惯或已经知道的事情就会失去关注的兴趣。

对于一个出现概率为 p_i 的消息 x_i，其所包含的信息量定义为

$$I_i = \log_2 \frac{1}{p_i} = -\log_2 p_i \ (\text{bit}) \tag{1.1}$$

消息一般用某种符号表示，所以对于包含一种符号的消息所含的信息量即为符号所含的信息量。那么，对于由多种符号构成的消息 $x=\{x_1, x_2, \cdots, x_N\}$，假设各种符号出现的概率 $\{p_1, p_2, \cdots, p_N\}$ 相互独立，则消息的总信息量为

$$I = -\sum_{i=1}^{N} n_i \log_2 p_i \tag{1.2}$$

其中 n_i 为消息中第 i 个字符出现的次数，p_i 为消息中第 i 个字符出现的概率，N 为消息中包含的字符种类。

平均信息量：消息 x 中每个符号所含信息量的统计平均值，定义如下：

$$H=-\sum_{i=1}^{N} p_i \log_2 p_i \tag{1.3}$$

当消息 x 中每个符号等概率独立出现时，消息所包含的平均信息量达到最大，即为最大信息量：

$$H=-\sum_{i=1}^{N} \frac{1}{N}\log_2 \frac{1}{N}=\log_2 N \tag{1.4}$$

1.5 通信系统的性能指标

在通信过程中，无论是利用电话进行语音通信，还是利用计算机进行数字通信，通信系统都能够为我们提供快速、准确的信息传输服务。

快速可以用有效性来描述，即带宽。通信系统为用户提供的带宽越宽，用户的信息越能够快速地传输到目的地。然而，通信系统中的带宽是非常有限的资源，因此，能够在有限的带宽内传递更多的用户信息，则系统的有效性更好。

准确可以用可靠性来描述。叠加在信道上的噪声必然导致通信系统在传输过程中产生信息差错，因此系统的可靠性又体现在系统的抗噪性能上。

在评估通信系统时，往往要涉及通信系统的主要性能指标，否则就无法衡量其质量的好坏。通信系统的性能指标包括通信系统的有效性、可靠性、适应性、标准性、经济性及维护使用等。从信息传输的角度来说，通信系统的主要性能指标包括有效性和可靠性。

1.5.1 模拟通信系统的性能指标

有效性：可用传输带宽来度量。信号占用的传输带宽越小，通信系统的有效性就越好。

可靠性：常用接收端输出信噪比来度量。信噪比(SNR)定义为信号平均功率 S 与噪声平均功率 N 之比，即 $[SNR]=10\lg\frac{S}{N}$，单位为 dB。

1.5.2 数字通信系统的性能指标

1.5.2.1 有效性

数字通信系统的有效性指标主要有传输速率和频带利用率。其中传输速率又包含码元速率和信息速率。

码元速率 R_B：单位时间内传送的码元数目，单位为波特(baud)，所以也称为波特率。码元速率又称为调制速率。它表示调制过程中，单位时间调制信号波(即码元)的变换次数。设码元宽度为 T_s，则码元速率为 $R_B=1/T_s$。

信息速率 R_b：单位时间内传送的信息量（或比特数目），又称比特率，单位为比特/秒(bit/s)，简记为 b/s 或 bps(bit per second)。

码元速率与信息速率之间的关系为

$$R_b = \log_2 M R_B \quad 或 \; R_B = \frac{R_b}{\log_2 M} \tag{1.5}$$

其中 M 为数字信号的进制数或电平数。

频带利用率 η：单位频带内所实现的传输速率。

$$\eta = \frac{R}{B} \tag{1.6}$$

因为数字通信的传输速率有两种，因此对应的频带利用率也有两种：

码元频带利用率 $\eta_B = \frac{R_B}{B}$(baud/Hz)。

信息频带利用率 $\eta_b = \frac{R_b}{B}$[bit/(s · Hz)]。

【例题 1.1】对于以 2400bit/s 比特率发送的消息信号，若 A 系统以 2PSK 调制方式进行传输时所需带宽为 2400Hz，而 B 系统以 4PSK 调制方式传输时所需带宽为 1200Hz。试问：

(1)哪个系统更有效?

(2)A、B 两个系统的码元速率分别是多少?

解：(1)因为信息频带利用率 $\eta_b = \frac{R_b}{B}$，因此

$$\eta_A = \frac{R_b}{B} = \frac{2400}{2400} = 1[\text{bit}/(\text{s} \cdot \text{Hz})], \quad \eta_B = \frac{R_b}{B} = \frac{2400}{1200} = 2[\text{bit}/(\text{s} \cdot \text{Hz})]$$

所以 B 系统更有效。

(2)A 系统的码元速率：因为 A 系统采用二进制调制，所以 $R_B = R_b = 2400$(baud)。

B 系统的码元速率：因为 B 系统采用四进制调制，所以 $R_B = \frac{R_b}{\log_2 4} = 1200$(baud)。

小结：相同信息速率下，不同进制的调制系统对应的码元速率不同；当进制数 $M>2$ 时，系统具有更高的频带利用率；在数字系统下，频带利用率比带宽更能代表系统的有效性。

1.5.2.2 可靠性

数字通信系统的可靠性用误码率和误比特率表示。误码率 P_B 和误比特率 P_b 是衡量信息在规定时间内传输精确性的一个重要指标，其定义为

$$P_B = \frac{错误码元数\ n_B}{传输的总码元数\ N_B}, \quad P_b = \frac{错误比特数\ n_b}{传输的总比特数\ N_b} \tag{1.7}$$

在二进制编码的情况下，误比特率与误码率是相同的。

CCITT 把误码率大于10^{-3}的称为严重误码。IEEE802.3 标准为 1000Base—T 网络制定的可接受的最高限度的误码率为10^{-10}。我国长途光缆通信系统的进网要求之一是误码率要低于10^{-9}。

习题

1. 简述通信系统的主要性能指标有哪些？相互之间有什么关系？

2. 四进制离散信源（0，1，2，3）中各符号出现的概率分别为 5/16，1/4，1/4，1/16，且每个符号的出现都是独立的，试求：

（1）该信源的平均信息量；

（2）该信源发送的某条消息 201020130213001203210100321010023 的总信息量。

3. 某数字通信系统用正弦载波的 4 个相位$\left\{0, \frac{\pi}{2}, \pi, \frac{3\pi}{2}\right\}$来传输信息，且 4 个相位相互独立。

（1）每秒钟 4 个相位出现的次数分别是 500，125，125，250，求此通信系统的码元速率和信息速率。

（2）当每秒钟内 4 个相位出现的次数都为 250 时，求此通信系统的码元速率和信息速率。

4. 某消息用 8 元码序列传输时，码元速率为 500baud，若改用二元码序列传输该消息，其信息速率是多少？若改用 16 元码序列传输该消息，其码元速率和信息速率分别是多少？

5. 一个由字母 A、B、C、D 组成的信源，对传输的每一个字母用二进制脉冲编码：00 代表 A，01 代表 B，10 代表 C，11 代表 D。又知每个脉冲的宽度为 5ms，试求：

（1）不同字母等概率出现时，传输的平均信息速率以及传输的码元速率。

（2）若各字母出现的概率分别为 1/5，1/4，1/4，3/10，试计算平均信息传输速率。

6. 某八进制数字传输系统的信息速率为 7200bit/s，连续工作 1h 后，接收端测得 26 个错码，且每个错码中仅错 1bit 信息，试求该系统的误码率和误比特率。

7. 一个由字母 A、B、C、D 组成的系统，如果用二进制“0”“1”对字母进行编码，即 00 代表 A，01 代表 B，10 代表 C，11 代表 D。设二进制符号“0”“1”的宽度各为 10ms，求：

（1）若各字母等概率出现，计算平均信息速率。（单位：bit/s）

（2）若各字母不等概率出现，且 $P(\mathrm{A})=0.2$，$P(\mathrm{B})=0.25$，$P(\mathrm{C})=0.25$，$P(\mathrm{D})=0.3$，计算平均信息速率。（单位：bit/s）

8. 电视机的图像每秒传输 25 帧，每帧有 625 行；屏幕的宽度与高度之比为 4∶3。设图像的每一个像素的亮度有 10 个电平，各像素的亮度相互独立，且等概率出现。试求：电视机图像呈现给观众的平均信息速率为多少？（单位：bit/s）

科学名家：香农

克劳德·艾尔伍德·香农（Claude Elwood Shannon，1916—2001），美国数学家以及信息论的创始人。香农于1936年获得密歇根大学学士学位，1940年在麻省理工学院获得硕士和博士学位，1941年进入贝尔实验室工作。香农提出了信息熵的概念，为信息论和数字通信奠定了理论基础。他的论文主要有1948年发表的《通信的数学原理》和1949年发表的《噪声下的通信》。

香农的重要贡献是提出了熵（entropy）的概念，他证明熵与信息内容的不确定程度有等价关系。香农在进行信息的定量计算时，明确地把信息量定义为随机不定性程度的减少。这就表明了他对信息的理解：信息是用来减少随机不定性的东西。香农理论的逆定义：信息是确定性的增加。

第 2 章　预备知识

本章的主要内容是深入学习现代通信技术所涉及的基础知识，包括《高等数学》《概率与统计》《信号与系统》等课程中包含的部分内容。其中有些知识在通信技术中的应用非常广泛，如果读者有兴趣，可以参考相关文献进行更加深入的学习。

2.1　信号与系统的分类

2.1.1　信号的定义及其分类

通信的目的是完成消息的传递，然而消息的传递一般都不能直接进行，它必须借助一定形式的信号(光信号、电信号、声信号等)，才能传输和进行各种处理。因此严格来说，信号是消息的表现形式和传送载体，而消息则是信号的具体内容。为了方便对信号的研究，根据信号的不同特性对其进行了分类。

(1)模拟信号和数字信号。

模拟信号：时间和取值都连续的信号称为模拟信号。

数字信号：时间和取值都离散的信号称为数字信号。

(2)周期信号和非周期信号。

瞬时幅值随时间重复变化的信号称为周期信号，反之则为非周期信号。

(3)确定性信号和随机信号。

确定性信号：可以用明确的数学关系表示或者可用图表描述的信号称为确定性信号。

随机信号：不能用确定的数学关系式进行描述，不能预测其未来的任何瞬时值，任何一次观测只代表其在变动范围中可能产生的结果之一，其值的变动服从统计规律。

(4)能量信号和功率信号。

若将信号 $f(t)$ 看作电流信号或电压信号，将信号在 $(-\infty, +\infty)$ 时间间隔内通过 1Ω 电阻上所消耗的能量，称为归一化能量，即

$$E=\int_{-\infty}^{+\infty}|f(t)|^2\mathrm{d}t \tag{2.1}$$

则信号在 1Ω 电阻上所消耗的平均功率称为归一化功率，即

$$P=\lim_{T\to\infty}\frac{1}{2T}\int_{-T}^{T}|f(t)|^2\mathrm{d}t \tag{2.2}$$

能量信号：归一化能量为非零的有限值，且其归一化功率为零的信号。

功率信号：归一化功率为非零的有限值，且其归一化能量为无限值。

一般来说，非周期信号都是能量信号，周期信号都是功率信号。还有少数信号既不是能量信号，也不是功率信号。

2.1.2 系统的定义及其分类

当系统的输入信号、输出信号以及处理的信号均是连续信号时，该系统称为连续系统；当系统的输入信号、输出信号以及处理的信号均是离散信号时，该系统称为离散系统。某一系统的框图如图 2.1 所示。

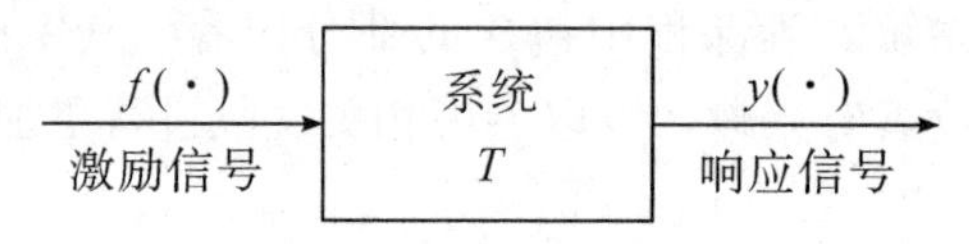

图 2.1 某系统框图

该系统可表示为 $y(\cdot)=T[f(\cdot)]=x(\cdot)*h(\cdot)$。

(1)线性系统与非线性系统。

线性特性(linearity)包括齐次性(homogeneity)与叠加性(superposition property)。一个系统为线性系统必须同时具备齐次性和叠加性。

若 $$y_1(\cdot)=T[f_1(\cdot)],\ y_2(\cdot)=T[f_2(\cdot)]$$

则对于任意常数 a_1 和 a_2，有

$$T[a_1f_1(\cdot)+a_2f_2(\cdot)]=a_1T[f_1(\cdot)]+a_2T[f_2(\cdot)] \tag{2.3}$$

(2)时变系统与时不变系统。

如果系统的参数不随时间而变化，则称该系统为时不变系统(time invariant system)。如果系统的参数随时间而变化，则称该系统为时变系统(time varying system)。

若 $y(\cdot)=T[f(\cdot)]$，则 $y(t-t_0)=T[f(t-t_0)]$。 (2.4)

图 2.2 给出了时不变系统(连续系统)的直观描述。时不变系统的一个重要特点是在同样的起始状态下，系统响应波形与激励施加于系统的时刻无关。

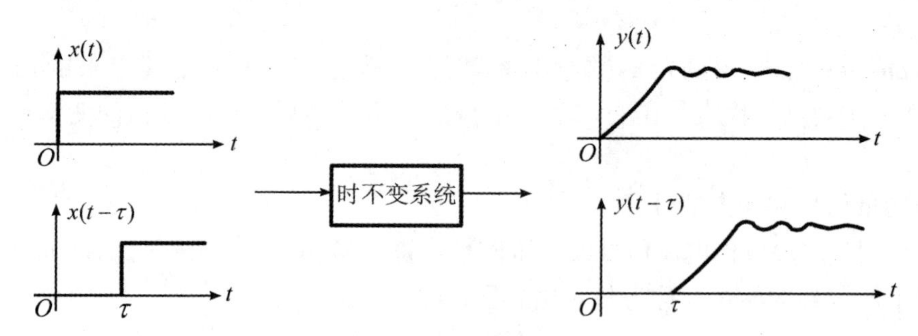

图 2.2 时不变系统

本书中在没有特别说明的情况下，所有的系统默认为线性时不变因果 LTI 系统。

2.2 确定信号的分析

2.2.1 周期信号的傅立叶级数

任何一个周期为 T_1 的信号 $f(t)=f(t+nT_1)$（其中 n 为自然整数），只要满足狄里赫利条件，就可以展开为傅立叶级数：

$$f(t)=\sum_{n=-\infty}^{\infty}F_n e^{jn\omega_1 t} \tag{2.5}$$

其中 $F_n=\frac{1}{T_1}\int_{-\frac{T_1}{2}}^{\frac{T_1}{2}}f(t)e^{-jn\omega_1 t}dt$，$\omega_1=\frac{2\pi}{T_1}$ 或 $f_1=\frac{1}{T_1}$。 (2.6)

通常把频率为 f_1 的分量称为基波，其他频率的分量 nf_1 称为各次谐波。

2.2.2 非周期信号的傅立叶变换

任意一个非周期函数 $f(t)$ 只要满足绝对可积条件，则 $f(t)$ 存在傅立叶变换 $F(\omega)$：

$$F(\omega)=\int_{-\infty}^{\infty}f(t)e^{-j\omega t}dt \tag{2.7}$$

式(2.7)称为傅立叶正变换，且 $F(\omega)$ 为原函数 $f(t)$ 的频谱密度函数。

$$f(t)=\frac{1}{2\pi}\int_{-\infty}^{\infty}F(\omega)e^{j\omega t}d\omega \tag{2.8}$$

式(2.8)称为傅立叶反变换。式(2.7)和式(2.8)称为傅立叶变换对，记为 $f(t)\xleftrightarrow{F}F(\omega)$。为了使用方便，将常用信号的傅立叶变换列于表2.1，傅立叶变换的基本性质列于表2.2。

表2.1 常见信号的傅立叶变换

信号 $f(t)$	频谱 $F(j\omega)$	信号 $f(t)$	频谱 $F(j\omega)$
$\delta(t)$	1	$\mathrm{sgn}(t)$	$\frac{2}{j\omega}$
1	$2\pi\delta(\omega)$	$e_0^{j\omega t}$	$2\pi\delta(\omega-\omega_0)$
$G_\tau(t)$	$\tau Sa\left(\frac{\omega\tau}{2}\right)$	$\cos(\omega_0 t)$	$\pi[\delta(\omega-\omega_0)+\delta(\omega+\omega_0)]$
$Sa(\omega_0 t)$	$\frac{\pi}{\omega_0}G_{2\omega_0}(\omega)$	$\sin(\omega_0 t)$	$j\pi[-\delta(\omega-\omega_0)+\delta(\omega+\omega_0)]$

表2.2 傅立叶变换的基本性质

性质	时域 $f(t)$	频域 $F(j\omega)$	备注
线性	$a_1f_1(t)+a_2f_2(t)$	$a_1F_1(j\omega)+a_2F_2(j\omega)$	齐次性＋叠加性
时移	$f(t\pm t_0)$	$F(j\omega)e_0^{\pm j\omega t}$	延时定理
频移	$f(t)e_0^{\pm j\omega t}$	$F[j(\omega)\mp\omega_0]$	调制原理
时域卷积	$f_1(t)*f_2(t)$	$F_1(j\omega)F_2(j\omega)$	乘积与卷积 卷积定理
频域卷积	$f_1(t)f_2(t)$	$\frac{1}{2\pi}F_1(j\omega)*F_2(j\omega)$	

2.2.3 信号的能量谱和功率谱

能量谱密度函数 $E(\omega)$：单位频带内信号的能量，简称能量谱。能量信号在整个频率范围内的总能量与能量谱之间的关系为

$$E=\frac{1}{2\pi}\int_{-\infty}^{\infty}E(\omega)\mathrm{d}\omega=\int_{-\infty}^{\infty}E(f)\mathrm{d}f \tag{2.9}$$

若任意能量信号为 $f(t)$，其对应的傅立叶变换为 $F(\omega)$，则信号 $f(t)$所携带的总能量可以表示为

$$\begin{aligned}E&=\int_{-\infty}^{\infty}f^2(t)\mathrm{d}t=\int_{-\infty}^{\infty}f(t)\cdot\left[\frac{1}{2\pi}\int_{-\infty}^{\infty}F(\omega)\mathrm{e}^{-\mathrm{j}\omega t}\mathrm{d}\omega\right]\mathrm{d}t\\&=\int_{-\infty}^{\infty}F(\omega)\cdot\left[\frac{1}{2\pi}\int_{-\infty}^{\infty}f(t)\mathrm{e}^{-\mathrm{j}\omega t}\mathrm{d}t\right]\mathrm{d}\omega\\&=\frac{1}{2\pi}\int_{-\infty}^{\infty}F(\omega)\cdot F^*(\omega)\mathrm{d}\omega\\&=\frac{1}{2\pi}\int_{-\infty}^{\infty}|F(\omega)|^2\mathrm{d}\omega\\&=\int_{-\infty}^{\infty}|F(f)|^2\mathrm{d}f\end{aligned} \tag{2.10}$$

由上式可以得出

$$E(\omega)=|F(\omega)|^2 \tag{2.11}$$

功率谱密度函数 $P(\omega)$：单位频带内信号的平均功率，简称功率谱。功率信号在整个频率范围内的平均功率与功率谱之间的关系为

$$P=\frac{1}{2\pi}\int_{-\infty}^{\infty}P(\omega)\mathrm{d}\omega=\int_{-\infty}^{\infty}P(f)\mathrm{d}f \tag{2.12}$$

若任意周期功率信号为 $f(t)$，其对应的傅立叶级数为 F_n，可证功率 P 可以表示为

$$P=\lim_{T\to\infty}\int_{-\frac{T}{2}}^{\frac{T}{2}}|f(t)|^2\mathrm{d}t=\sum_{n=-\infty}^{\infty}|F_n|^2 \tag{2.13}$$

帕什瓦尔定理：周期信号的总的平均功率等于各次谐波分量功率的总和。

任意非周期信号 $f(t)$的功率谱为

$$P(\omega)=\lim_{T\to\infty}\frac{|F_T(\omega)|^2}{T} \tag{2.14}$$

其中 $F_T(\omega)$为信号 $f(t)$的截短函数 $f_T(t)$对应的傅立叶变换，T 为截短时间。

小结：能量信号的能量谱或功率信号的功率谱与对应信号的傅立叶变换或傅立叶级数模值的平方成正比。

2.2.4 卷积和相关函数

2.2.4.1 卷积

对于任意两个信号 $f_1(t)$和 $f_2(t)$，则式 $f_1(t)*f_2(t)$称为两个函数的卷积。

$$f_1(t) * f_2(t)=\int_{-\infty}^{\infty} f_1(\tau) f_2(t-\tau) \mathrm{d}\tau=\int_{-\infty}^{\infty} f_2(\tau) f_1(t-\tau) \mathrm{d}\tau \tag{2.15}$$

卷积定理：若 $f_1(t) \xleftrightarrow{F} F_1(\omega)$，$f_2(t) \xleftrightarrow{F} F_2(\omega)$，则

$$f_1(t) * f_2(t) \xleftrightarrow{F} F_1(\omega) \cdot F_2(\omega) \text{ 或 } f_1(t) \cdot f_2(t) \xleftrightarrow{F} \frac{1}{2\pi} F_1(\omega) * F_2(\omega) \tag{2.16}$$

卷积是信号与系统中一个重要的分析、运算工具，本书中对于通信系统仍然采用卷积定理进行分析。

2.2.4.2　互相关函数

衡量两个信号之间关联或相似程度的函数称为互相关函数。两个能量信号 $f_1(t)$和 $f_2(t)$的互相关函数定义为

$$R_{12}(t)=\int_{-\infty}^{\infty} f_1(\tau) f_2(t+\tau) \mathrm{d}\tau \tag{2.17}$$

两个功率信号 $f_1(t)$和 $f_2(t)$的互相关函数定义为

$$R_{12}(t)=\lim_{T \to \infty} \frac{1}{T} \int_{-\frac{T}{2}}^{\frac{T}{2}} f_1(\tau) f_2(t+\tau) \mathrm{d}\tau \tag{2.18}$$

2.2.4.3　自相关函数

当信号 $f_1(t)=f_2(t)$时，互相关函数就变成了自相关函数。能量信号自相关函数的定义为

$$R(t)=\int_{-\infty}^{\infty} f(\tau) f(t+\tau) \mathrm{d}\tau \tag{2.19}$$

功率信号自相关函数的定义为

$$R(t)=\lim_{T \to \infty} \frac{1}{T} \int_{-\frac{T}{2}}^{\frac{T}{2}} f(\tau) f(t+\tau) \mathrm{d}\tau \tag{2.20}$$

2.2.4.4　自相关函数的性质

(1)信号的自相关函数是偶函数，即 $R(t)=R(-t)$。

(2)信号的自相关函数在零点取得最大值，即 $R(0) \geqslant R(t)$，并且 $R(0)$表示能量信号的能量 E，或者功率信号的功率 P。根据式(2.1)和(2.2)可知

$$R(0)=\int_{-\infty}^{\infty} |f(\tau)|^2 \mathrm{d}\tau=E \tag{2.21}$$

$$R(0)=\lim_{T \to \infty} \int_{-\frac{T}{2}}^{\frac{T}{2}} |f(\tau)|^2 \mathrm{d}\tau=P \tag{2.22}$$

(3)自相关函数与能量谱(功率谱)的关系。

已知 $F[f(t)]=F(\omega)$，根据自相关函数的定义，有

$$\begin{aligned} R(t) &= \int_{-\infty}^{\infty} f(\tau) f(t+\tau) \mathrm{d}\tau \\ &= \int_{-\infty}^{\infty} f(\tau) \left[\frac{1}{2\pi} \int_{-\infty}^{\infty} F(\omega) \mathrm{e}^{\mathrm{j}\omega(t+\tau)} \mathrm{d}\omega \right] \mathrm{d}\tau \\ &= \frac{1}{2\pi} \int_{-\infty}^{\infty} F(\omega) \left[\int_{-\infty}^{\infty} f(\tau) \mathrm{e}^{\mathrm{j}\omega\tau} \mathrm{d}\tau \right] \cdot \mathrm{e}^{\mathrm{j}\omega t} \mathrm{d}t \\ &= \frac{1}{2\pi} \int_{-\infty}^{\infty} F(\omega) \cdot F^{*}(\omega) \mathrm{e}^{\mathrm{j}\omega t} \mathrm{d}t \end{aligned} \tag{2.23}$$

根据傅立叶变换的定义，有

$$R(t) \xleftrightarrow{F} F(\omega) \cdot F^{*}(\omega) = |F(\omega)|^{2} = E(\omega)$$

所以能量信号的自相关函数与其能量谱为傅立叶变换对关系，即

$$R(t) \xleftrightarrow{F} F(\omega) \tag{2.24}$$

同理可证：对于功率信号的自相关函数与其功率谱为傅立叶变换对关系，即

$$R(t) \xleftrightarrow{F} P(\omega) \tag{2.25}$$

式(2.25)也称为维纳—辛钦(Wiener—Khintchine)关系。

【例题 2.1】求余弦信号 $c(t)=A\cos(\omega_C t+\theta)$的功率谱密度函数和平均功率。

解：余弦(或正弦)信号都是周期性功率信号，因此它的自相关函数为

$$\begin{aligned} R(t) &= \lim_{T\to\infty} \frac{1}{T} \int_{-\frac{T}{2}}^{\frac{T}{2}} c(\tau) c(t+\tau) \mathrm{d}\tau \\ &= \lim_{T\to\infty} \frac{1}{T} \int_{-\frac{T}{2}}^{\frac{T}{2}} A^{2} \cos(\omega_C \tau + \theta) \cdot \cos[\omega_0 (t+\tau) + \theta] \mathrm{d}\tau \end{aligned}$$

利用三角函数中的积化和差公式，可得

$$\begin{aligned} R(t) &= \frac{A^{2}}{2} \cos\omega_C t \cdot \lim_{T\to\infty} \frac{1}{T} \int_{-\frac{T}{2}}^{\frac{T}{2}} \mathrm{d}\tau + \frac{A^{2}}{2} \lim_{T\to\infty} \frac{1}{T} \int_{-\frac{T}{2}}^{\frac{T}{2}} \cos(2\omega_C \tau + \omega_C t + 2\theta) \mathrm{d}\tau \\ &= \frac{A^{2}}{2} \cos\omega_C t \end{aligned}$$

利用维纳—辛钦定理，可得信号的功率谱为

$$P(\omega) = F[R(t)] = \frac{A^{2}}{2} \pi [\delta(\omega - \omega_0) + \delta(\omega + \omega_0)]$$

信号的平均功率为：

①根据式(2.22)自相关函数的性质有：$P = R(0) = \dfrac{A^{2}}{2}$；

②根据式(2.25)平均功率与功率谱密度函数之间的关系有：$P = \int_{-\infty}^{\infty} P(f) \mathrm{d}f = \dfrac{1}{2\pi} \int_{-\infty}^{\infty} P(\omega) \mathrm{d}\omega = \dfrac{A^{2}}{2}$。

2.3 随机信号的分析

由于信道、噪声和干扰信号都是随机信号，因此本节将补充一下概率论的相关知识。

2.3.1 随机变量

一维随机变量 X 的概率分布函数 $F_X(x)$ 定义为 X 小于或等于 x 的概率，即

$$F_X(x)=P(X\leqslant x) \tag{2.26}$$

概率分布函数的主要性质如下：

(1)$0\leqslant F_X(x)\leqslant 1$，$-\infty<x<+\infty$。

(2)$F_X(-\infty)=0$，$F_X(+\infty)=1$。

(3)$F_X(x)$是非降函数。

一维随机变量 X 的概率密度函数 $F_X(x)$ 定义为

$$f_X(x)=\frac{\mathrm{d}F_X(x)}{\mathrm{d}x} \tag{2.27}$$

概率密度函数的主要性质如下：

(1) $f_X(x)$ 是非负函数，即 $f_X(x)\geqslant 0$；

(2) $\int_{-\infty}^{\infty} f_X(x)\mathrm{d}x=1$。

随机变量 X 在$(a,\ b)$ 区间的概率为 $P(a<x<b)=\int_a^b f_X(x)\mathrm{d}x$。

二维随机变量$(X,\ Y)$的二维概率分布函数是 X 小于或等于 x 和 Y 小于或等于 y 的联合概率，即

$$F_{X,Y}(x,\ y)=P(X\leqslant x,\ Y\leqslant y) \tag{2.28}$$

则二维随机变量$(X,\ Y)$的联合概率密度函数的定义为

$$f_{X,Y}(x,\ y)=\frac{\partial^2 F_{X,Y}(x,\ y)}{\partial x\partial y} \tag{2.29}$$

联合概率密度函数具有下列性质：

(1) $\int_{-\infty}^{\infty}\int_{-\infty}^{\infty} f_{X,Y}(x,\ y)\mathrm{d}x\mathrm{d}y=1$。

(2)$f_{X,Y}(x,\ y)=f_X(x)f_Y(y)$(如果事件 X 和 Y 相互独立)。

随机变量的数字特征如下：

(1)数学期望。

$$a_X=E[X]=\int_{-\infty}^{\infty} xf(x)\mathrm{d}x \tag{2.30}$$

(2)方差。

$$\sigma_X^2=D[X]=E[(x-a_X)^2]=\int_{-\infty}^{\infty}(x-a_X)^2 f(x)\mathrm{d}x \tag{2.31}$$

(3)协方差。

$$C[XY]=E[(x-E[X])(y-E[Y])]=\int_{-\infty}^{\infty}\int_{-\infty}^{\infty}(x-a_X)(y-a_Y)f(x,\ y)\mathrm{d}x\mathrm{d}y \tag{2.32}$$

【例题 2.2】设随机变量 θ 在$(0,\ 2\pi)$内满足均匀分布，求 $X(t)=A\cos\theta$ 的数学期望和方差，其中 A 为常数。

解：根据期望的定义有

$$a_X = E[X] = \int_{-\infty}^{\infty} x f(x)\mathrm{d}x = \int_0^{2\pi} A\cos\theta \times \frac{1}{2\pi}\mathrm{d}\theta = 0$$

根据方差的定义有

$$\begin{aligned}\sigma_X^2 = D[X] = E[(x-a_X)^2] &= \int_{-\infty}^{\infty}(x-a_X)^2 f(x)\mathrm{d}x \\ &= \int_0^{2\pi}(A\cos\theta)^2 \times \frac{1}{2\pi}\mathrm{d}\theta = A^2\int_0^{2\pi}\left(\frac{1+\cos 2\theta}{2}\right)\times\frac{1}{2\pi}\mathrm{d}\theta \\ &= \frac{A^2}{4\pi}\int_0^{2\pi}(1+\cos 2\theta)\mathrm{d}\theta = \frac{A^2}{2}\end{aligned}$$

2.3.2 随机过程及其统计特性

随机过程 $X(t)$ 是随机函数的集合 $X(t)=\{x_1(t), x_2(t), \cdots, x_i(t), \cdots, x_N(t)\}$，$x_i(t)$ 称为第 i 个样本函数。随机过程是时间 t 的函数，但是它在任意一个时刻 t_i 的取值 $X(t_i)$ 是随机变量。例如，噪声的监测过程如图 2.3 所示。随机过程的系统特性同样可以通过其概率分布函数和数字特征来表征。

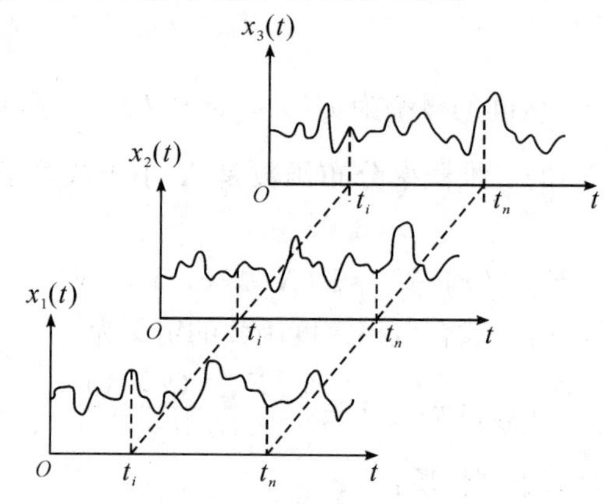

图 2.3 噪声的监测过程

随机过程的一维概率分布函数定义为 $F_1(x_1, t_1)=P[X(t_1)\leqslant x_1]$，一维概率密度函数定义为 $f_1(x_1, t_1)=\dfrac{\partial F_1(x_1, t_1)}{\partial x_1}$。

对于随机过程 $X(t)$ 在 n 个不同时刻进行取样，得到 $X(t)$ 的 n 维概率分布函数和 n 维概率密度函数：

$$F_n(x_1, x_2, \cdots, x_n; t_1, t_2, \cdots, t_n) = P[X(t_1)\leqslant x_1, X(t_2)\leqslant x_2, \cdots, X(t_n)\leqslant x_n]$$

$$f_n(x_1, x_2, \cdots, x_n; t_1, t_2, \cdots, t_n) = \frac{\partial F_n(x_1, x_2, \cdots, x_n; t_1, t_2, \cdots, t_n)}{\partial x_1, \partial x_2, \cdots, \partial x_n}$$

随机过程的数字特征如下：

(1)数学期望。

$$a(t) = E[X(t)] = \int_{-\infty}^{\infty} x f_1(x; t)\mathrm{d}x \tag{2.33}$$

(2)方差。

$$\begin{aligned}\sigma^2(t) = D[X(t)] &= E\{[X(t)-E(X(t))]^2\} \\ &= E\{[X(t)-a(t)]^2\} = \int_{-\infty}^{\infty}[x-a(t)]^2 f_1(x; t)\mathrm{d}x\end{aligned} \tag{2.34}$$

(3)相关函数。

$$R_X(t_1, t_2)=E[X(t_1)X(t_2)]=\int_{-\infty}^{\infty}\int_{-\infty}^{\infty}x_1x_2f_2(x_1, x_2; t_1, t_2)\mathrm{d}x_1\mathrm{d}x_2 \tag{2.35}$$

2.4 平稳随机过程

在通信系统中遇到的随机信号和噪声，一般是平稳随机过程。因此，对平稳随机过程特性的研究非常有必要。

2.4.1 狭义平稳随机过程

狭义平稳随机过程是指 $X(t)$ 的任意 n 维概率分布函数或概率密度函数与时间起点无关，即随机过程在所有的时间取值点具有相同的概率分布函数或概率密度函数。随机过程 $X(t)$ 的 n 维概率密度函数满足

$$f_n(x_1, x_2, \cdots, x_n; t_1, t_2, \cdots, t_n)=f_n(x_1, x_2, \cdots, x_n; t_1+\tau, t_2+\tau, \cdots, t_n+\tau) \tag{2.36}$$

2.4.2 广义平稳随机过程

如果一个随机过程 $X(t)$ 的期望是一个与时间无关的常数，且自相关仅与时间差 $\tau=t_2-t_1$ 相关，则称 $X(t)$ 为广义平稳随机过程，即

数学期望：

$$a=E[X(t)]=\int_{-\infty}^{\infty}xf_1(x)\mathrm{d}x$$

自相关函数：

$$R(\tau)=R_X(t_1, t_2)=E[X(t_1)X(t_2)]=\int_{-\infty}^{\infty}\int_{-\infty}^{\infty}x_1x_2f_2(x_1, x_2; \tau)\mathrm{d}x_1\mathrm{d}x_2$$

平稳随机过程的自相关函数的性质如下：

(1)$R(\tau)=R(-\tau)$。

(2)$R(0)=E[X^2(t)]=P$($X(t)$的平均功率)。

(3)$R(0)\geqslant R(\tau)$。

2.4.3 各态历经性

各态历经性是一个既有趣又有用的特性，即随机过程的数学统计特性可以由其任意一个样本函数 $x_i(t)$ 的时间平均特性代替。

数学期望：$a=\overline{a}=\overline{x(t)}=\lim\limits_{T\to\infty}\dfrac{1}{T}\int_{-\frac{T}{2}}^{\frac{T}{2}}x(t)\mathrm{d}t$

方差：$\sigma^2=\overline{\sigma^2}=\overline{x^2(t)}=\lim\limits_{T\to\infty}\dfrac{1}{T}\int_{-\frac{T}{2}}^{\frac{T}{2}}[x(t)-a]^2\mathrm{d}t$

自相关函数：$R(\tau)=\overline{R(\tau)}=\overline{x(t)x(t+\tau)}=\lim\limits_{T\to\infty}\dfrac{1}{T}\int_{-\frac{T}{2}}^{\frac{T}{2}}x(t)x(t+\tau)\mathrm{d}t$

只有平稳随机过程才存在各态历经性。当平稳随机过程具有各态历经性时，就可以用随机过程中的任意一个样本函数来计算数学期望、方差和自相关函数等统计量，进一步可以计算功率谱。

2.4.4 功率谱密度

随机过程的功率谱密度函数 $P_X(\omega)$ 与自相关函数和确定性信号具有相同的关系——傅立叶变换对，即

$$P_X(\omega) \Leftrightarrow R(\tau) \tag{2.37}$$

随机过程的平均功率为

$$P = \frac{1}{2\pi}\int_{-\infty}^{\infty} P_X(\omega)\mathrm{d}\omega = \int_{-\infty}^{\infty} P_X(f)\mathrm{d}f \tag{2.38}$$

2.5 高斯随机过程

高斯随机过程是指 n 维概率分布均满足高斯分布的随机过程。它是一种普遍存在且十分重要的随机过程，具有下列性质：

(1)狭义平稳与广义平稳是等价的。

(2)互不相关与相互独立是等价的。

(3)高斯随机过程通过一个线性系统，其输出函数依然是满足高斯分布的随机过程。

高斯随机过程的一维概率密度函数定义为

$$f(x) = \frac{1}{\sqrt{2\pi}\sigma}\exp\left[-\frac{(x-a)^2}{2\sigma^2}\right] \tag{2.39}$$

式中 a 为幅度取值的期望(均值)，表示随机信号中直流分量的大小；σ^2 为随机信号的方差，表示随机信号作用在 1Ω 电阻上所产生的平均交流功率。高斯一维概率密度函数的图像如图 2.4 所示。

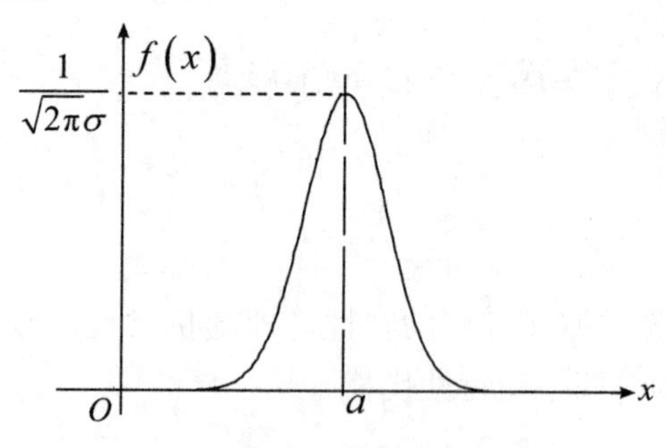

图 2.4 高斯一维概率密度函数

高斯随机过程的一维概率密度函数具有下列特性：

(1)对称性：$f(a+\Delta x)=f(a-\Delta x)$。

(2) $f(x)$ 在$(-\infty, a)$内单调递增，在(a, ∞)内单调递减；且 $f_{\max}(a)=\frac{1}{\sqrt{2\pi}\sigma}$。

(3) $\int_a^{\infty} P(x)\mathrm{d}x = \int_{-\infty}^{a} P(x)\mathrm{d}x = \frac{1}{2}$。

(4)标准正态分布：当 $a=0$，$\sigma=1$ 时，$f(x)=\frac{1}{\sqrt{2\pi}}\exp\left(-\frac{x^2}{2}\right)$。

在通信系统的性能分析中，通常需要计算高斯随机变量 X 大于某常数 C 的概率，即

$$P(X > \mathrm{C}) = \int_{\mathrm{C}}^{\infty} \frac{1}{\sqrt{2\pi}\sigma}\exp\left[-\frac{(x-a)^2}{2\sigma^2}\right]\mathrm{d}x \tag{2.40}$$

这个积分无法直接进行计算，可以查找特殊函数的积分值进行估算。一般常用的几种特殊函数有：Q 函数、误差函数和互补误差函数。

对于上式的计算，在通信系统中有三种计算方法：

(1)Q 函数。

$$Q(a) = \int_a^{\infty} \frac{1}{\sqrt{2\pi}}\exp\left[-\frac{y^2}{2}\right]\mathrm{d}y \tag{2.41}$$

对式(2.41)进行变量置换，令 $y=\frac{x-a}{\sigma}$，则

$$P(X > \mathrm{C}) = \int_{\frac{\mathrm{C}-a}{\sigma}}^{\infty} \frac{1}{\sqrt{2\pi}}\exp\left[-\frac{y^2}{2}\right]\mathrm{d}y \tag{2.42}$$

因此，$P(X > \mathrm{C}) = Q\left(\frac{\mathrm{C}-a}{\sigma}\right)$。

$Q(a)$是一个单调递减函数，它的取值随着变量 a 的增大而减小。本书附录 2 中给出 $Q(a)$函数表和误差函数表，可以方便地求得高斯随机变量大于某个常数或位于某区间的概率。

(2)误差函数。

$$erf(\beta) = \frac{2}{\sqrt{\pi}}\int_0^{\beta} \mathrm{e}^{-y^2}\mathrm{d}y \tag{2.43}$$

(3)互补误差函数。

$$erfc(\beta) = 1 - erf(\beta) = \frac{2}{\sqrt{\pi}}\int_{\beta}^{\infty} \mathrm{e}^{-y^2}\mathrm{d}y \tag{2.44}$$

三者之间的关系为

$$Q(\sqrt{2}a) = \frac{1}{2}erfc(a) = \frac{1}{2}[1 - erf(a)] \tag{2.45}$$

2.6　平稳随机过程通过线性系统

根据对线性系统的分析可知，线性因果系统输出 $y(t)$可表示为

$$y(t) = x(t) * h(t) = \int_{-\infty}^{\infty} x(\tau)h(t-\tau)\mathrm{d}\tau = \int_{-\infty}^{\infty} h(\tau)x(t-\tau)\mathrm{d}\tau \tag{2.46}$$

当系统输入信号为广义平稳随机信号 $X(t)$时，系统输出 $Y(t)$依然满足上式所示的卷积定理，且为随机信号。然而，$Y(t)$是否为广义平稳随机过程，下面将通过数学分

析给出答案。

2.6.1 输出随机过程的数学期望

设输入信号为平稳随机过程 $X(t)$，其期望为a_x，方差为σ_x^2。根据随机过程的统计特性的定义有：

$$E[Y(t)]=E\left[\int_{-\infty}^{\infty}h(\tau)X(t-\tau)\mathrm{d}\tau\right]$$

其中，$h(\tau)$为系统单位冲激响应函数，是确定性信号。所以，有

$$E[Y(t)]=E[X(t-\tau)]\int_{-\infty}^{\infty}h(\tau)\mathrm{d}\tau=a_x\int_{-\infty}^{\infty}h(\tau)\mathrm{d}\tau \tag{2.47}$$

根据信号的傅立叶变换可知：$H(\omega)=\int_{-\infty}^{\infty}h(t)\mathrm{e}^{-\mathrm{j}\omega t}\mathrm{d}t$，有 $H(0)=H(\omega)|_{\omega=0}=\int_{-\infty}^{\infty}h(t)\mathrm{d}t$。因此，有

$$E[Y(t)]=a_xH(0) \tag{2.48}$$

由此可见，输出随机过程$Y(t)$的数学期望等于输入过程的数学期望与常数$H(0)$的乘积，与时间无关。

2.6.2 输出随机过程的自相关函数

根据自相关函数的定义，有

$$\begin{aligned}R_Y(t_1,t_2)&=E\{Y(t_1)Y(t_2)\}\\&=E\left[\int_{-\infty}^{\infty}h(u)X(t_1-u)\,\mathrm{d}u\int_{-\infty}^{\infty}h(v)X(t_2-v)\,\mathrm{d}v\right]\\&=\int_{-\infty}^{\infty}\int_{-\infty}^{\infty}h(u)h(v)E[X(t_1-u)X(t_2-v)]\,\mathrm{d}u\mathrm{d}v\\&=\int_{-\infty}^{\infty}\int_{-\infty}^{\infty}h(u)h(v)R_X(t_1-u,t_2-v)\,\mathrm{d}u\mathrm{d}v\\&=\int_{-\infty}^{\infty}\int_{-\infty}^{\infty}h(u)h(v)R_X(\tau+u-v)\mathrm{d}u\mathrm{d}v\\&=R_Y(\tau)\end{aligned} \tag{2.49}$$

由此可见，输出随机过程$Y(t)$的自相关函数只与时间差τ相关，与时间的起点无关。

结合广义平稳随机过程的定义可知，$Y(t)$也是广义平稳随机过程。换句话说，对于一个线性系统，如果输入信号为广义平稳随机过程，那么输出信号也是广义平稳随机过程。

2.6.3 输出随机过程的功率谱密度

根据维纳—辛钦定理可知，功率谱密度函数与自相关函数为傅立叶变换对关系，所以有

$$\begin{aligned}P_Y(\omega)&=F[R_Y(\tau)]=\int_{-\infty}^{\infty}R_Y(\tau)\mathrm{e}^{-\mathrm{j}\omega\tau}\mathrm{d}\tau\\&=\int_{-\infty}^{\infty}\left[\int_{-\infty}^{\infty}\int_{-\infty}^{\infty}h(u)h(v)R_X(\tau+u-v)\mathrm{d}u\mathrm{d}v\right]\mathrm{e}^{-\mathrm{j}\omega\tau}\mathrm{d}\tau\end{aligned} \tag{2.50}$$

令 $\lambda=\tau+u-v$，并带入式(2.50)可得

$$P_Y(\omega)=\int_{-\infty}^{\infty}\left[\int_{-\infty}^{\infty}\int_{-\infty}^{\infty}h(u)h(v)R_X(\lambda)\,\mathrm{d}u\,\mathrm{d}v\right]\mathrm{e}^{-\mathrm{j}\omega(\lambda+v-u)}\,\mathrm{d}\tau$$
$$=\int_{-\infty}^{\infty}h(u)\mathrm{e}^{\mathrm{j}\omega u}\,\mathrm{d}u\int_{-\infty}^{\infty}h(v)\mathrm{e}^{-\mathrm{j}\omega v}\,\mathrm{d}v\int_{-\infty}^{\infty}R_X(\lambda)\mathrm{e}^{-\mathrm{j}\omega\lambda}\,\mathrm{d}u$$

根据傅立叶变换的定义，可得

$$P_Y(\omega)=H(\omega)H^*(\omega)P_X(\omega)=|H(\omega)|^2P_X(\omega) \tag{2.51}$$

式(2.53)是一个非常重要的公式，它给出了系统输出功率谱和输入功率谱与系统传递函数之间的计算关系。

2.7 窄带随机过程

2.7.1 窄带信号

窄带信号(如图 2.5 所示)是指其频谱只限于以 $\pm f_C$ 为中心频率而带宽为 Δf，且 $\Delta f \ll f_C$ 的信号，更确切地应该称之为高频窄带信号。

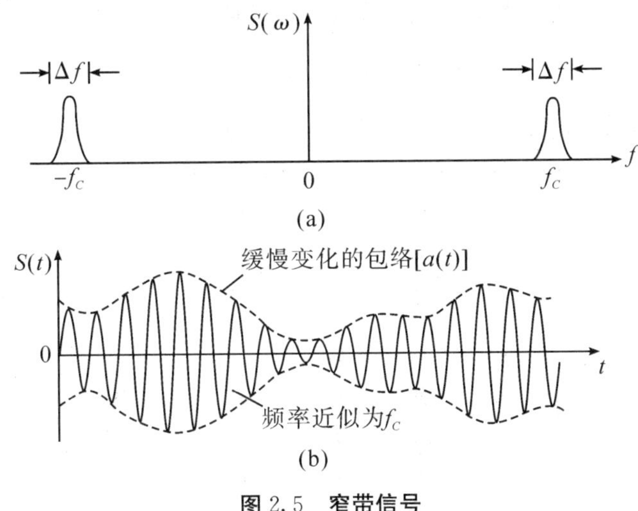

图 2.5　窄带信号

2.7.2 窄带随机过程

如果信号或噪声满足窄带条件，且是一个随机过程，则称它们为窄带随机过程。如果噪声的瞬时取值同时满足高斯分布，则称它为窄带高斯噪声。在不特别声明的情况下，本书中的噪声均为零均值的平稳高斯窄带过程，其对应的数学表达式为

$$\begin{aligned}n(t)&=n_X(t)\cos[\omega_C t+\varphi_X(t)]\\&=n_X(t)\cos\omega_C t\cdot\cos\varphi_X(t)-n_X(t)\sin\omega_C t\cdot\sin\varphi_X(t)\\&=n_I(t)\cos\omega_C t+n_Q(t)\sin\omega_C t\end{aligned} \tag{2.52}$$

其中，$n_I(t)$称为同相分量，$n_Q(t)$称为正交分量。若 $E[n(t)]=E[n_I(t)]=E|N_Q(t)|=0$，则有

$$\sigma^2=\sigma_I^2=\sigma_Q^2 \tag{2.53}$$

假设窄带高斯噪声的功率谱密度函数为 $p(\omega)$，如图 2.6 所示，则其同相分量 $n_I(t)$和正交分量 $n_Q(t)$的对应功率谱密度函数为

$$p_I(\omega)=p_Q(\omega)=\begin{cases}P(\omega-\omega_C)+P(\omega+\omega_C), & |f|\leqslant\dfrac{\Delta f}{2}\\ 0, & \text{其他}\end{cases} \tag{2.54}$$

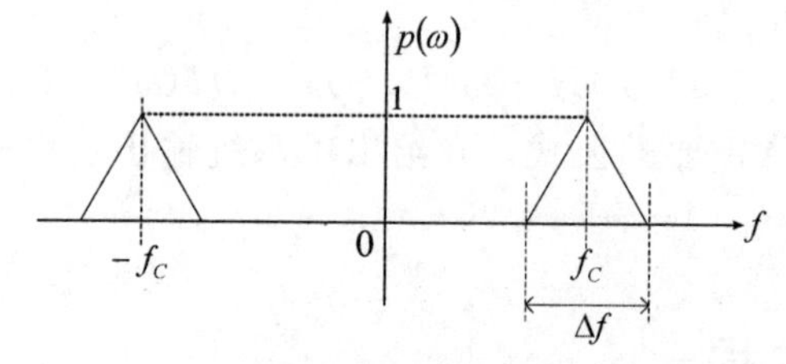

图 2.6 窄带高斯噪声的功率谱密度函数

对式(2.54)等号两端同时乘以 $\cos\omega_C t$，得

$$\begin{aligned}n(t)\times\cos\omega_C t&=[n_I(t)\cos\omega_C t+n_Q(t)\sin\omega_C t]\times\cos\omega_C t\\&=\frac{n_I(t)}{2}(1+\cos2\omega_C t)+\frac{n_Q(t)}{2}\sin2\omega_C t\end{aligned} \tag{2.55}$$

式(2.55)中的信号通过带宽为 $\Delta f/2$ 的理想低通滤波器，可得

$$[n(t)\times\cos\omega_C t]_{\mathrm{LPF}}=\frac{n_I(t)}{2} \tag{2.56}$$

对式(2.58)两端同时求其功率谱，即 $p_I(\omega)=p(\omega+\omega_C)+p(\omega-\omega_C)$。

同理可证明 $p_Q(\omega)=p(\omega+\omega_C)+p(\omega-\omega_C)$，即

$$p_I(\omega)=p_Q(\omega)=p(\omega+\omega_C)+p(\omega-\omega_C) \tag{2.57}$$

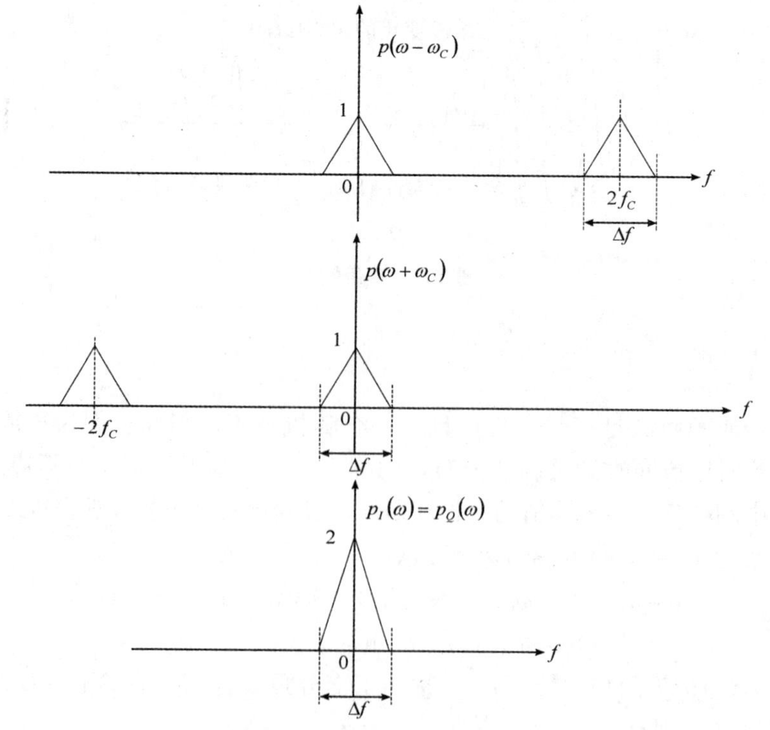

图 2.7 $n_I(t)$和 $n_Q(t)$的功率谱密度函数与原始窄带随机过程的功率谱密度函数之间的关系

图 2.7 给出了同相分量和正交分量的功率谱密度函数与原始窄带随机过程的功率谱密度函数之间的关系。

已知平均功率 $P=\frac{1}{2\pi}\int_{-\infty}^{\infty}p(\omega)\mathrm{d}\omega=\int_{-\infty}^{\infty}p(f)\mathrm{d}f$，从图 2.6 中可以计算出窄带随机过程的平均功率为 Δf；从图 2.7 中可以计算出同相分量 $n_I(t)$、正交分量 $n_Q(t)$ 的平均功率也为 Δf。这说明窄带高斯白噪声与它的同相分量和正交分量具有相同的平均功率。

习题

1. 什么是狭义平稳随机过程？什么是广义平稳随机过程？它们之间有什么关系？

2. 已知随机过程 $X(t)=A+B\cos(\omega_C t+\theta)$，式中 A，B 为常数，θ 是在区间 $(0,2\pi)$ 上的均匀分布的随机变量，试计算此随机过程中：

(1)数学期望和自相关函数，并判断其是否平稳。

(2)平均功率、交流功率。

(3)功率谱密度。

3. 设 $Y(t)=x_1\cos\omega_C t-x_2\sin\omega_C t$ 是一个随机过程，其中 x_1，x_2 彼此独立，且具有期望为 0、方差为 σ^2 的正态随机变量。

(1)判断随机过程 $Y(t)$是否为广义平稳随机过程。

(2)计算 $Y(t)$的一维概率密度函数 $f(t)$。

4. 设广义平稳随机过程为 $X(t)$，其功率谱密度 $p_X(f)$如题图 2.1 所示，求该过程的自相关函数 $R_X(\tau)$。

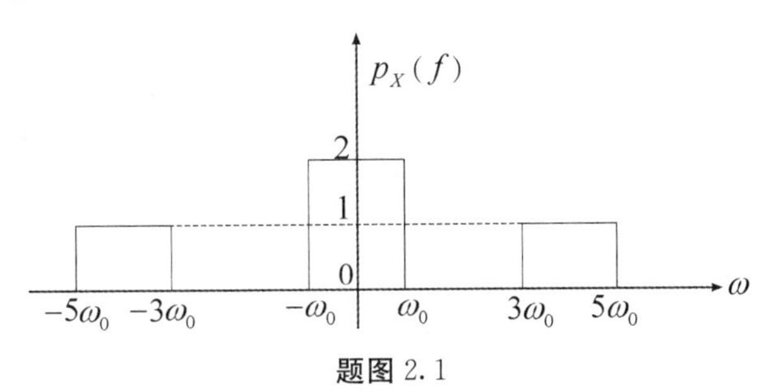

题图 2.1

5. 设 RC 低通滤波器电路如题图 2.2 所示，求当输入均值为 0，功率谱密度为 $n_0/2$ 的白噪声时，输出过程的功率谱密度和自相关函数。

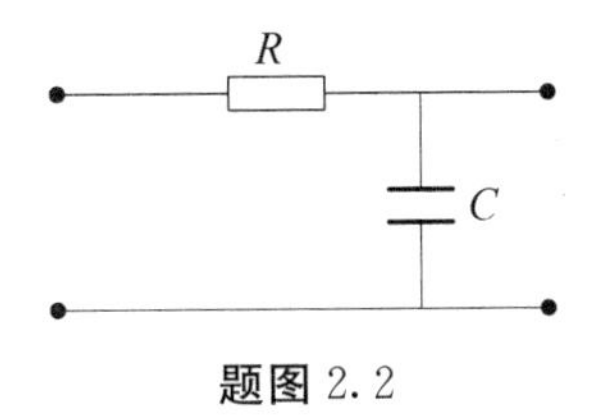

题图 2.2

6. 什么是高斯白噪声？什么是窄带高斯白噪声？二者有什么异同？

7. 写出白噪声的功率谱密度函数和自相关函数。

8. 设双边功率谱密度为 $n_0/2$ 的高斯白噪声输入题图 2.3 所示系统，试求解下列问题：

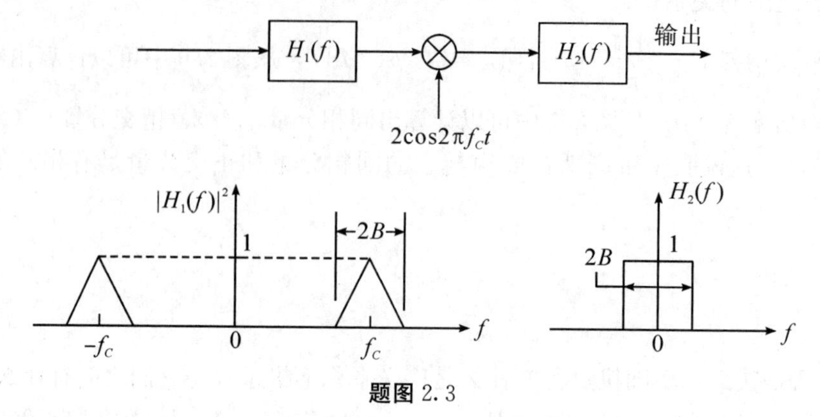

题图 2.3

(1)系统输出端的随机过程的功率谱密度。

(2)输出的均值和方差。

(3)输出信号的一维概率密度函数的表达式。

科学名家：高斯

约翰·卡尔·弗里德里希·高斯(Johann Carl Friedrich Gauss，1777—1855)，德国著名数学家、物理学家、天文学家、大地测量学家，近代数学奠基者之一。高斯被认为是历史上最重要的数学家之一，享有“数学王子”之称。

高斯和阿基米德、牛顿、欧拉并列为世界四大数学家。高斯的数学研究几乎遍及所有领域，他在数论、代数学、非欧几何、复变函数和微分几何等方面都做出了开创性的贡献。他还把数学应用于天文学、大地测量学和磁学的研究，发明了最小二乘法原理。

在物理学方面，高斯最引人注目的成就是在 1833 年和物理学家韦伯发明了有线电报，这使高斯的声望超出了学术圈而进入公众视野。

正态分布是最重要的一种概率分布。正态分布概念由德国数学家和天文学家棣莫弗于 1733 年首次提出，但由于高斯率先将其应用于天文学研究，故正态分布又叫作高斯分布(Gaussian distribution)。高斯分布是一种在数学、物理学及工程实践等领域都非常重要的概率分布，在统计学的许多方面也有着重大的影响力。

第3章 信 道

信道(information channels)又称为通道或频道，是信号在通信系统中传输的通道，是通信系统的重要组成部分，其特性对于通信系统的性能具有很大的影响。本章研究信道分类、信道模型以及噪声对信号传输的影响，并介绍信道容量等重要概念。

3.1 信道的定义和分类

具体地说，信道是由有线或无线电路提供的信号通路。信道的作用是传输信号，它提供一段频带让信号通过，同时又给信号加以限制和损害。

信道的范围有狭义和广义之分。狭义信道仅指传输信号的媒质；广义信道除包括传输媒介外，还包括一些必要的通信设备，如调制/解调器、功率放大器等。

3.1.1 狭义信道

狭义信道，按照传输媒质来划分，可以分为有线信道和无线信道。有线信道以导线为传输媒质，信号沿导线进行传输，信号的能量集中在导线附近，因此传输效率高，但是部署不够灵活。这一类信道使用的传输媒质包括用电线传输电信号的架空明线、电话线、双绞线、对称电缆、同轴电缆、光纤等。无线信道主要有以辐射无线电波为传输方式的传输信道。

3.1.2 广义信道

广义信道，按照其功能进行划分，可以分为调制信道和编码信道两类，如图3.1所示。

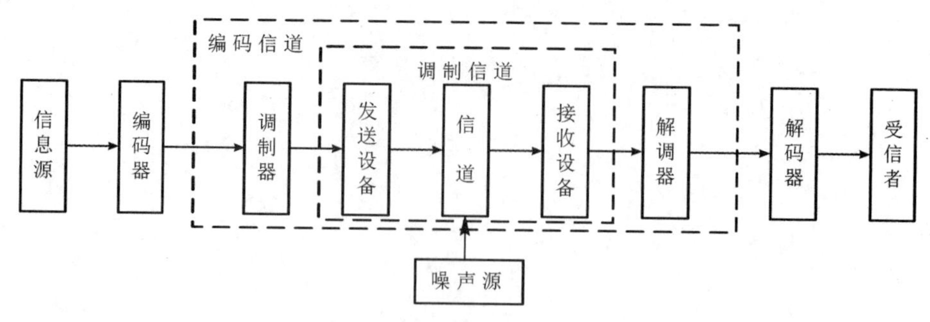

图3.1 调制信道和编码信道

调制信道是信号从调制器的输出端传输到解调器的输入端经过的部分。对于调制和解调的研究者来说，信号在调制信道上经过的传输媒质和变换设备都对信号做出了某种形式的变换，研究者只关心这些变换的输入和输出的关系，而不关心实现这一系列变换的具体物理过程。这一系列变换的输入与输出之间的关系，通常用多端口时变网络作为调制信道的数学模型进行描述。

编码信道是数字信号由编码器输出端传输到译码器输入端经过的部分。对于编码和译码的研究者来说，编码器输出的数字序列经过编码信道上的一系列变换后，在译码器的输入端成为另一组数字序列，研究者只关心这两组数字序列之间的变换关系，而不关心这一系列变换的具体物理过程，甚至并不关心信号在调制信道上的具体变化。编码器输出的数字序列与译码器输入的数字序列之间的关系，通常用多端口网络的转移概率作为编码信道的数学模型进行描述。

3.2 有线信道

3.2.1 双绞线

双绞线由两根具有绝缘层的金属导线按一定规则绞合而成。若干对双绞线放在同一个保护套内，构成双绞线电缆，如图 3.2 所示。

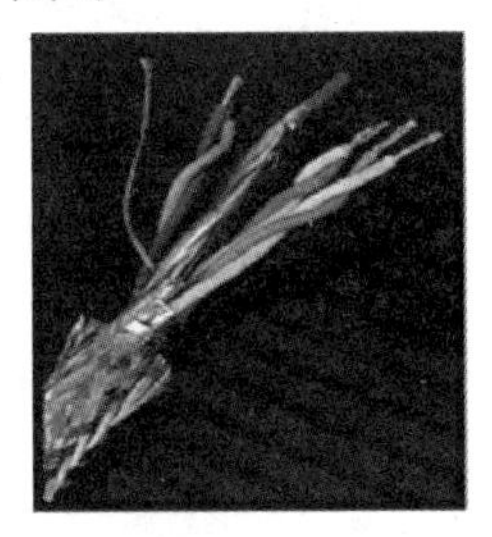

图 3.2 双绞线及其电缆

常见的双绞线主要有三类线、五类线、超五类线和六类线。每种双绞线的传输特点不同，应用场合也不同。三类线(CAT3)：最高传输速率为 10Mbps(10Mbit/s)，主要应用于语音传输、10Mbit/s 以太网和 4Mbit/s 令牌环，最大网段长度为 100m，目前已淡出市场。五类线(CAT5)：该类电缆增加了绕线密度，外套一种高质量的绝缘材料，最高传输速率为 100Mbit/s，主要用于 100BASE－T 和 1000BASE－T 网络，最大网段长度为 100m。五类线是最常用的以太网电缆。超五类线(CAT5e)：具有衰减小、串扰少的特点，并且具有更高的衰减与串扰的比值和信噪比，以及更小的时延误差，主要用于千兆以太网。六类线(CAT6)：传输性能远远高于超五类线，最适用于传输速率高于 1Gbit/s 的场景。

3.2.2 同轴电缆

与双绞线相比，同轴电缆抗电磁干扰性能更好，带宽更宽，支持的传输速率更高，但成本较高，安装较复杂，如图 3.3 所示。目前，远距离传输信号的干线线路多采用光纤代替同轴电缆。

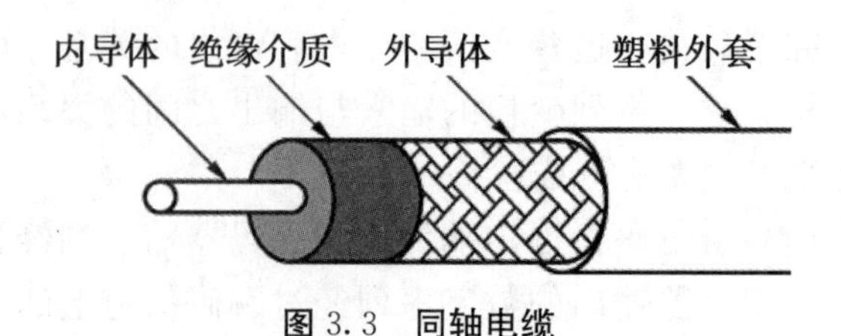

图 3.3 同轴电缆

基带同轴电缆：阻抗为 50 Ω的同轴电缆，多用于数字基带传输，最高数据传输速率可达 10Mbit/s，在局域网中广泛使用。

宽带同轴电缆：阻抗为 75 Ω的同轴电缆，可用于模拟信号和数字信号的传输，支持的带宽为 300～450MHz，多用于有线电视网和综合服务宽带网中。

3.2.3 光纤

光纤是光纤通信系统中使用的传输介质，由纤芯、包层和保护层构成。简单的光纤就是一根玻璃丝，根据不同要求，它可以做得非常细，直径一般从几微米到几百微米。

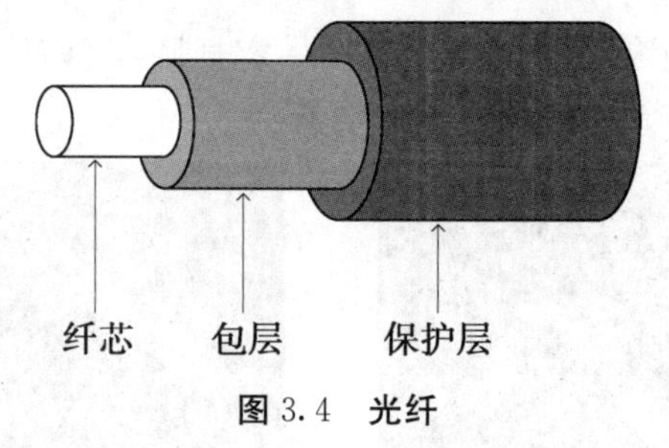

图 3.4 光纤

通常情况下，光纤一端的发射装置使用发光二极管(Light Emitting Diode，LED)或激光发射器将光脉冲传送至光纤，光纤另一端的接收装置使用光敏元件检测光脉冲。采用光纤作为传输载体的优点如下：

(1)节约有色金属，有利于环保。

(2)传输衰减小，无须中继，传输距离远。

(3)抗电磁干扰，传输质量好。

(4)能提供远大于金属电缆的传输带宽和通信容量。

(5)耐腐蚀，不易被窃听，体积小、重量轻。

采用光纤作为传输载体的缺点是易碎，接口昂贵，安装和维护需要专门技能。

光纤常用在主干线路中。例如，在有线电视网中，光纤提供主干线路，同轴电缆则提供到用户的连接。目前，光纤到户的技术也已经实现。

3.3 无线信道

当信号利用无线电波通过发送端的天线辐射到整个自由空间中进行传播时，从发送端到接收端，其间并没有一个有形的信号传输线路，传播路径也有可能不只一条，但是为了形象地描述发送端与接收端之间信号的传输关系，认为两者之间存在一条看不见的信号传输线路，把这条传输线路称为无线信道。不同波段的无线电波(如表

3.1 所示)有不同的传播方式，如图 3.5 所示。

表 3.1 无线电波的分段

<table>
<tr><th colspan="2">波段</th><th>波长</th><th>频率</th><th>传播方式</th><th>主要用途</th></tr>
<tr><td colspan="2">长波</td><td>30000m～3000m</td><td>10kHz～100kHz</td><td>地波</td><td>超远程无线通信和导航</td></tr>
<tr><td colspan="2">中波</td><td>3000m～200m</td><td>100kHz～1500kHz</td><td rowspan="2">地波和天波</td><td rowspan="3">调幅无线电广播、电报、通信</td></tr>
<tr><td colspan="2">中短波</td><td>200m～50m</td><td>1500kHz～6000kHz</td></tr>
<tr><td colspan="2">短波</td><td>50m～10m</td><td>6MHz～30MHz</td><td>天波</td></tr>
<tr><td rowspan="4">微波</td><td>米波</td><td>10m～1m</td><td>30MHz～300MHz</td><td>近似直线传播</td><td>调频无线电广播、电视、导航</td></tr>
<tr><td>分米波</td><td>1m～0.1m</td><td>300MHz～3000MHz</td><td rowspan="3">直线传播</td><td rowspan="3">电视、雷达、导航</td></tr>
<tr><td>厘米波</td><td>10cm～1cm</td><td>3000MHz～30000MHz</td></tr>
<tr><td>毫米波</td><td>10mm～1mm</td><td>30000MHz～300000MHz</td></tr>
</table>

(1)直射：又称为视距传播，在发射天线和接收天线间能相互“看见”的距离内，电波直接从发射点传播到接收点(一般包括地面的反射波)的一种传播方式。其传输距离与在地面上人的视线所及的距离相仿，一般不超过 50km。直射主要用于超短波及微波通信。

(2)反射：当频率在一定范围的无线电波以一定角度射向电离层时，将由电离层反射回地面，反射回地面的无线电波还可再向电离层射去，实现多次反射，这就是“多跳传播”，能实现远距离短波无线通信和广播。

(3)绕射：当发射机和接收机之间的传播路由被尖锐的边缘阻挡时，电磁波可以绕过障碍物继续传播。

(4)散射：当电磁波的传播路由上存在小于波长的物体，并且单位体积内这种障碍物体的数目非常巨大时，会发生散射。散射发生在粗糙表面、小物体或其他不规则物体上，如树叶、街道标志和灯柱等。

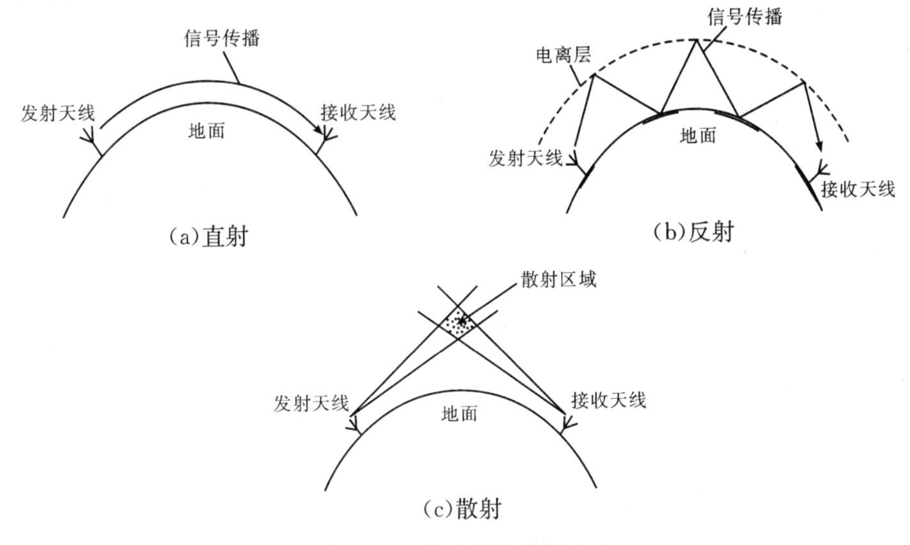

图 3.5 无线电波的传播方式

由于无线信道中存在着大量的反射、绕射和散射，导致传播环境呈现出复杂多变的特性，这使得信号在到达接收天线时的幅度、相位、时延都发生了变化，因此，到达接收天线的信号实际上是来自许多路径的直射波、众多反射波和散射波等的合成(如图 3.6 所示)。

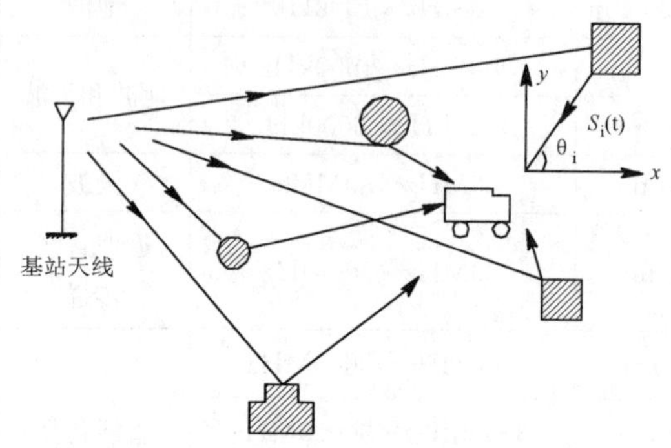

图 3.6　无线信道的多径传播

多个信号在接收端可能同相叠加而加强，也可能反相叠加而减弱。因此，接收信号的幅度会急剧变化而产生衰落。这种衰落由多径传播引起，故称为多径衰落(如图 3.7所示)。

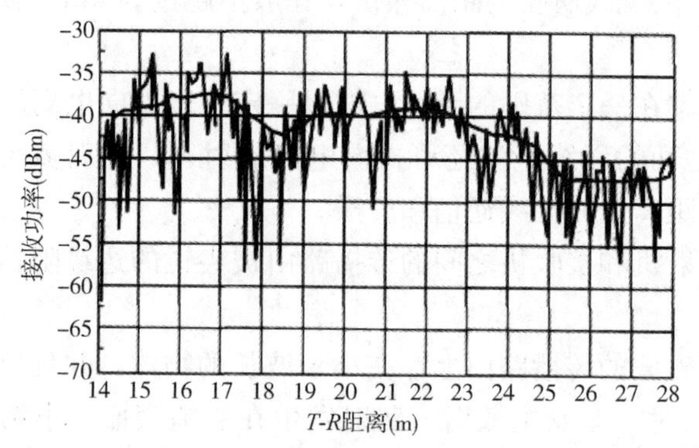

图 3.7　多径衰落

假设基站发射的信号：

$$S_0(t)=a_0\exp[\mathrm{j}(\omega_0 t+\varphi_0)] \tag{3.1}$$

第 i 路信号的多普勒频移值为

$$f_i=\frac{v}{\lambda}\cos\theta_i=f_m\cos\theta_i \tag{3.2}$$

接收天线收到的第 i 个信号：

$$S_i(t)=a_i\exp\left[\mathrm{j}\left(\frac{2\pi}{\lambda}vt\cos\theta_i+\varphi_i\right)\right]\exp[\mathrm{j}(\omega_0 t+\varphi_0)] \tag{3.3}$$

则合成波信号：

$$S(t)=\sum_{i=1}^{N}S_i(t) \tag{3.4}$$

多径衰落主要包括快衰落和慢衰落两种。

(1)快衰落：由直射波、反射波和散射波在接收点形成干涉场，使信号产生深度和快速的衰减。

(2)慢衰落：由于移动台的不断运动，电波传播路径上的地形、地物不断变化，因此造成局部中值变化。

我国第三代公众移动通信系统的工作频段如下：

(1)主要工作频段。

频分双工(FDD)方式：1920～1980MHz/2110～2170MHz；

时分双工(TDD)方式：1880～1920MHz/2010～2025MHz。

(2)补充工作频段。

频分双工(FDD)方式：1755～1785MHz/1850～1880MHz；

时分双工(TDD)方式：2300～2400MHz，与无线电定位业务共用，均为主要业务，共用标准另行制定。

(3)卫星移动通信系统工作频段：1980～2010MHz/2170～2200MHz。

(4)我国第四代公众移动通信系统的工作频段：中国移动获得130MHz，分别为1880～1900MHz、2320～2370MHz、2575～2635MHz；中国电信获得40MHz，分别为2370～2390MHz、2635～2655MHz；中国联通也获得40MHz，分别为2300～2320MHz、2555～2575MHz。

(5)我国第五代公众移动通信系统的工作频段：3000～5000MHz。

3.4 信道噪声

一般来说，实际信道都不是理想的。首先，这些信道具有非理想的频率响应特性；其次，还有噪声干扰和信号通过信道传输时掺杂进去的其他干扰。例如，有来自临近信道中所传输信号的串音(干扰)；有电子设备(如收—发信机中的放大器和滤波器)产生的热噪声；还有有线信道中交换瞬间和无线信道中的雷电所引起的脉冲干扰和噪声；此外，还有信道中人为发射的干扰等。这些噪声和干扰在本章中统称为噪声，噪声损害了发送信号，并使接收的信号波形产生失真或使接收的数字序列产生错误。

噪声按照来源有如下分类：

(1)人为噪声。

人为噪声来源于无关的其他信号源，如外台信号、开关接触噪声、工业的点火辐射等，这些干扰一般可以消除，例如加强屏蔽、进行滤波和采取接地措施等。

(2)自然噪声。

自然噪声是指自然界存在的各种电磁波源，如闪电、雷击、太阳黑子、大气中的电暴和各种宇宙噪声等，这些噪声所占的频谱范围很宽，并不像无线电干扰那样频率是固定的，所以这种噪声难以消除。

(3)内部噪声。

内部噪声是系统设备本身产生的各种噪声，如电阻中自由电子的热运动和半导体中载流子的起伏变化等。内部噪声是由无数个自由电子做不规则运动形成的，它的波形变化不规则，通常又称为起伏噪声。在数学上，可以用随机过程来描述这种噪声，因此内部噪声又称随机噪声。

噪声按照性质有如下分类：

(1)脉冲噪声。

脉冲噪声具有突发性，幅度很大，但持续时间较短。例如电火花就是一种典型的脉冲噪声。

(2)窄带噪声。

窄带噪声来自相邻电台或其他电子设备，其频谱或频率位置通常是确知的或可以测知的。窄带噪声可以看作一种非所需的连续的已调正弦波。

(3)起伏噪声。

典型的起伏噪声的例子是热噪声(源于电阻性元器件中电子的热运动)。

3.4.1 白噪声

功率谱密度在整个频域内都满足均匀分布(相同大小)的噪声称为白噪声。白噪声的功率谱密度函数 $P(\omega)=\frac{n_0}{2}$，如图 3.8(b)所示，对应的时域信号，即白噪声的自相关函数 $R(t)=\frac{n_0}{2}\delta(t)$，如图 3.8(a)所示。

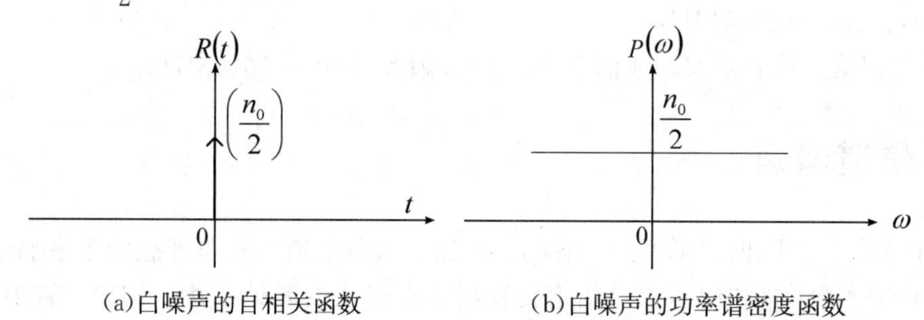

(a)白噪声的自相关函数　　(b)白噪声的功率谱密度函数

图 3.8 白噪声

如果白噪声通过信道后，带宽被限定在$(-f_C, f_C)$内，且在该频带范围内有 $P(\omega)=\frac{n_0}{2}$，其他频带内为零[如图 3.9(b)所示]，则这样的噪声称为限带白噪声。限带白噪声在频域有限，在时域为无限信号的抽样信号 $2f_C Sa(2\pi f_C t)$，如图 3.9(a)所示。

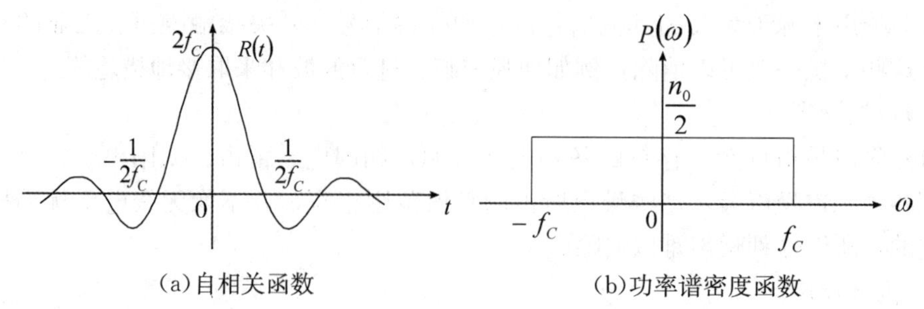

(a)自相关函数　　(b)功率谱密度函数

图 3.9 限带白噪声

3.4.2 高斯白噪声

通信系统中信道的噪声有两大类：一类是信道固有的、持续存在的随机热噪声；

另一类是由外界特定的短暂原因所造成的冲击噪声。

热噪声是由导体中电子的热震动引起的，它存在于所有电子器件和传输介质中。它是温度变化的结果，但不受频率变化的影响。热噪声是不能消除的，由此对通信系统的性能构成了上限。冲击噪声呈突发状，常由外界因素引起。其噪声幅度可能相当大，但持续时间短暂，无法靠提高信噪比来避免。

通常把噪声幅度满足高斯分布而功率谱密度又满足均匀分布的噪声称为高斯白噪声。

【例题 3.1】高斯白噪声通过信道后，先经过理想带通滤波器(中心频率为1MHz，带宽为10kHz)，然后通过乘法器(其中 $\omega_C=2\pi\times10^6$ rad/s)，最后通过带宽为5kHz的理想低通滤波器输出，其原理框图如图 3.10 所示。图中高斯白噪声双边功率谱密度$\frac{n_0}{2}=1\times10^{-10}$W/Hz。

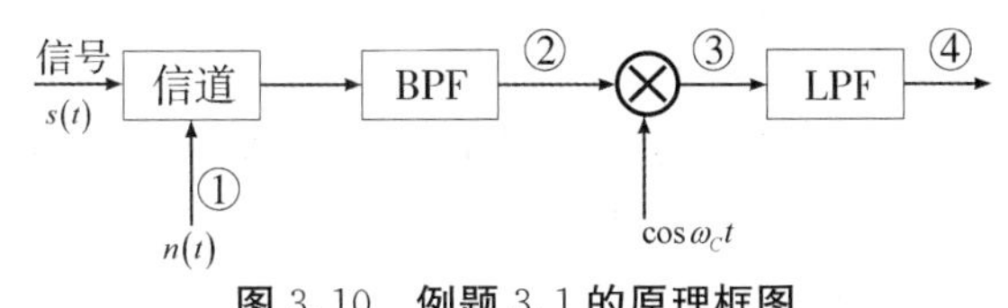

图 3.10 例题 3.1 的原理框图

(1)请画出图中①②③④各点的噪声功率谱。

(2)计算②④两点的噪声功率。

解：(1)①点波形为高斯白噪声的功率谱密度函数，如图 3.11(a)所示。

②点波形为高斯白噪声通过理想带通滤波器的功率谱密度函数，根据式(2.47)可知，②点波形如图 3.11(b)所示。

③点波形为②点的输出信号通过乘法器后的功率谱密度函数，所以

$$p_3(f)=\frac{1}{4}[p_2(f+f_C)+p_2(f-f_C)]$$

如图 3.11(c)所示。

④点波形为③点波形通过理想低通滤波器后的输出波形，如图 3.11(d)所示。

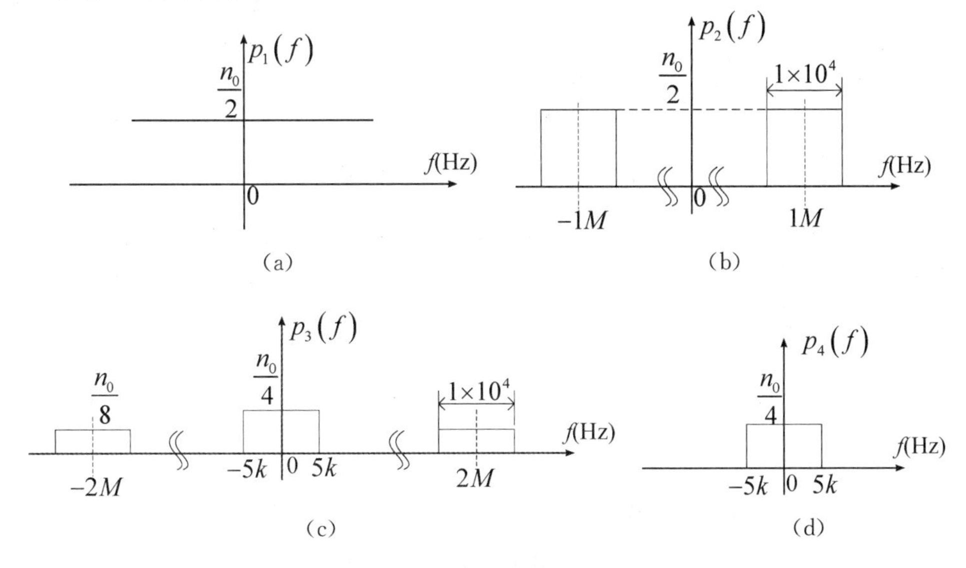

图 3.11 例题 3.1 中①②③④各点的噪声功率谱

(2)②点的噪声功率为 $P_2=\int_{-\infty}^{\infty}p_2(f)\mathrm{d}f=1\times10^4\cdot2\times10^{-10}=2(\mu\mathrm{W})$。

④点的噪声功率为 $P_4=\int_{-\infty}^{\infty}p_4(f)\mathrm{d}f=1\times10^4\cdot0.5\times10^{-10}=0.5(\mu\mathrm{W})$。

3.5 信道模型

一般来说，实际信道都不是理想的。首先，信道具有非理想的频率响应特性，另外还有噪声干扰和信号通过信道传输时掺杂进去的其他干扰。为了分析信道的一般特性及其对信号传输的影响，在信道定义的基础上，建立了调制信道和编码信道的数学模型。

3.5.1 调制信道的数学模型

调制信道模型描述的是调制信道的输出信号和输入信号之间的数学关系。调制信道、输入信号、输出信号存在以下特点：

(1)信道总具有输入信号端和输出信号。

(2)信道一般是线性的，即输入信号和对应的输出信号之间满足叠加原理。

(3)信道是因果系统，即输入信号经过信道后，相应的输出信号的响应有延时。

(4)信道使通过的信号发生畸变，即输入信号经过信道后，相应的输出信号会发生衰减。

(5)信道中存在噪声，即使输入信号为零，输出信号仍然会具有一定的功率。

因此，调制信道可以被描述为一个二端口或多端口线性系统，如图 3.12 所示。

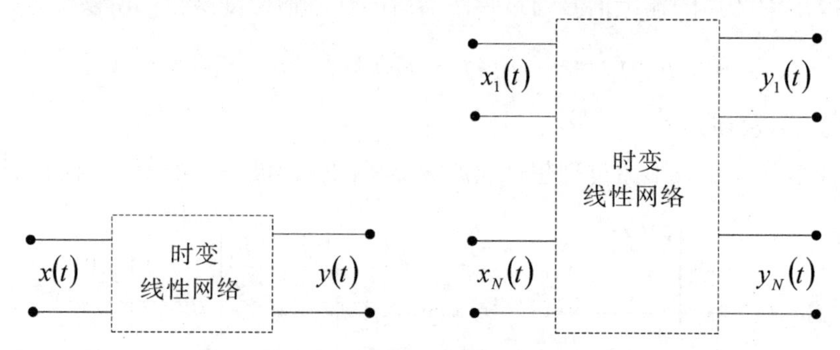

图 3.12 调制信道的系统模型

无论调制信道系统是一个二端口还是多端口系统，根据线性系统的特性，都可以将调制信道的数学模型定义为 $y(t)=x(t)*h(t;\tau)+n(t)$，如图 3.13 所示。

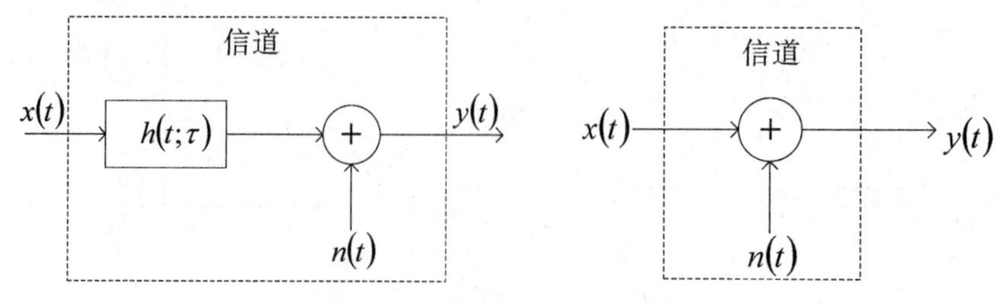

图 3.13 调制信道的数学模型

其中 $x(t)$是调制信道在时刻 t 的总的输入信号，即已调信号。$y(t)$是调制信道在时刻 t 的总的输出信号。$h(t;\tau)$是系统的冲激响应，描述了信道对输入信号的畸变和延时性。如果信号通过信道发生的畸变是时变的，那么这是一个线性时变系统，这样的信道被称作“随机参数信道”；如果畸变与时间无关，那么这是一个线性时不变系统，这种信道被称作“恒定参数信道”。

$h(t;\tau)$使得调制信道的输出信号 $y(t)$的幅度随着时间 t 发生变化，因此被称作“乘性干扰”。$n(t)$是调制信道上存在的加性噪声，又被称为“加性干扰”。

由短波电离层反射、超短波及微波电离层散射、超短波视距绕射等媒质构成的调制信道属于随机参数信道。由架空明线、对称电缆、同轴电缆、光缆、微波视距传播、光波视距传播等媒质构成的调制信道属于恒定参数信道。

3.5.2　编码信道的数学模型

编码信道的数学模型一般用数字转移概率来描述，如图 3.14 所示。

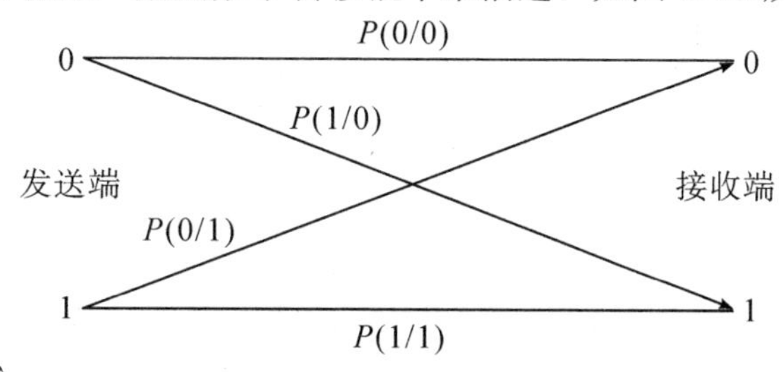

图 3.14　编码信道的数学模型

其中：$P(0/0)$是指发端发送“0”码，收端收到的也是“0”码；$P(1/1)$同理。

$P(1/0)$是指发端发送“0”码，收端收到的是“1”码；$P(0/1)$同理。

$P(0/0)$和 $P(1/1)$称为正确转移概率，$P(1/0)$和 $P(0/1)$称为错误转移概率，则系统的总误码率为

$$P_e=P_0P(0/1)+P_1P(1/0) \tag{3.5}$$

其中：P_0 代表发端发送“0”码的概率，P_1 代表发端发送“1”码的概率，且 $P_0+P_1=1$。

显然，$P(1/0)$和 $P(0/1)$越小，误码率也就越小。

3.6　信道容量与香农公式

信道容量是指信道的极限传输能力，可用信道的最大信息传输速率来衡量。信道容量是信道的一个重要参数，反映了信道的传输性能，其大小与信源无关。

香农公式是一个被广泛公认的通信理论基础和研究依据，也是近代信息论的基础。1948 年，香农用信息论的理论推导出了带宽受限且有高斯白噪声干扰的信道的极限信息传输速率。当用此速率进行信息传输时，可以做到不出差错。用公式表示，则信道的无差错极限信息传输速率 C 可表达为

$$C=B\log_2\left(1+\frac{S}{N}\right)=B\log_2\left(1+\frac{S}{n_0B}\right)\ (\text{bit/s}) \tag{3.6}$$

式中，B 为信道带宽(Hz)，S 为信号功率(W)，$N=n_0B$ 为噪声功率(W)，n_0 为噪声单边功率谱密度(W/Hz)。

香农公式告诉我们以下结论：

(1)在给定信道带宽 B 和接收信噪比 S/N 的情况下，只要传输信息的速率 $R_b \leqslant C$，即使信道有噪声，在理论上总能找到一种方法，实现无差错传输。

(2)提供了 B、S/N 和 C 三者之间的相互关系。对于给定的 C，可以用增大带宽 B 的方法，降低对 S/N 的要求；对于给定的 B，可以用增大 S/N 的方法，提高信道的信息容量 C；信道的信息容量 C 随着带宽 B 的增加而增加。

【例题 3.2】对于带宽 B 为 3kHz、信噪比为 30dB 的语音信道，求在该信道上进行无差错传输的最高信息速率，即信道容量 C。

解：信噪比 S/N 通常用 dB(分贝)表示：

$$\left(\frac{S}{N}\right)_{\mathrm{dB}}=10\lg\left(\frac{S}{N}\right)$$

但在香农公式中，S/N 是比值，而不是分贝数，因此，$\frac{S}{N}=10^3$。

所以信道容量为：

$$C=B\log_2\left(1+\frac{S}{N}\right)=3000\log_2(1+10^3)\approx 3000\times 10=30(\mathrm{kbit/s})$$

【例题 3.3】一条具有 4.55MHz 带宽的高斯信道，若信道中信号功率与噪声功率谱密度之比为 45.5MHz，试求其信道容量。若不断增加带宽分别至 455MHz、4550MHz、45500MHz，观察信道容量的变化情况。

解：已知 $\frac{S}{n_0}=45.5\mathrm{MHz}$，根据香农公式可得

$$C=B\log_2\left(1+\frac{S}{n_0B}\right)=4.55\times 10^6\times\log_2\left(1+\frac{45.5}{4.55}\right)$$
$$\approx 4.55\times 10^6\times 3.32=15.11(\mathrm{Mbit/s})$$

若增大带宽至 455MHz，则信道容量提高为

$$C=B\log_2\left(1+\frac{S}{n_0B}\right)=455\times 10^6\times\log_2\left(1+\frac{45.5}{455}\right)$$
$$\approx 455\times 10^6\times 0.138=62.56(\mathrm{Mbit/s})$$

若继续增大带宽至 4550MHz，则信道容量的提高明显趋缓：

$$C=B\log_2\left(1+\frac{S}{n_0B}\right)=4550\times 10^6\times\log_2\left(1+\frac{45.5}{4550}\right)$$
$$\approx 4550\times 10^6\times 0.0144=65.32(\mathrm{Mbit/s})$$

若进一步增大带宽至 45500MHz，则信道容量几乎不再提高：

$$C=B\log_2\left(1+\frac{S}{n_0B}\right)=45500\times 10^6\times\log_2\left(1+\frac{45.5}{45500}\right)$$
$$\approx 45500\times 10^6\times 0.00144=65.61(\mathrm{Mbit/s})$$

从例题 3.3 可以看出：信道容量 C 随着带宽 B 的适当增大而增大，但不能无限增大。当 $B\rightarrow\infty$时，$C\rightarrow$定值，即

$$C=\lim_{B\to\infty}B\log_2\left(1+\frac{S}{n_0B}\right)\approx 1.44\frac{S}{N_0}\ (\text{bit/s})$$

香农公式给出了通信系统所能达到的理论极限，却没有指出这种通信系统的实现方法(图 3.15)。实践证明，系统要接近香农的理论极限，必须借助编码和调制等技术。

研究信道及噪声的最终目的是弄清它们对信号传输的影响，寻求提高通信有效性与可靠性的方法。对信道的分析成为研究通信科学的一个基础。

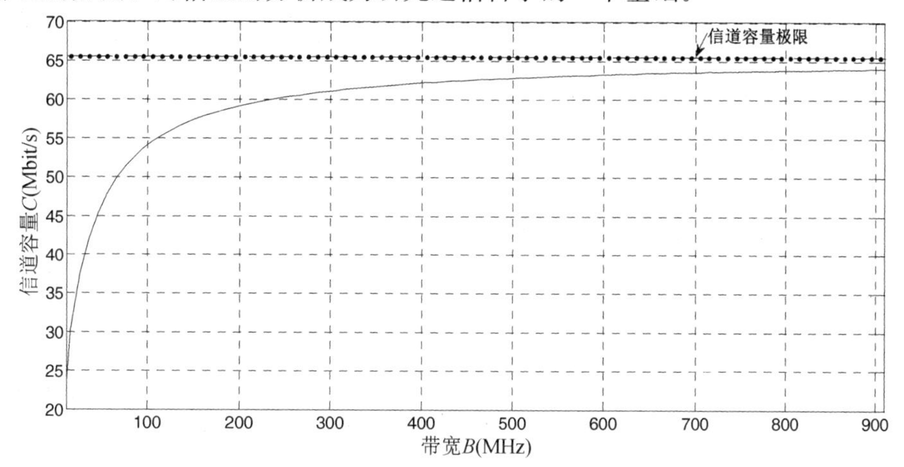

图 3.15 通信系统的理论极限

3.7 利用 Simulink 建模仿真的步骤

Simulink 是 MATLAB 最重要的组件之一，它提供了一个动态系统建模、仿真和综合分析的集成环境。Simulink 还提供了一个建立模型方块图的图形用户接口(GUI)，这个创建过程只需单击和拖动鼠标操作就能完成，是一种快捷、直观的操作方式，而且用户可以立即看到系统的仿真结果。

创建一个 Simulink 模型需要执行以下步骤：

(1)打开 MATLAB 软件。

(2)在 MATLAB 软件的命令窗口(command window)输入“simulink”，系统自动弹出“Simulink Library Browser”，如图 3.16 所示。

(3)在图 3.16 所示的界面上可以创建新的模块或打开已经存在的模块。打开已经存在的模块：“File”—“Open”，在指定目录下选择模型文件(*.mdl)；创建新的模块：“File”—

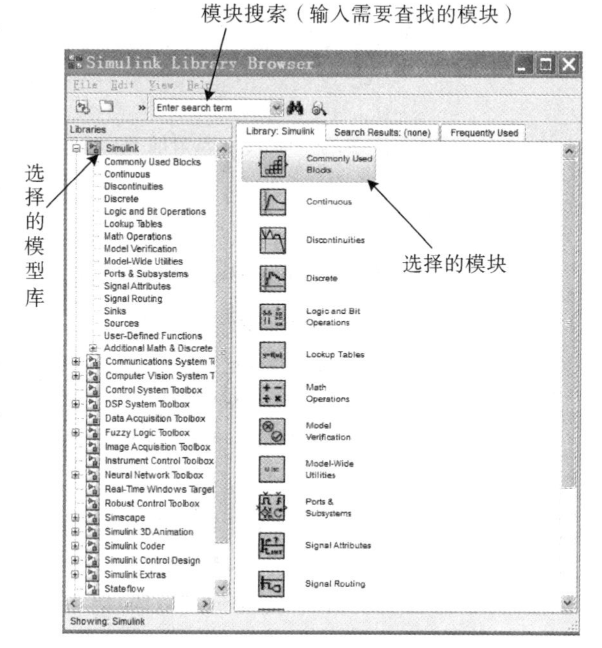

图 3.16 Simulink 启动界面

“New” — “Model”，打开一个空白模型窗口，如图 3.17 所示。

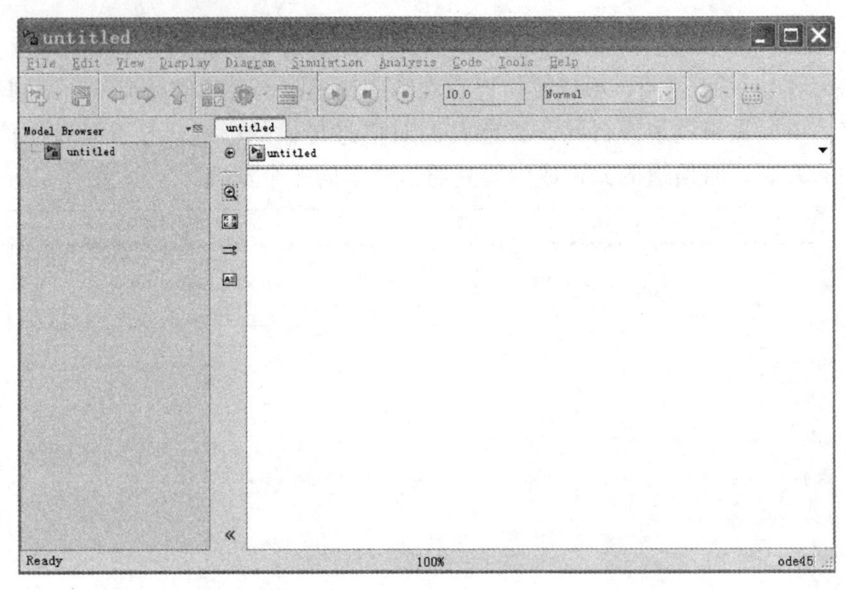

图 3.17　新建空白模型窗口

(4)添加模块到新建的空白模型中：在“Simulink Library Browser”找到所需的模块，用鼠标左击该模块，并拖动到图 3.17 所示窗口空白处；或用鼠标右击该模块，并选择“Add to blockcode”。

(5)模块参数设置：在模型图中添加了模块后，可以设置每个模块的参数。双击模块或选中模块并单击鼠标右键，在弹出的菜单中选择“Mask Parameter…”，即可显示参数设置界面。以 Bernoulli Binary Generator 模块为例，其参数设置界面如图 3.18 所示。

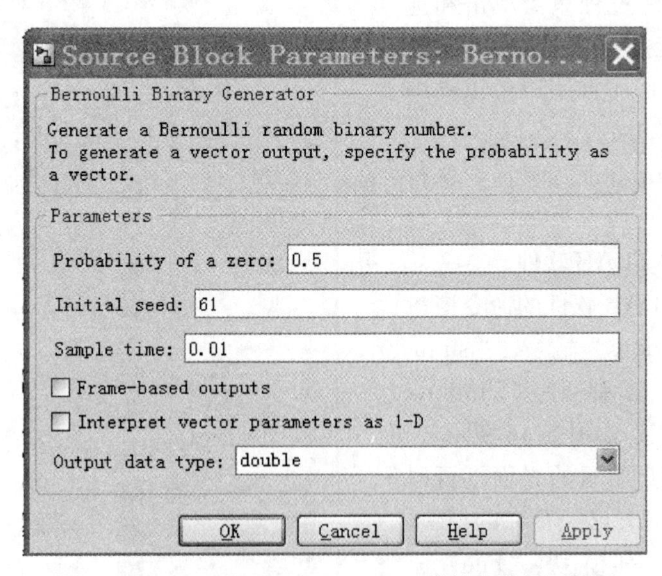

图 3.18　Bernoulli Binary Generator 模块参数设置界面

(6)用信号线连接各模块：将鼠标指针放到某个模块的输出端口上，按下左键并拖动到与之连接的模块输入端口，即可实现模块间的连接，如图3.19所示。

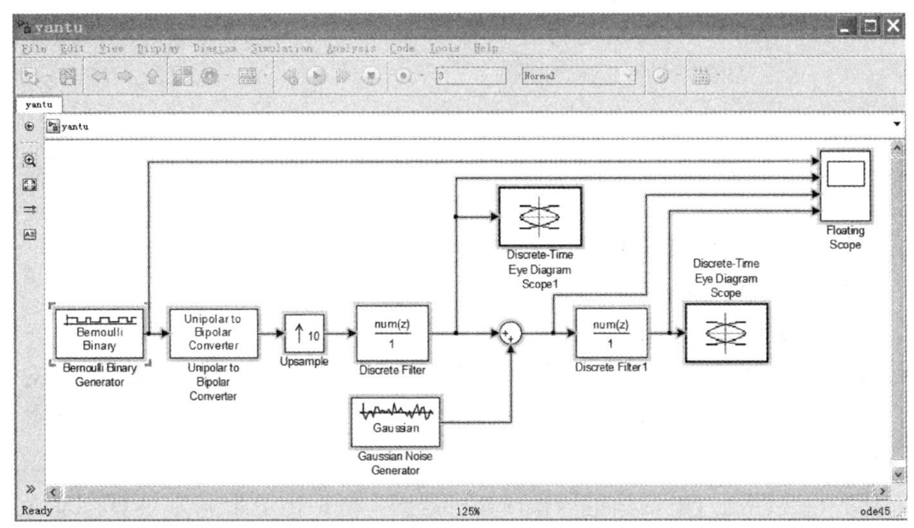

图3.19 用信号线连接各模块

(7)保存文件："File"—"Save"。

(8)系统仿真参数设置：在对一个模型进行仿真之前，可以对系统仿真参数进行设置。在图3.19中选择菜单中的"Simulink"—"Configuration Parameter…"命令项，弹出的仿真参数设置界面如图3.20所示。

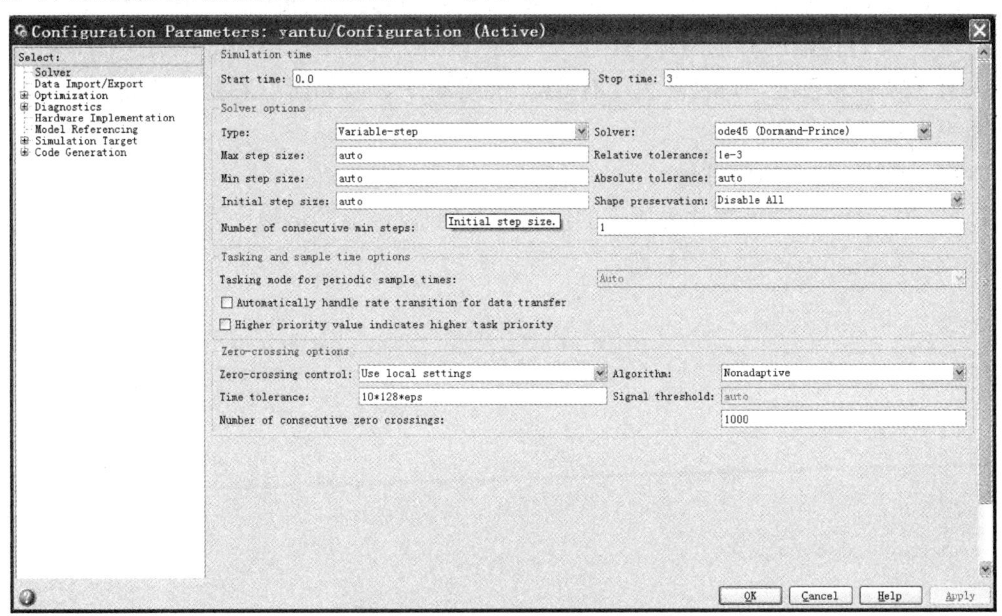

图3.20 仿真参数设置界面

可以根据需要在该窗口设置和修改仿真参数，诸如仿真的开始和结束时间。

(9)启动仿真：在完成第(7)步后，可以选择菜单的"Simulink"—"Start"命令项或者直接单击工具条上的▶按钮启动仿真。如果在仿真过程中需要停止，可以选择"Simulink"—"Stop"命令项或者直接单击工具条上的■按钮停止仿真。

(10)仿真数据的存储与显示：可以利用 Simulink Library Browser 模型库中的“Simulink”—“Sink”类模块将仿真数据导入 MATLAB 存储空间，以便做进一步处理。

习题

1. 如何划分调制信道和编码信道？

2. 什么是无线信道的多径衰落？

3. 二进制数字通信系统中，信息符号取 1 的概率为 0.4，取 0 的概率为 0.6。若发 1 错判为 0 的概率为 0.25，发 0 错判为 1 的概率为 0.15，请计算系统的误码率。

4. 某高斯信道的带宽为 4kHz，双边噪声功率谱密度为 $n_0/2=10^{-4}$W/Hz，接收端信号功率不大于 0.1mW。求信道容量。

5. 计算机终端通过电话信道传输计算机数据，电话信道带宽为 4kHz，信道输出信噪比为 30dB。该终端输出 128 个符号，各符号相互统计独立，等概率出现。

(1)计算该信道容量。

(2)求无误码传输的最高符号速率。

6. 在一个计算机通信网中，计算机终端通过有线电缆信道传输数据，电缆信道带宽为 8MHz，信道输出信噪比为 $S/N=30$dB，设计算机终端输出 256 种符号，各符号相互统计独立，等概率出现。试分别计算信道容量和无误码传输的最高符号速率。

7. 一张待传输的彩色图片约含 4×10^6 个像素点，为了能够很好地重构图片，每个像素有 128 种彩色度，每种彩色度有 64 个亮度电平，假如所有彩色度和亮度电平独立等概率出现，试计算：

(1)该图片包含的信息量。

(2)用 3min 传输该图片时所需的信道带宽(假设信道的信噪比为 1024)。

科学名家：海蒂

1940年初，海蒂·拉玛和钢琴作曲家乔治·安太尔设计出了一个飞机导航系统。该导航系统分别安置在飞机和鱼雷上，用来指定频率的变化顺序。1941年，海蒂申请了“频率跳变”装置的设计专利，就是现在的“扩频通信技术”。

直到20世纪50年代后期，海蒂的这项发明才被广泛地运用到军队计算机芯片中。从那时起，这一技术也启发了许许多多的通信领域的科学家，从而被广泛运用到手机、无线电和互联网协议的研发上，以使很多人能够共同使用同一频段的无线电信号。

1985年，在“跳频”技术的基础上，美国的一家名不见经传的小公司在圣迭戈成立，悄悄地研发出CDMA无线数字通信系统。这家公司就是高通。1997年，当以CDMA为基础的通信技术开始走进大众生活时，科学界才想起了当时已经83岁高龄的海蒂，美国电子前沿基金会授予五十年前这项专利的第一申请人海蒂·拉玛“电子前沿基金先锋奖”。这一奖项对海蒂在通信技术领域的杰出贡献给予了承认，科学界尊称海蒂为“CDMA之母”。

第 4 章　模拟调制系统及其应用

调制就是把基带信号(模拟信号或数字信号)的频谱搬移到某一特定的中心频率 f_C 上以适应信道的要求。调制后的信号具有以下优点：

(1)容易辐射，可实现长距离通信；

(2)可实现频率分配和多路复用，以提高通信系统的利用率；

(3)减少噪声等干扰的影响，提高系统抗干扰能力。

设载波信号为 $c(t)=A\cos(\omega_C t+\theta_0)$，若调制信号为模拟信号 $f(t)$，且载波参数(幅度 A，频率 f，相位 φ)随着调制信号 $f(t)$的作用而变化，则这种调制方式称为模拟调制。若调制信号为数字信号$\{a_n\}$，且载波参数(幅度 A，频率 f，相位 φ)随着$\{a_n\}$的作用而变化，则这种调制方式称为数字调制。

模拟已调制信号为

$$s(t)=A(t)\cos[\omega_C t+\varphi(t)+\theta_C] \tag{4.1}$$

其中如果 $A(t)$随着 $f(t)$成比例变化，则 $s(t)$称为线性幅度调制；如果 $\varphi(t)$随着 $f(t)$成比例变化，则 $s(t)$称为非线性角调制。

4.1　线性调制

4.1.1　常规调幅(AM)

假设调制信号为 $f(t)$，其均值为$\overline{f(t)}=0$。$f(t)$叠加直流信号 A_0 后对载波信号 $c(t)$的幅度进行调制就形成了常规调幅，如图 4.1 所示。

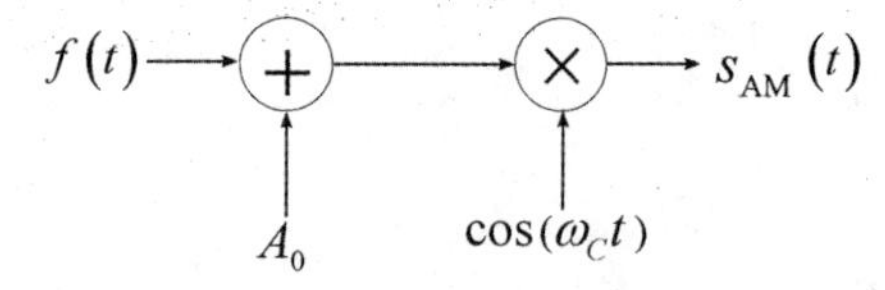

图 4.1　AM 调制的原理框图

常规调制信号的数学表达式为

$$s_{AM}(t)=[A_0+f(t)]\cos(\omega_C t+\theta_C) \tag{4.2}$$

当满足条件 $|f(t)|_{max}\leqslant A_0$ 时，AM 信号的包络与调制信号成正比，如图 4.2(a)所示。此时接收端用包络检波(如图 4.3 所示)的方法很容易恢复出原始的调制信号；当 $|f(t)|_{max}>A_0$ 时，将会出现过调幅现象而产生包络失真，如图 4.2(b)所示，此时就不能采用包络检波的方法进行解调。为保证无失真解调，可以采用同步的相干解调(如图 4.4 所示)。

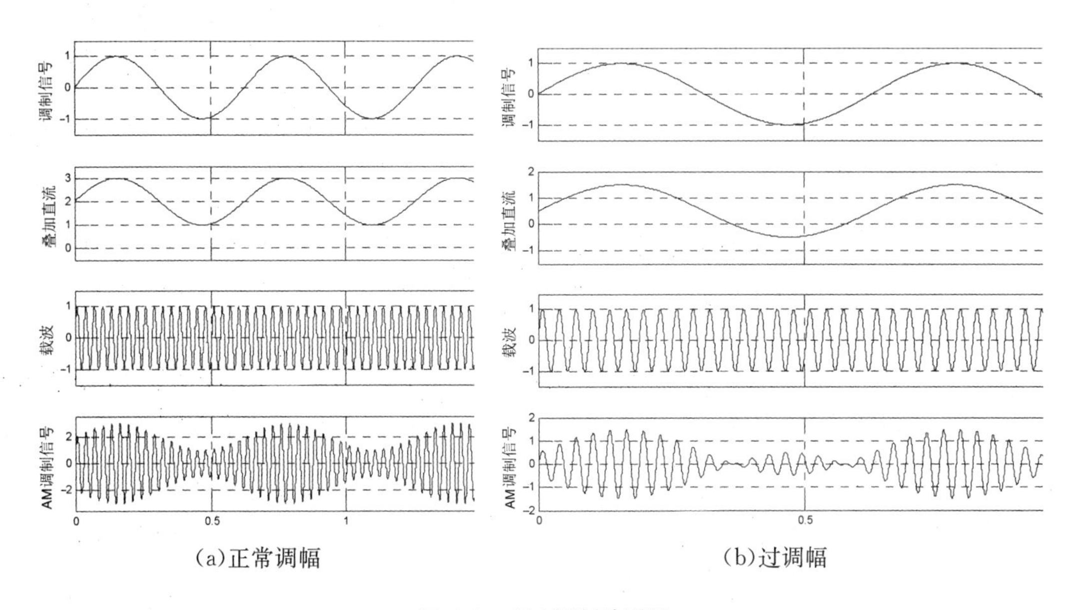

(a)正常调幅　　(b)过调幅

图 4.2　AM 调制波形图

包络检波器的电路由二极管 D、电阻 R 和电容 C 组成。当 RC 满足条件 $\frac{1}{\omega_C} \leqslant \frac{1}{RC} \leqslant \frac{1}{\omega_m}$ 时，包络检波器的输出与输入信号的包络十分相近，即

$$s_0(t) \approx A_0 + f(t) \tag{4.3}$$

采用包络检波器进行解调的方式称为非相干解调(图 4.3)。采用这种解调方式，接收端不需要与发送端同频、同相位的载波信号，大大降低了实现难度，故几乎所有的 AM 调幅式接收机都采用这种解调电路。

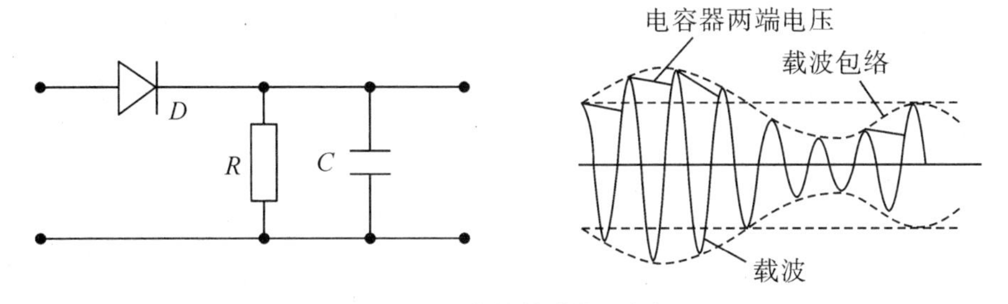

图 4.3　采用包络检波器进行解调

如果在接收端利用一个同频、同相位的相干载波进行解调，则称为相干解调(也称为同步检波)，其工作原理如图 4.4 所示。实现相干解调的关键是接收端要恢复出一个与调制端载波严格同步的本地相干载波 $c_I(t)$。载波恢复得好坏，直接关系到接收机解调性能的优劣。

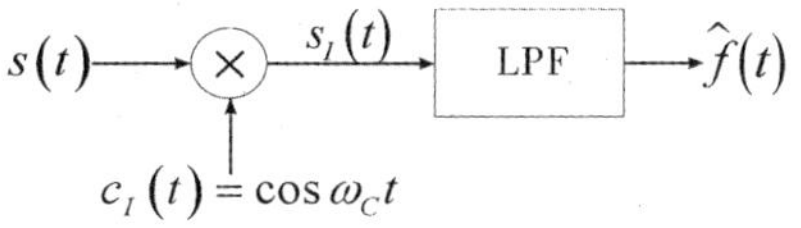

$s(t) \rightarrow \times \xrightarrow{s_I(t)}$ LPF $\rightarrow \hat{f}(t)$

$c_I(t) = \cos\omega_C t$

图 4.4　同步相干解调框图

若调制信号为单频余弦函数，即

$$f(t)=A_m\cos(\omega_m t+\theta_m) \tag{4.4}$$

则常规调制信号为

$$\begin{aligned} s_{\mathrm{AM}}(t)&=[A_0+A_m\cos(\omega_m t+\theta_m)]\cos(\omega_C t+\theta_C)\\ &=A_0[1+\beta_{\mathrm{AM}}\cos(\omega_m t+\theta_m)]\cos(\omega_C t+\theta_C)\end{aligned} \tag{4.5}$$

其中 $\beta_{\mathrm{AM}}=\dfrac{A_m}{A_0}$ 为调幅指数。当 $\beta_{\mathrm{AM}}=1$ 时，为满调幅；当 $\beta_{\mathrm{AM}}>1$ 时，为过调幅；当 $\beta_{\mathrm{AM}}<1$ 时，为正常调幅。

4.1.1.1 AM 频谱分析

调制信号 $f(t)$ 对应的傅立叶变换记为 $F(f)$，调制信号 $S_{\mathrm{AM}}(t)$ 对应的傅立叶变换记为 $S_{\mathrm{AM}}(f)$。对式(4.2)两端同时进行傅立叶变换，有

$$S_{\mathrm{AM}}(f)=\frac{A_0}{2}[\delta(f-f_C)+\delta(f+f_C)]+\frac{1}{2}[F(f-f_C)+F(f+f_C)] \tag{4.6}$$

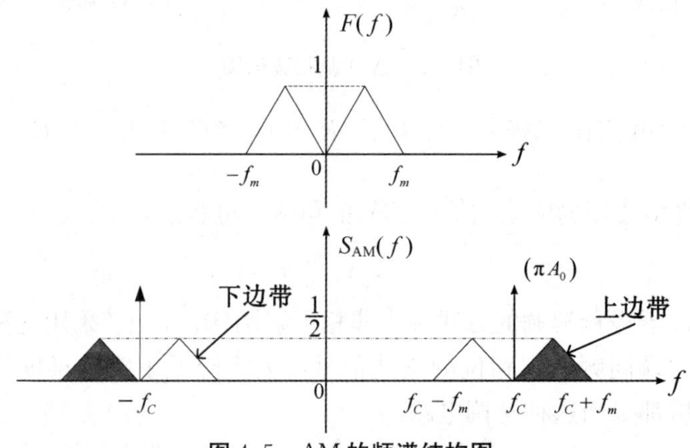

图 4.5 AM 的频谱结构图

由 AM 的频谱结构图(图 4.5)可以看出，常规调幅信号的频谱主要具有以下特点：

(1) $S_{\mathrm{AM}}(f)$ 由载频分量和上、下两个边带组成；

(2) 上边带的频谱结构与原调制信号的频谱结构相同,下边带与上边带呈现镜像对称关系；

(3) AM 信号是带有载波的双边带信号，它的带宽是基带信号带宽 f_m 的两倍，即 $B_{\mathrm{AM}}=2f_m$。

4.1.1.2 AM 功率分析

根据信号的平均功率定义，有

$$\begin{aligned} P_{\mathrm{AM}}&=\lim_{T\to\infty}\int_{-\frac{T}{2}}^{\frac{T}{2}}s_{\mathrm{AM}}^2(t)\mathrm{d}t\\ &=\overline{s_{\mathrm{AM}}^2(t)}=\overline{\{[A_0+f(t)]\cos\omega_C t\}^2}=\overline{[A_0+f(t)]^2\cos^2\omega_C t}\\ &=\overline{[A_0^2+f^2(t)+2A_0f(t)]\frac{1+\cos2\omega_C t}{2}}\\ &=\frac{1}{2}\overline{[A_0^2+f^2(t)+2A_0f(t)]}=\frac{A_0^2}{2}+\frac{\overline{f^2(t)}}{2}\end{aligned} \tag{4.7}$$

在式(4.7)中，令$\frac{A^2}{2}=P_C$，$\frac{\overline{f^2(t)}}{2}=P_f$，则

$$P_{AM}=P_C+P_f \tag{4.8}$$

由式(4.8)可知，AM的功率由载波功率P_C和边带功率P_f两部分组成，其中只有边带功率P_f与调制信号有关。

AM信号的调制效率定义为边带功率与总平均功率的比值，表示为

$$\eta_{AM}=\frac{P_f}{P_{AM}}=\frac{P_f}{P_C+P_f}=\frac{\overline{f^2(t)}}{A_0^2+\overline{f^2(t)}} \tag{4.9}$$

当调制信号$f(t)$为单边余弦函数时，$\overline{f^2(t)}=\frac{A_m^2}{2}$，则式(4.9)变为

$$\eta_{AM}=\frac{\frac{A_m^2}{2}}{A_0^2+\frac{A_m^2}{2}}=\frac{A_m^2}{2A_0^2+A_m^2}=\frac{\beta_{AM}^2}{2+\beta_{AM}^2} \tag{4.10}$$

由式(4.10)可知，当AM为“满调幅”($\beta_{AM}=1$)时，如果$f(t)$为矩形波，则最大可得到$\eta_{AM}=50\%$；如果$f(t)$为正弦波，则最大可得到$\eta_{AM}=33.3\%$。一般情况下，调幅指数都小于1，调制效率很低，即载波分量占据大部分信号功率，有用信息的两个边带所占的功率比例较小。

4.1.1.3　AM的优缺点

AM的优点：解调可以采用包络检波法，不需提取同步载波信号，设备简单。

AM的缺点：AM信号的调制效率比较低。

问题1：能否去掉不带信息的载波，从而提高功率的利用率?

【例题4.1】已知一个AM广播电台输出功率是20kW，采用余弦信号进行调制，调幅指数为0.707。

(1)试计算调制效率和载波功率。

(2)如果天线用50Ω的电阻负载表示，那么载波信号的峰值幅度是多少?

解：(1)根据定义，有$\eta_{AM}=\frac{\beta_{AM}^2}{2+\beta_{AM}^2}=\frac{0.707^2}{2+0.707^2}=\frac{1}{5}=20\%$。

由式(4.9)可知：$P_C=P_{AM}-P_f=P_{AM}(1-\eta_{AM})=20\times\left(1-\frac{1}{5}\right)=16(\text{kW})$。

(2)因为$P_C=\frac{A^2}{2R}$，所以$A=\sqrt{2RP_C}\approx1265(\text{V})$。

4.1.2　抑制载波双边带调制

AM调制效率低的主要原因是发射功率中除边带功率外，载波功率占了很大一部分。如果在调制端将AM调制中的直流抑制掉，就能有效提高调制效率，这就是抑制载波双边带调制(DSB)。其实现框图如图4.6所示。

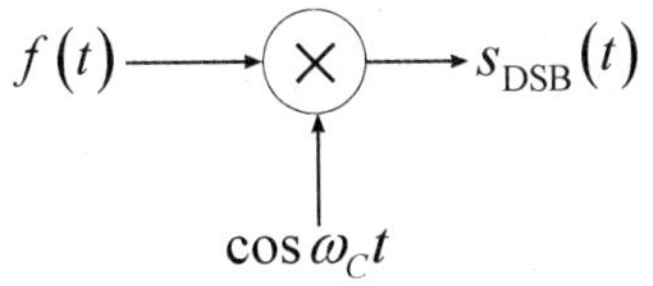

图4.6　DSB调制的原理框图

其数学表达式为

$$s_{DSB}(t)=f(t)\cos\omega_C t \tag{4.11}$$

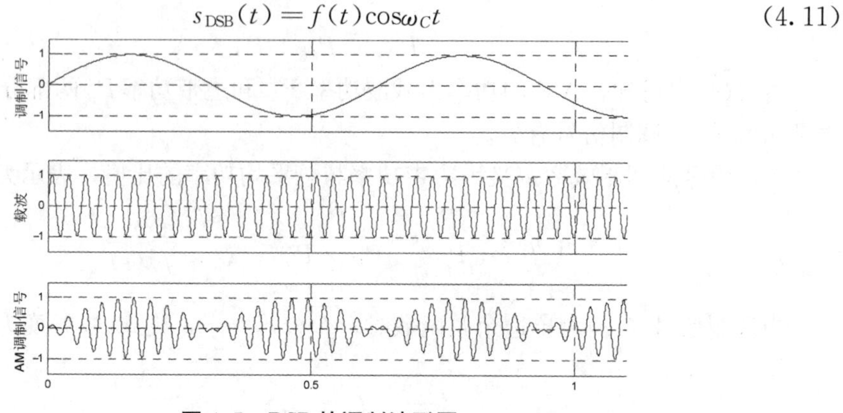

图 4.7 DSB 的调制波形图

从图 4.7 可以看出，DSB 信号的包络不再与调制信号的变化规律一致；在已调信号中存在 180°相位突变，解调时必须采用相干解调。

对式(4.11)进行傅立叶变换，可得

$$S_{DSB}(f)=\frac{1}{2}F(f-f_C)+\frac{1}{2}F(f+f_C) \tag{4.12}$$

其频谱图如图 4.8 所示。

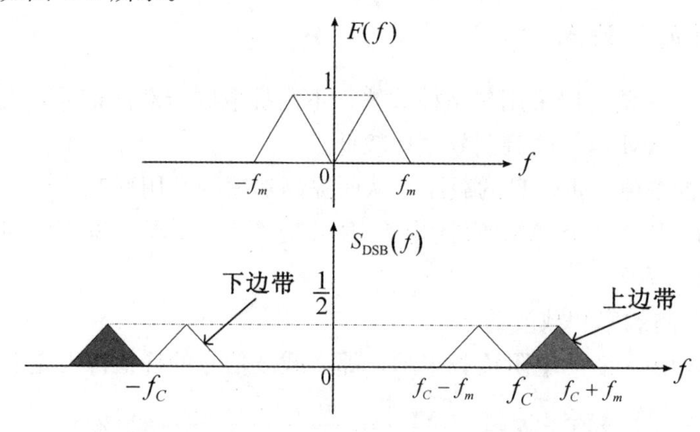

图 4.8 DSB 调制信号的频谱图

从图 4.8 可以看出，DSB 调制信号抑制了载波功率，系统的功率利用率提高到 100%；调制后的频带宽度仍是调制信号带宽的两倍，即 $B_{DSB}=2f_m$；频谱中包含上、下两个边带，且两个边带是完全对称的。

问题 2：能否只传输 DSB 信号中的一个边带，以节省传输带宽？

【例题 4.2】设提取的本地载波信号 $c_I(t)$ 与调制载波 $c(t)=A\cos\omega_C t$ 的频率误差和相位误差分别为 Δf 和 $\Delta\varphi$，试分析误差对解调结果的影响。

解：设本地载波为 $c_I(t)=\cos(\omega_C t+2\pi\cdot\Delta f\cdot t+\Delta\varphi)$，利用同步相干解调原理(图 4.4)，即

$$\begin{aligned}s_I(t)&=s_{DSB}(t)\times c_I(t)=f(t)\cos\omega_C t\times\cos(\omega_C t+2\pi\Delta f\cdot t+\Delta\varphi)\\&=\frac{1}{2}f(t)\cos(2\pi\Delta f\cdot t+\Delta\varphi)+\frac{1}{2}f(t)\cos(2\omega_C t+2\pi\Delta f\cdot t+\Delta\varphi)\end{aligned} \tag{4.13}$$

经过理想低通滤波器 LPF 滤掉高频分量 $2\omega_C$ 后，得到最终解调输出信号：

$$s_o(t)=\frac{1}{2}f(t)\cos(2\pi\Delta f\cdot t+\Delta\varphi) \tag{4.14}$$

讨论：

(1)当 $\Delta f=0$，$\Delta\varphi\neq0$ 时，则 $s_o(t)=\frac{1}{2}f(t)\cos(\Delta\varphi)$，即解调后的信号相对于调制信号产生了一个系数为 $\frac{1}{2}\cos(\Delta\varphi)$ 的线性幅度衰减。

(2)当 $\Delta f\neq0$，$\Delta\varphi=0$ 时，则 $s_o(t)=\frac{1}{2}f(t)\cos(2\pi\Delta f\cdot t)$，由于 $\cos(2\pi\Delta f\cdot t)$ 是 t 的函数，因此解调后的信号相对于调制信号产生了非线性的衰减，即解调信号失真。

上述讨论结果表明，当提取的本地载波与调制载波之间存在相位差时，解调后输出信号的幅度将会衰减，衰减的程度由相位差大小决定；当提取的本地载波与调制载波之间存在频率差时，解调后输出的信号将会发生明显的非线性失真。

提取载波的方法一般分为两类：一类是在发送有用信号的同时，在适当的频率位置上插入一个(或多个)称作导频的正弦波，接收端由导频提取出本地载波，这类方法称为插入导频法；另一类是在发送端不发送专门的导频信号，而是在接收端直接从发送信号中提取载波，这类方法称为直接法。目前，直接法中常用的两种方法是平方环法和科斯塔斯环法。

4.1.3　单边带调制

从图 4.5 和图 4.8 中可以看出，无论是 AM 调制还是 DSB 调制，调制信号频谱中都包含了两个原始信号的频谱，即上边带和下边带。实际上，系统完全可以只传输其中的某一个边带，在接收端利用一个完成的频谱恢复出原始调制信号，从而达到节省传输带宽的目的。

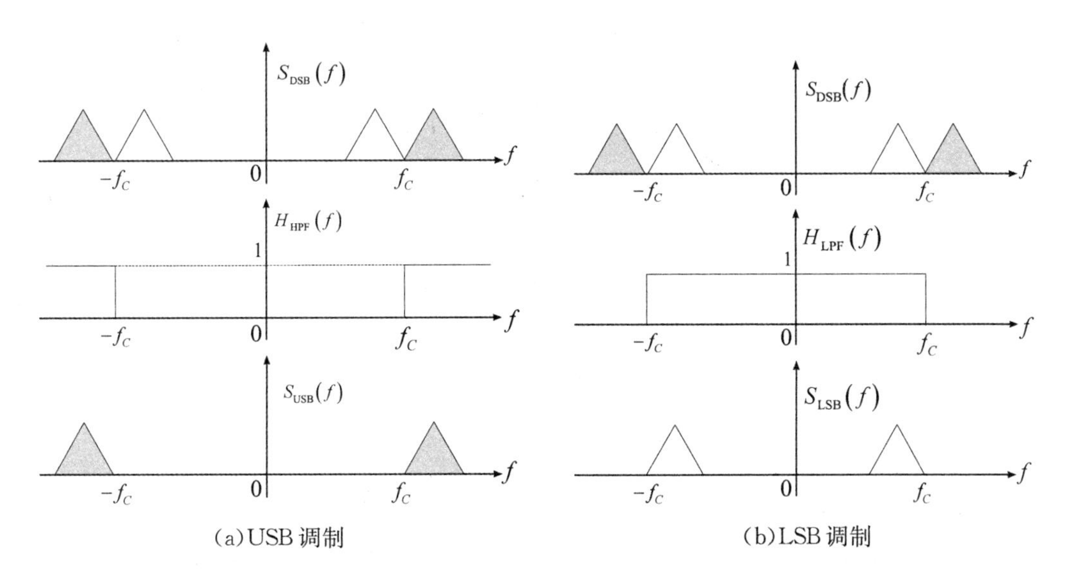

图 4.9　SSB 调制的频谱图

从图 4.9 中可以看出，使双边带调制信号通过一个单边带滤波器(LPF 或 HPF)后，会产生单边带调制信号，其实现原理框图如图 4.10 所示。为了产生单边带调制信号，就要求单边带滤波器在 f_C附近具有陡峭的截止特性。这为滤波器的设计和制作带来很大的困难，有时甚至难以实现。其解决方法是，在工程中往往采用多级调制滤波技术。

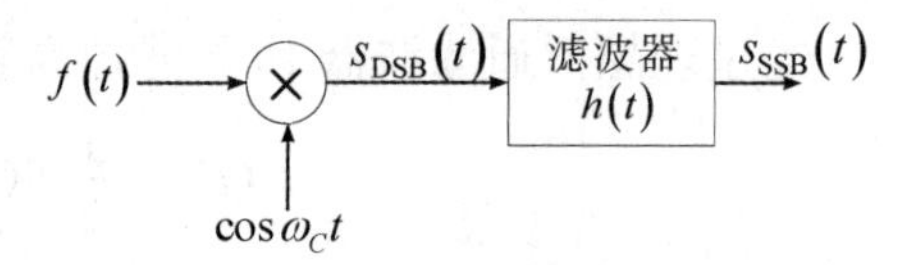

图 4.10 SSB 调制原理框图

滤波器的实现难度主要取决于归一化系数 $\alpha=\dfrac{\Delta f}{f_C}$，其中 Δf 为滤波器的过渡带，f_C为滤波器的截止频率。在工程中，α 一般取值为大于或等于 10^{-3}这个量级。

4.1.3.1 多级调制滤波技术

多级调制滤波技术的实现框图如图 4.11 所示，其频谱变换关系如图 4.12 所示。

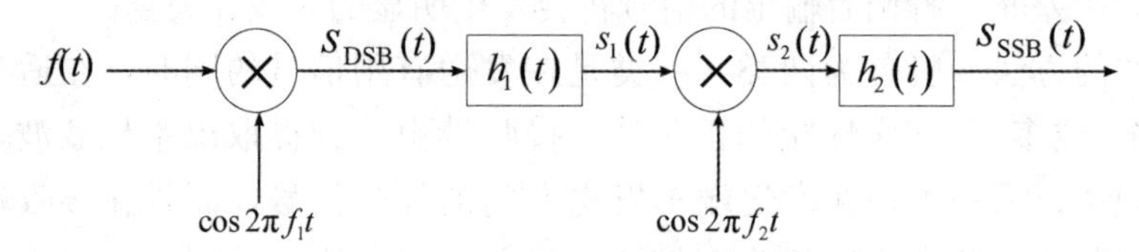

图 4.11 多级 SSB 调制技术

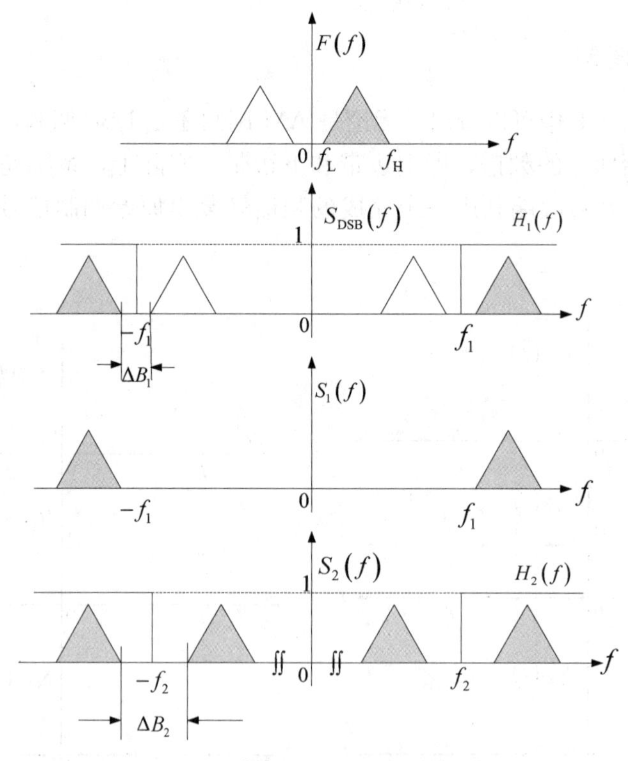

图 4.12 多级 SSB 调制频谱原理图

从图 4.12 可以看出，$\Delta B_1=2f_L$，$\Delta B_2=2f_L+2f_1\approx 2f$，即通过多级调制可以逐步拓宽过渡带的范围，降低滤波器的实现难度和经济成本。

4.1.3.2　希尔伯特变换

除了多级调制滤波技术可以实现 SSB，利用相移技术也可以实现 SSB。要实现调制信号的相移，需要对信号进行希尔伯特变换。

信号的希尔伯特变换定义为

$$\hat{f}(t)=\frac{1}{\pi}\int_{-\infty}^{\infty}\frac{f(\tau)}{t-\tau}\mathrm{d}\tau \tag{4.15}$$

对应的希尔伯特反变换为

$$f(t)=-\frac{1}{\pi}\int_{-\infty}^{\infty}\frac{\hat{f}(\tau)}{t-\tau}\mathrm{d}\tau \tag{4.16}$$

根据卷积的定义，希尔伯特变换可以表示为

$$\hat{f}(t)=f(t)*\frac{1}{\pi t} \tag{4.17}$$

定义 $\frac{1}{\pi t}\xleftrightarrow{F}-\mathrm{j}\,\mathrm{sgn}\omega$ 为希尔伯特变换系统的传递函数 $H_H(\omega)$，如图 4.13 所示。传递函数的幅度谱和相位谱如图 4.14 所示。

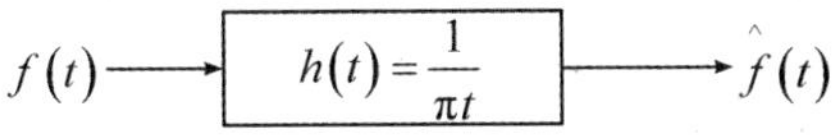

$$f(t)\longrightarrow\boxed{h(t)=\frac{1}{\pi t}}\longrightarrow\hat{f}(t)$$

图 4.13　希尔伯特系统

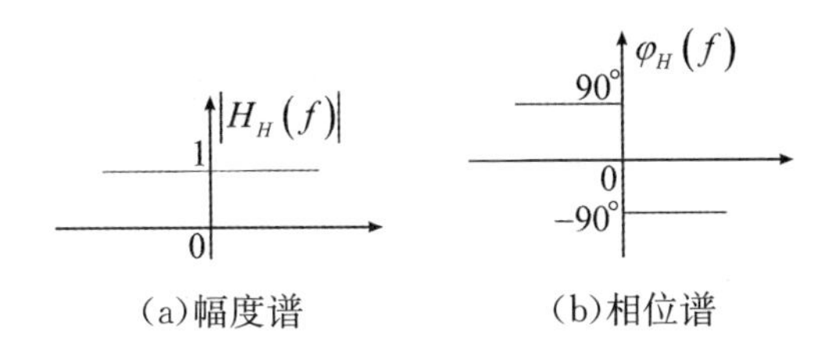

(a)幅度谱　　(b)相位谱

图 4.14　希尔伯特滤波器的传递函数

实质上，希尔伯特变换也称为希尔伯特滤波器，它是一个宽带相移网络，输入信号 $f(t)$ 的幅度不会发生改变，但是所有的频率分量均 90°相移。

表 4.1　常用信号的希尔伯特变换对

$f(t)$	$\hat{f}(t)$	$f(t)$	$\hat{f}(t)$
$\cos\omega_C t$	$\sin\omega_C t$	$f(t)\cos\omega_C t$	$f(t)\sin\omega_C t$
$\sin\omega_C t$	$-\cos\omega_C t$	$f(t)\sin\omega_C t$	$-f(t)\cos\omega_C t$

4.1.3.3　相移法实现单边带调制

从图 4.9 中可以看出，如果要产生上边带调制信号(USB)，则双边带信号通过的是理想高通滤波器(HPF)，对应的时域信号为 $h_{\mathrm{HPF}}(t)=\delta(t)-\frac{1}{\pi}\frac{\sin\omega_C t}{t}$；如果要产生下边带调制信号(LSB)，则双边带信号通过的是理想低通滤波器(LPF)，对应的时域信

号为 $h_{\text{LPF}}(t)=\dfrac{1}{\pi}\dfrac{\sin\omega_C t}{t}$。

假设图 4.10 中的滤波器为理想低通滤波器，则

$$s_{\text{LSB}}(t)=s_{\text{DSB}}(t)*h_{\text{LPF}}(t)$$

$$\begin{aligned}s_{\text{LSB}}(t)&=[f(t)\cos\omega_C t]*\frac{1}{\pi}\frac{\sin\omega_C t}{t}\\&=\frac{1}{\pi}\int_{-\infty}^{\infty}f(\tau)\cos\omega_C\tau\frac{\sin(\omega_C t-\omega_C\tau)}{t-\tau}\cdot\mathrm{d}\tau\end{aligned}\tag{4.18}$$

对式(4.18)进行三角函数和差化积，有

$$\begin{aligned}s_{\text{LSB}}(t)&=\frac{1}{\pi}\sin\omega_C t\int_{-\infty}^{\infty}\frac{f(\tau)\cos\omega_C\tau\cos\omega_C\tau}{t-\tau}\cdot\mathrm{d}\tau-\frac{1}{\pi}\cos\omega_C t\int_{-\infty}^{\infty}\frac{f(\tau)\cos\omega_C\tau\sin\omega_C\tau}{t-\tau}\cdot\mathrm{d}\tau\\&=\frac{1}{2}\sin\omega_C t\cdot\left[\frac{1}{\pi}\int_{-\infty}^{\infty}\frac{f(\tau)}{t-\tau}\cdot\mathrm{d}\tau\right]+\frac{1}{2}\sin\omega_C t\cdot\left[\frac{1}{\pi}\int_{-\infty}^{\infty}\frac{f(\tau)\cos2\omega_C\tau}{t-\tau}\cdot\mathrm{d}\tau\right]\\&\quad-\frac{1}{2}\sin\omega_C t\cdot\left[\frac{1}{\pi}\int_{-\infty}^{\infty}\frac{f(\tau)\sin2\omega_C\tau}{t-\tau}\cdot\mathrm{d}\tau\right]\\&=\frac{1}{2}\sin\omega_C t\cdot\hat{f}(t)+\frac{1}{2}\sin\omega_C t\cdot f(t)\sin2\omega_C t+\frac{1}{2}\cos\omega_C t\cdot f(t)\cos2\omega_C t\\&=\frac{1}{2}\sin\omega_C t\cdot\hat{f}(t)+\frac{1}{2}f(t)\cos\omega_C t\end{aligned}$$

即

$$s_{\text{LSB}}(t)=\frac{1}{2}f(t)\cos\omega_C t+\frac{1}{2}\sin\omega_C t\cdot\hat{f}(t)\tag{4.19}$$

同理可证：

$$s_{\text{USB}}(t)=\frac{1}{2}f(t)\cos\omega_C t-\frac{1}{2}\sin\omega_C t\cdot\hat{f}(t)\tag{4.20}$$

根据式(4.19)和(4.20)可知，利用希尔伯特滤波的相移特性可以得到单边带调制信号，其实现方案如图 4.15 所示。

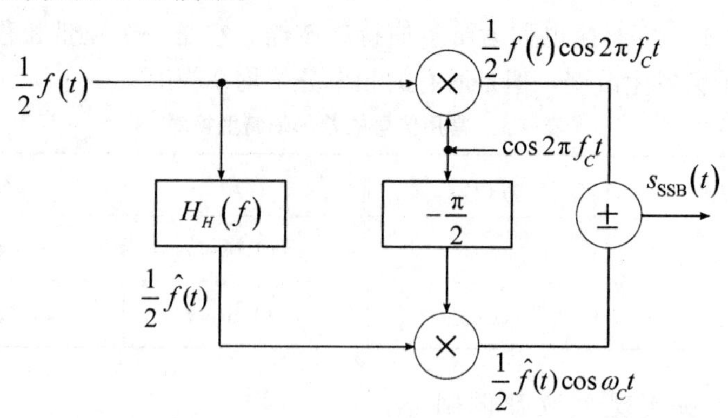

图 4.15　相移法实现单边带调制的原理框图

问题 3：如何保证所有的频率分量均精确相移 90°？

解决方法是采用维弗法，又称混合法。它是滤波法和相移法的组合，在技术实现上既具有相移法利用正交调制的优点，又可避免对调制信号宽带相移 90°，只需对单一

频率的载波相移，同时边带滤波在低频范围内较容易达到要求，易于用实际电路来实现。其原理框图如图 4.16 所示。

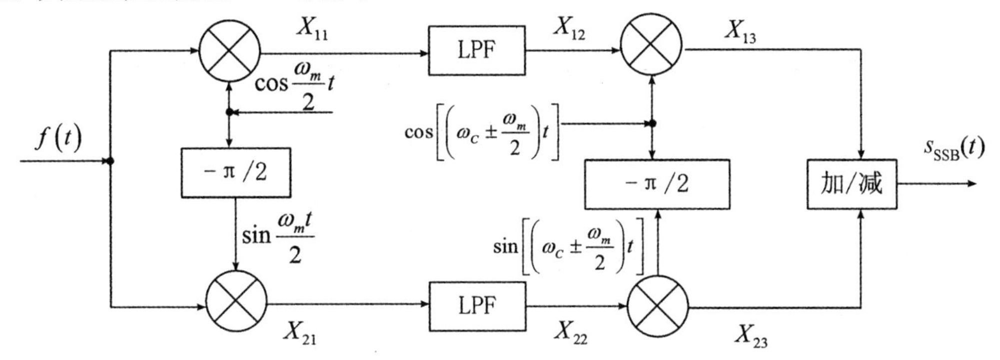

图 4.16　维弗法产生单边带原理框图

4.1.4　残留边带调制

4.1.4.1　残留边带信号的产生

由于 DSB 信号占用频带较宽，而 SSB 信号实现困难，所以现实中采取一种折中的调制方法，称为残留边带调制(VSB)。残留边带调制原理框图如图 4.17 所示。

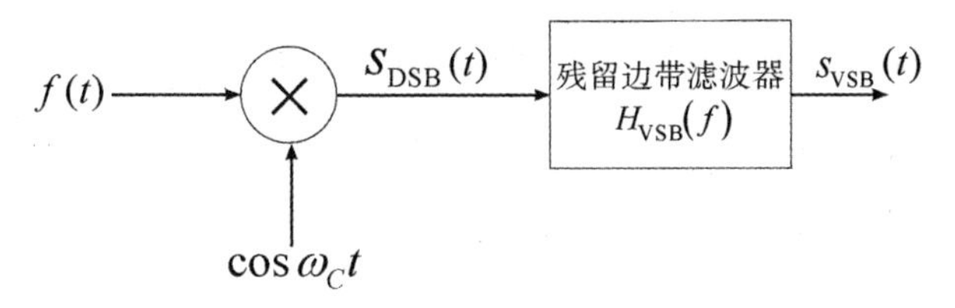

图 4.17　残留边带调制原理框图

残留边带滤波器的传递函数如图 4.18 所示。其中(a)为残留上边带的滤波器传递函数，(b)为残留下边带的滤波器传递函数。

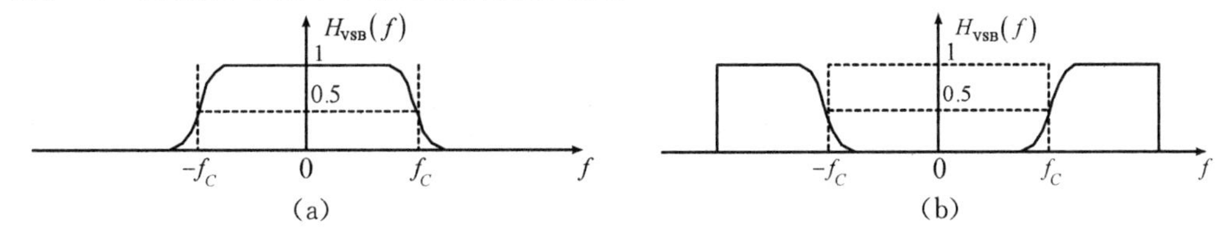

图 4.18　残留边带的滤波器传递函数

4.1.4.2　残留边带信号的解调

残留边带信号也是抑制载波的已调制信号，所以同样不能采用简单的包络检波器进行解调，解调时必须使用相干解调(图 4.19)。

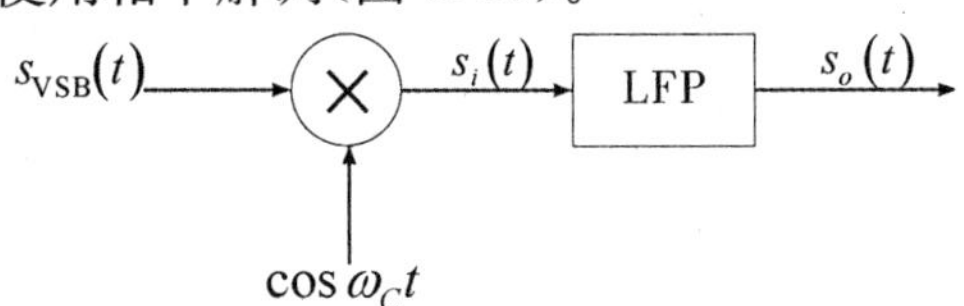

图 4.19　VSB 信号的相干解调框图

从图 4.19 可得 $s_i(t)=s_{\text{VSB}}(t)\cos\omega_C t$，对其进行傅立叶变换，得

$$S_i(\omega)=\frac{1}{2}[S_{\text{VSB}}(\omega-\omega_C)+S_{\text{VSB}}(\omega+\omega_C)] \tag{4.21}$$

从图 4.17 可知，$s_{\text{VSB}}(t)=s_{\text{DSB}}(t)*h_{\text{VSB}}(t)$，对应的傅立叶变换为

$$S_{\text{VSB}}(\omega)=\frac{1}{2}H_{\text{VSB}}(\omega)[F(\omega-\omega_C)+F(\omega-\omega_C)] \tag{4.22}$$

将式(4.22)带入式(4.21)中，可得

$$\begin{aligned}S_i(\omega)=&\frac{1}{4}H_{\text{VSB}}(\omega-\omega_C)[F(\omega)+F(\omega-2\omega_C)]\\&+\frac{1}{4}H_{\text{VSB}}(\omega+\omega_C)[F(\omega)+F(\omega-2\omega_C)]\\=&\frac{1}{4}F(\omega)[H_{\text{VSB}}(\omega-\omega_C)+H_{\text{VSB}}(\omega+\omega_C)]\\&+\frac{1}{4}[H_{\text{VSB}}(\omega-\omega_C)F(\omega-2\omega_C)+H_{\text{VSB}}(\omega+\omega_C)F(\omega-2\omega_C)]\end{aligned}$$

$s_o(t)$是 $s_i(t)$经过理想低通滤波器 LPF 后的信号，其中高频分量 $2\omega_C$ 已被滤掉，所以 $s_o(t)$信号对应的傅立叶变换为

$$S_o(\omega)=\frac{1}{4}F(\omega)[H_{\text{VSB}}(\omega-\omega_C)+H_{\text{VSB}}(\omega+\omega_C)] \tag{4.23}$$

为了从式(4.23)中得到完整的调制信号的频谱信息 $F(\omega)$，则必须满足

$$H_{\text{VSB}}(\omega-\omega_C)+H_{\text{VSB}}(\omega+\omega_C)=常数，\omega\leqslant|\omega_H| \tag{4.24}$$

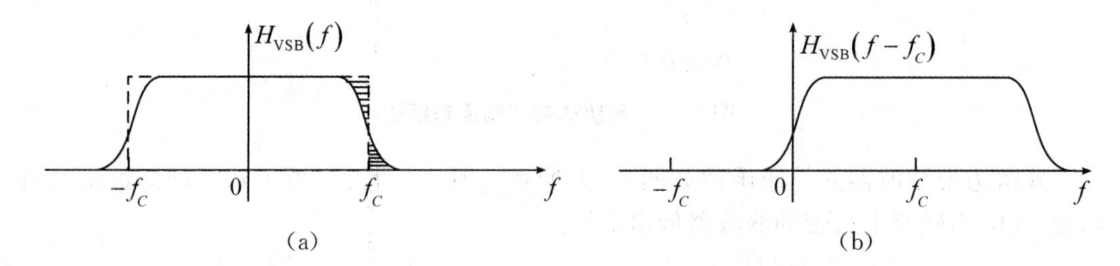

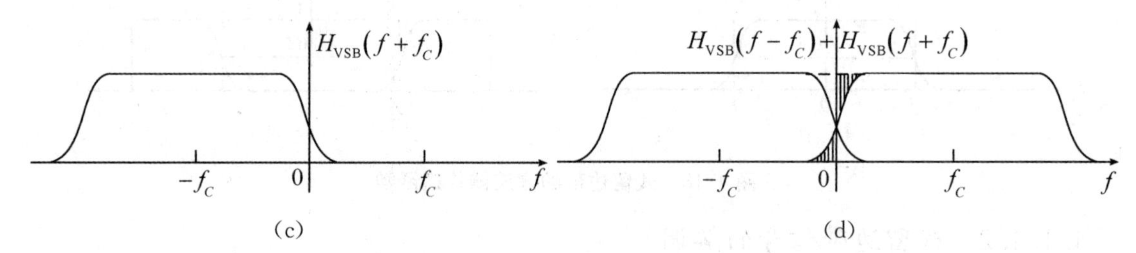

图 4.20 残留边带滤波器

从图 4.20 可以直观地看出，要想满足式(4.24)的解调要求，则滤波器的系统函数 $H_{\text{VSB}}(f)$在 $f=f_C$处应具有互补对称性。

4.1.5 模拟脉冲调制

调制技术中通常采用连续振荡波形(余弦信号)作为载波，然而余弦信号并非唯一

的载波形式。

在时间上离散的脉冲序列同样可以作为载波。用基带信号可以改变脉冲的某些参数，这种调制称为脉冲调制。通常，按基带信号改变脉冲参数(幅度、宽度、时间位置)的不同，把脉冲调制分为脉幅调制(PAM)、脉宽调制(PWM)和脉位调制(PPM)等，如图 4.21 所示。

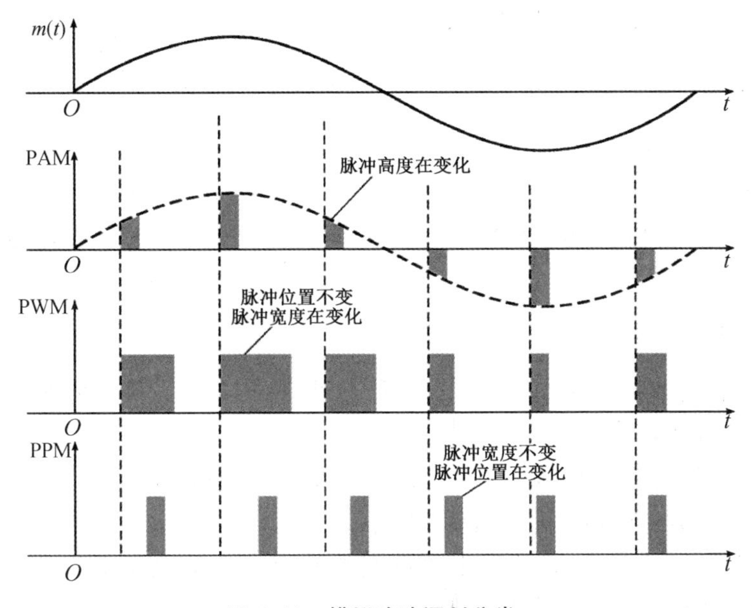

图 4.21　模拟脉冲调制分类

虽然这三种信号在时间上都是离散的，但被调参量的变化是连续的，因此也都属于模拟调制。这三种技术不但在通信领域具有广泛的应用，而且也广泛应用于测量、电子和电力系统。

4.2　线性调制和解调的一般模型

4.2.1　线性调制信号产生的一般模型

图 4.22 为线性调制信号产生的一般模型，通过设置其中滤波器的传递函数 $h(t)$，我们可以得到不同调制方式下的已调信号。例如当 $h(t)=1$ 时，此模型产生的是一个 DSB 信号。如果想得到其他已调信号，根据调制原理改变滤波器的传递函数即可。

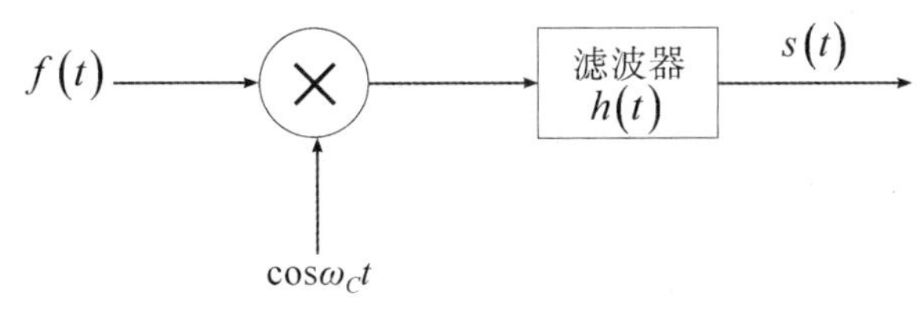

图 4.22　线性调制信号产生的一般模型

4.2.2 线性调制信号解调的一般模型

解调方式主要有两种：相干解调(图 4.23)和非相干解调。其中非相干解调包括包络检波器解调和载波插入法解调。只有 AM 信号可以直接采用包络检波器进行解调，对于抑制载波的 DSB、SSB 和 VSB 信号则不能采用此种解调方式，但是可以采用载波插入法解调(如图 4.24 所示)。

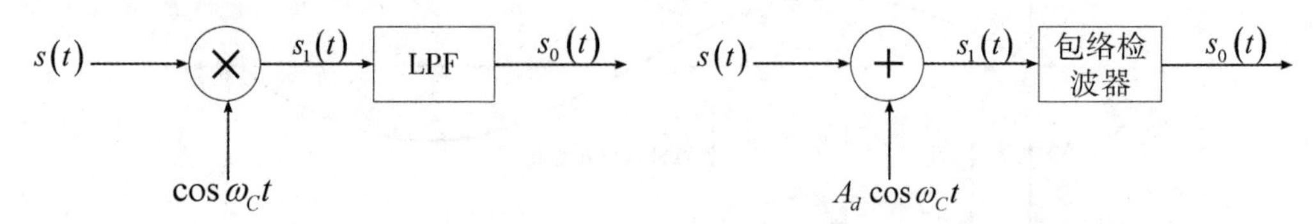

图 4.23 相干解调的一般模型　　图 4.24 插入大载波的包络检测模型

4.2.3 线性调制的应用

(1)AM 的优势在于接收机(可采用包络检波)结构简单、价格低廉。AM 方式广泛应用于中短波的调幅广播。

(2)SSB 只传输 DSB 信号中的一个边带，所以频谱利用率最高。SSB 广泛应用于短波通信、多路载波电话和移动通信等系统中。

(3)VSB 克服了 DSB 信号占用频带宽的缺点，又解决了 SSB 信号实现中的困难，广泛应用于电视广播系统中。

4.3 角调制

对于任何一个正弦信号，如果幅度保持不变而角度随着调制信号 $f(t)$呈线性变化，则称为角度调制信号。其数学表达式为

$$s(t)=A\cos[\theta(t)] \tag{4.25}$$

其中 $\theta(t)$为正弦波的瞬时相角，或称总相角。此信号的瞬时角频率为

$$\omega(t)=\frac{\mathrm{d}\theta(t)}{\mathrm{d}t} \tag{4.26}$$

角度调制信号的一般数学表达式为

$$s(t)=A\cos[\omega_C t+\varphi(t)+\theta_0] \tag{4.27}$$

当幅度 A 和角频率 ω_C 保持不变，而瞬时相位偏移 $\varphi(t)$是调制信号的线性函数时，这种调制方式称为相位调制(PM)，即

$$\varphi(t)=K_P f(t) \tag{4.28}$$

其中 K_P(rad/V)称为相移常数，代表调相器的灵敏度。当初相位为 0 时，调相信号的时域表达式为

$$s_{\mathrm{PM}}(t)=A\cos[\omega_C t+K_P f(t)] \tag{4.29}$$

根据式(4.25)和式(4.26)可知，此时调相信号的瞬时相角和瞬时频率分别为

瞬时相角：$\theta(t)=\omega_C t+K_P f(t)$ 。

瞬时频率：$\omega(t)=\dfrac{\mathrm{d}\theta(t)}{\mathrm{d}t}=\omega_C+K_P\dfrac{\mathrm{d}f(t)}{\mathrm{d}t}$ 。

当载波的瞬时角频率偏移 $\Delta\omega(t)$ 是调制信号的线性函数时，这种调制方式称为频率调制(FM)，即

$$\Delta\omega(t)=\frac{\mathrm{d}\theta(t)}{\mathrm{d}t}=K_F f(t) \tag{4.30}$$

其中 K_F[rad/(V·s)]称为频偏常数，代表调频器的灵敏度。调频信号的时域表达式为

$$s_{\mathrm{FM}}(t)=A\cos\left[\omega_C t+K_F\int f(t)\mathrm{d}t\right] \tag{4.31}$$

根据式(4.25)和式(4.26)可知，调频信号的瞬时频率为

$$\omega(t)=\omega_C+K_F f(t)$$

瞬时相角 $\theta(t)=\int\omega(t)\mathrm{d}t=\omega_C t+K_{\mathrm{FM}}\int f(t)\mathrm{d}t$。

设调制信号 $f(t)$为单频余弦波：$f(t)=A_m\cos\omega_m t$，带入式(4.29)和式(4.31)，有

$$s_{\mathrm{PM}}(t)=A\cos[\omega_C t+K_P A_m\cos\omega_m]=A\cos[\omega_C t+\beta_{\mathrm{PM}}\cos\omega_m] \tag{4.32}$$

其中 β_{PM}定义为调相指数。

$$\beta_{\mathrm{PM}}=K_P A_m \tag{4.33}$$

$$s_{\mathrm{FM}}(t)=A\cos\left[\omega_C t+K_F\int A_m\cos\omega_m t\mathrm{d}t\right]=A\cos[\omega_C t+\beta_{\mathrm{FM}}\sin\omega_m t] \tag{4.34}$$

其中 β_{FM} 定义为调频指数。

$$\beta_{\mathrm{FM}}=\frac{K_F A_m}{\omega_m}=\frac{\Delta\omega_{\max}}{\omega_m}=\frac{\Delta f_{\max}}{f_m} \tag{4.35}$$

其中 $\Delta\omega_{\max}$ 为最大角频偏，$\Delta f_{\max}=\dfrac{\Delta\omega_{\max}}{2\pi}$ 为最大频偏。

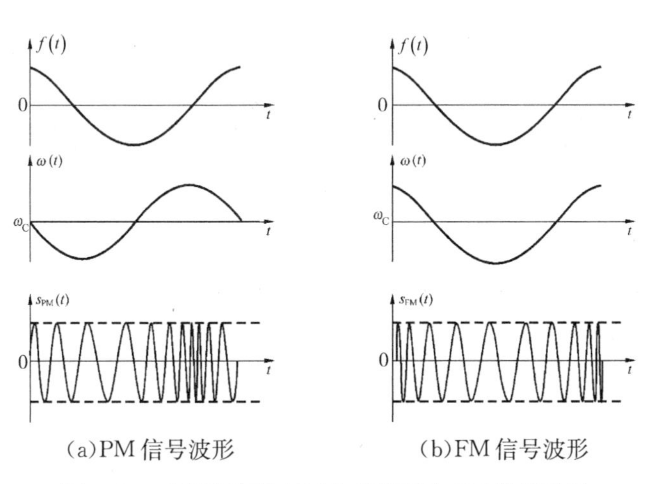

(a)PM 信号波形　　(b)FM 信号波形

图 4.25　单频调制的 PM 信号波形和 FM 信号波形

从图 4.25 中可以看出，PM 和 FM 两信号的幅度恒定(等于载波的幅度)，PM 和 FM 波形的频率(相位)变化受控于调制信号波形的变化。

从式(4.29)和式(4.31)可以看出，调相信号和调频信号之间可以相互转换，如图

4.26(a)和图 4.26(b)所示。可以利用调频器间接实现调相，也可以利用调相器间接实现调频。

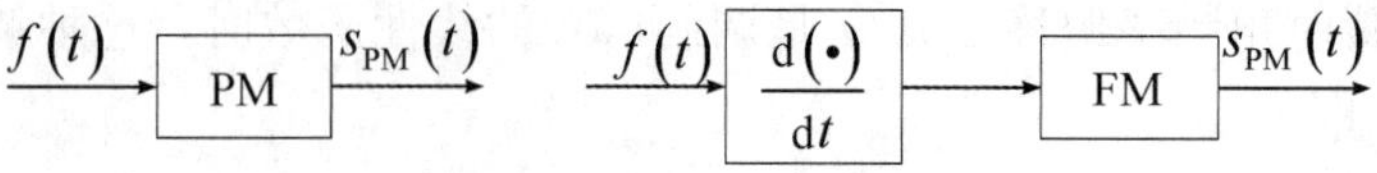

(a)直接调相和间接调相

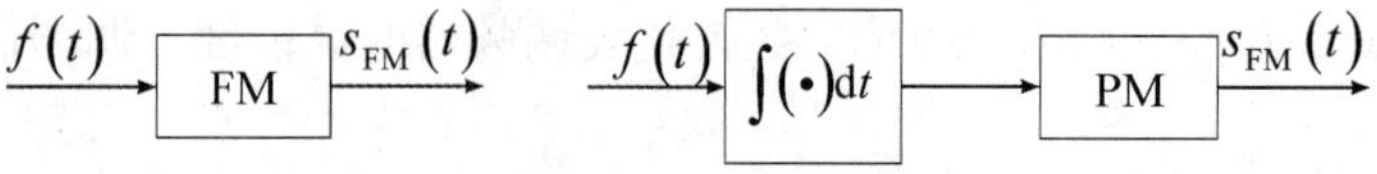

(b)直接调频和间接调频

图 4.26　调相和调频

4.3.1　窄带角调制

根据调制信号前后信号带宽的相对变化，可将角调制分为宽带和窄带(NB)两种。角度调制信号的带宽取决于相位偏移的大小，一般窄带角调制的条件为

$$|\varphi(t)|_{max}=\left|K_F\int f(t)\mathrm{d}t\right|_{max}\ll\frac{\pi}{6} \tag{4.36}$$

4.3.1.1　窄带调频(NBFM)

调频信号的时域表达式为

$$\begin{aligned}s_{FM}(t)&=A\cos\left[\omega_C t+K_F\int f(t)\mathrm{d}t\right]\\&=A\cos\omega_C t\cos\left[K_F\int f(t)\mathrm{d}t\right]-A\sin\omega_C t\sin\left[K_F\int f(t)\mathrm{d}t\right]\end{aligned}$$

已知当 $x\to 0$ 时，$\cos x\approx 1$，$\sin x\approx x$，再根据窄带条件对上式化简，得到

$$s_{NBFM}(t)\approx A\cos\omega_C t-\left[AK_F\int f(t)\mathrm{d}t\right]\sin\omega_C t \tag{4.37}$$

对式(4.37)进行傅立叶变换：

$$S_{NBFM}(\omega)=\pi A[\delta(\omega-\omega_C)+\delta(\omega+\omega_C)]+\frac{AK_F}{2}\left[\frac{F(\omega-\omega_C)}{\omega-\omega_C}-\frac{F(\omega+\omega_C)}{\omega+\omega_C}\right] \tag{4.38}$$

式(4.38)说明，窄带调制信号的频谱与原始调制信号的频谱已经不再是线性复制搬移的关系。频谱在复制搬移过程中产生了非线性变化。

将 $f(t)=A_m\cos\omega_m t$ 带入式(4.37)，有

$$\begin{aligned}s_{NBFM}(t)&=A\cos\omega_C t-AA_mK_F\frac{1}{\omega_m}\sin\omega_m t\sin\omega_C t\\&=A\cos\omega_C t-\frac{AA_mK_F}{2\omega_m}[\cos(\omega_C+\omega_m)t-\cos(\omega_C-\omega_m)t]\end{aligned} \tag{4.39}$$

当 $f(t)=A_m\cos\omega_m t$ 时，常规调幅信号的时域表达式为

$$\begin{aligned}s_{AM}(t)&=(A+A_m\cos\omega_m t)\cos\omega_C t\\&=A\cos\omega_C t+\frac{A_m}{2}[\cos(\omega_C+\omega_m)t+\cos(\omega_C-\omega_m)t]\end{aligned} \tag{4.40}$$

从上面的两种调制时域表达式(4.39)和式(4.40)中我们可以看出，窄带调频信号和常规调幅信号具有一定的相同之处，但是也有不同之处。为了容易比较这两种调制信号的异同，可以从它们的频谱图进行观察。从图 4.27 和图 4.28 中可以直接看出，窄带调频信号的差频信号的相位相对于 AM 信号发生了反相；窄带调频信号与 AM 信号具有相同的带宽 $2f_m$。

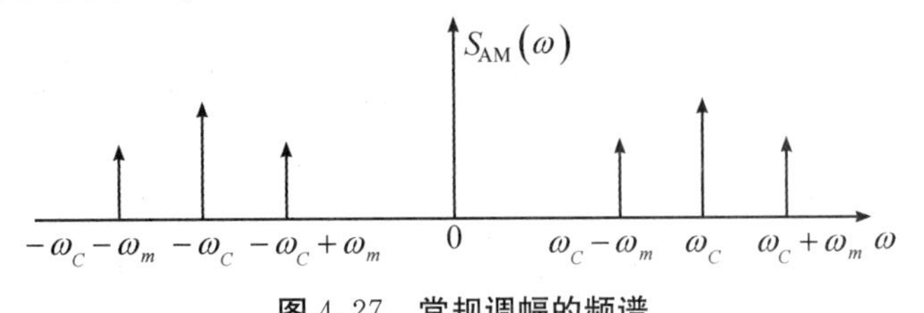

图 4.27　常规调幅的频谱

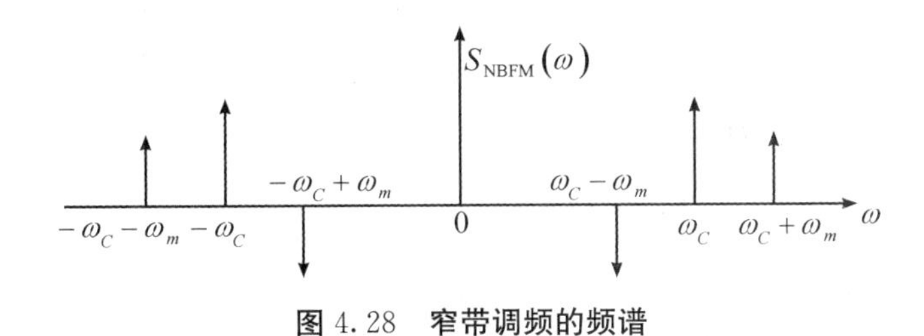

图 4.28　窄带调频的频谱

4.3.1.2　窄带调相

将窄带条件带入式(4.36)，可得窄带调相信号为

$$s_{NBPM}(t)=A\cos[\omega_C t+K_P f(t)]\approx A\cos\omega_C t-AK_P f(t)\sin\omega_C t \tag{4.41}$$

则式(4.41)对应的傅立叶变换为

$$S_{NBFM}(\omega)=\pi A[\delta(\omega-\omega_C)+\delta(\omega+\omega_C)]+\frac{jAK_P}{2}[F(\omega-\omega_C)-F(\omega+\omega_C)] \tag{4.42}$$

已知常规调幅信号的傅立叶变换为

$$S_{AM}(\omega)=\pi A[\delta(\omega-\omega_C)+\delta(\omega+\omega_C)]+\frac{1}{2}[F(\omega-\omega_C)-F(\omega+\omega_C)] \tag{4.43}$$

将常规调幅信号与窄带调相信号进行对比，我们可以看出，窄带调相也与常规调幅相似，但是窄带调相信号的和频分量相对于常规调幅信号相移−90°。

4.3.2　宽带调频

当调频信号的相位偏移不满足窄带条件时，就不能直接对式(4.31)进行数学简化。由于调频信号产生了较大的频偏，所以已调信号在传输时要占用较宽的频带，这就形成了宽带调频信号。

4.3.2.1　单频信号的宽带调频

当调制信号 $f(t)=A_m\cos\omega_m t=A_m\cos 2\pi f_m t$ 时，调频信号的时域表达式为

$$s_{FM}(t)=A\cos[\omega_C t+\beta_{FM}\sin\omega_m t] \tag{4.44}$$

利用三角公式将上式展开：

$$s_{FM}(t)=A\cos\omega_C t\cos(\beta_{FM}\sin\omega_m t)-A\sin\omega_C t\sin(\beta_{FM}\sin\omega_m t) \tag{4.45}$$

对于 $\cos(\beta_{FM}\sin\omega_m t)$ 和 $\sin(\beta_{FM}\sin\omega_m t)$ 的数学处理需要引入第一类 n 阶贝塞尔函数，即

$$\cos(\beta_{FM}\sin\omega_m t)=J_0(\beta_{FM})+2\sum_{n=1}^{\infty}J_{2n}(\beta_{FM})\cos 2n\omega_m t \tag{4.46}$$

$$\sin(\beta_{FM}\sin\omega_m t)=2\sum_{2n-1}^{\infty}J_{2n-1}(\beta_{FM})\sin(2n-1)\omega_m t \tag{4.47}$$

$J_n(\beta_{FM})$ 称为第一类 n 阶贝塞尔曲线：

$$J_n(\beta_{FM})=\sum_{m=0}^{\infty}\frac{(-1)^m\left(\frac{1}{2}\beta_{FM}\right)^{n+2m}}{m!\ (n+m)!} \tag{4.48}$$

第一类 n 阶贝塞尔曲线具有下列性质：

(1) $J_{-n}(\beta_{FM})=(-1)^n J_n(\beta_{PM})$；

(2) $\sum\limits_{n=-\infty}^{\infty}J_n^2(\beta_{FM})=1$；

(3) 当 $\beta_{FM}\ll 1$ 时，$J_0(\beta_{FM})\approx 1$，$J_1(\beta_{FM})\approx\frac{1}{2}\beta_{FM}$，$J_n(\beta_{FM})\approx 0(n>1)$。

利用贝塞尔曲线的性质对式(4.45)进行化简：

$$s_{FM}(t)=A\sum_{n=-\infty}^{\infty}J_n(\beta_{FM})\cos(\omega_C+n\omega_m)t \tag{4.49}$$

式(4.49)的傅立叶变换为

$$S_{FM}(\omega)=\pi A\sum_{n=-\infty}^{\infty}J_n(\beta_{FM})[\delta(\omega-\omega_C-n\omega_m)+\delta(\omega+\omega_C+n\omega_m)] \tag{4.50}$$

式(4.50)对应的频谱图如图 4.29(只画出正半谱)所示：

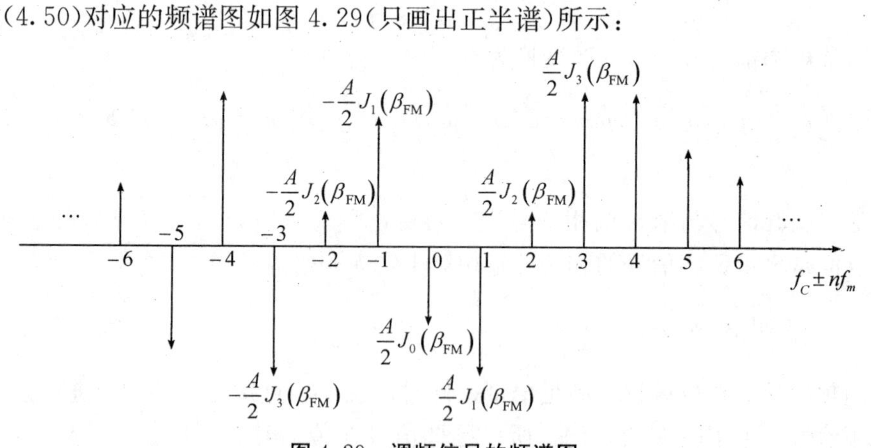

图 4.29　调频信号的频谱图

图 4.29 说明，宽带调频信号的频谱中包含无穷多个频率分量，因此，理论上调频信号的频带宽度为无限宽；边频幅度 $J_n(\beta_{FM})$ 随着 n 的增大而逐渐减小，可以近似认为调频信号具有有限频谱。

4.3.2.2　调频信号的功率

从图 4.29 可以看出：

(1)调频信号的频谱中包含了载波分量，其幅度为 $\frac{A}{2}J_0(\beta_{FM})$，产生的载波平均功率为

$$P_C = 2\times\frac{A^2}{4}J_0^2(\beta_{FM}) = \frac{A^2}{2}J_0^2(\beta_{FM})$$

(2)其他频率分量 $f_C \pm nf_m$ 产生的功率为边频功率：

$$P_f = 2\times\frac{A^2}{2}\sum_{n=1}^{\infty}J_n^2(\beta_{FM}) = A^2\sum_{n=1}^{\infty}J_n^2(\beta_{FM})$$

(3)调频信号的总功率为

$$P_{FM} = P_C + P_f = \frac{A^2}{2}\sum_{n=-\infty}^{\infty}J_n^2(\beta_{FM}) = \frac{A^2}{2} \tag{4.51}$$

从调频信号的时域表达式 $s(t) = A\cos[\omega_C t + \varphi(t) + \theta_0]$ 也可以看出，对于调频信号而言，已调信号和未调制载波的幅度是相同的，所以已调信号的总功率等于未调制载波信号的功率，其总功率与调制信号和调频指数无关。

但是，当改变 β_{FM}，$J_0(\beta_{FM})$ 和 $J_n(\beta_{FM})$ 的取值时，会引起 P_C 和 P_f 成比例变化，所以调制信号的功率分布与 β_{FM} 有关。这说明调制信号不提供功率，但是它可以控制功率的分布。

【例题 4.3】当调频指数 $\beta_{FM}=3$ 时，求各次边频的幅度，并画出频谱图，然后求出该调频信号的载波功率和边频功率。

解：查附录 2 中表 2—1 可知：

$J_0(3) = -0.260$　　$J_1(3) = 0.339$　　$J_2(3) = 0.486$

$J_3(3) = 0.309$　　$J_4(3) = 0.132$　　$J_5(3) = 0.043$

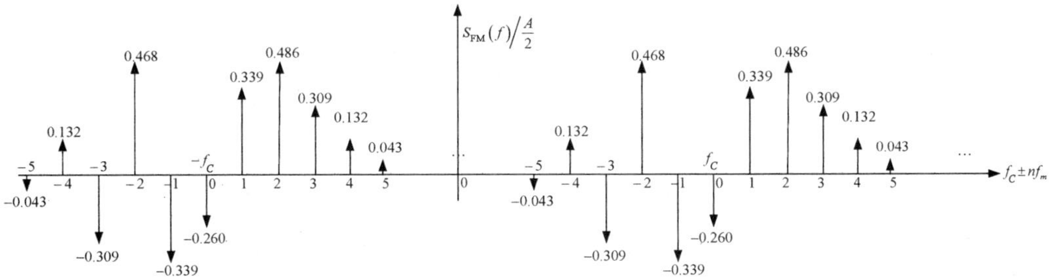

图 4.30　例题 4.3 的频谱图

载波功率：$P_C = \frac{A^2}{2}J_0^2(3) = \frac{A^2}{2}\times 0.068$

当 $n=4$ 时，边频功率为

$$P_f = 2\times\frac{A^2}{2}\sum_{n=1}^{\infty}J_n^2(\beta_{FM}) = \frac{A^2}{2}(0.339^2 + 0.486^2 + 0.309^2 + 0.132^2) = \frac{A^2}{2}\times 0.926$$

4.3.2.3　调频信号的带宽

根据式(4.51)可知，在例题 4.3 中，载波功率占总功率的 6.8%，边频功率占总功

率的 92.6%；P_C+P_f 占总功率的 99.4%，被忽略的高频信号功率仅占总功率的 0.6%。由此可以看出，只要适当选取 n 的值，当边频分量小到一定程度时就可忽略不计，这样就能够使调频信号的带宽被限制在一定范围内。

调频信号的近似带宽定义为 $B_{FM}=2n_{max}f_m$，其中 n_{max} 为最高边频次数，取决于实际应用对于信号失真的要求。根据经验，取边频数 $n=1+\beta_{FM}$ 即可，即

$$B_{FM}=2(1+\beta_{FM})f_m=2f_m+2\Delta f_{max} \tag{4.52}$$

式(4.52)说明，调频信号的带宽取决于调制信号的最高频率和最大频偏，该式也称为卡森公式。

当 $\beta_{FM}\ll 1$ 时，$B_{FM}\approx 2f_m$，即窄带调频的带宽。当 $\beta_{FM}\gg 1$ 时，$B_{FM}\approx 2\Delta f_{max}$，即宽带调频的带宽主要取决于最大频偏。

4.3.2.4 任意限带信号调制时的频带宽度

在实际应用中，调制信号一般不是单频信号，在估算任意调制信号对应的调频带宽时，可利用下式对其进行估算：

$$B_{FM}=2(D_{FM}+1)f_{max} \tag{4.53}$$

其中 D_{FM} 定义为频偏比：

$$D_{FM}=\frac{\text{峰值频率偏移}}{\text{调制信号的最高频率}}=\frac{\Delta\omega_{max}}{\omega_{max}}=\frac{\Delta f_{max}}{f_{max}} \tag{4.54}$$

这里，f_{max} 是调制信号的最高频率，D_{FM} 是最大频偏 Δf_{max} 与 f_{max} 的比值。

4.4 调频信号的产生与解调

4.4.1 调频信号的产生

调频信号的产生通常有两种方法：直接调频法和倍频法。

4.4.1.1 直接调频法

由电路知识可知，振荡器的频率由电抗元件的参数决定，如果用调制信号直接作用于电抗元件，就可使振荡器输出信号的频率随着调制信号成某种线性变化。这种调频信号的产生方法称为直接调频法。

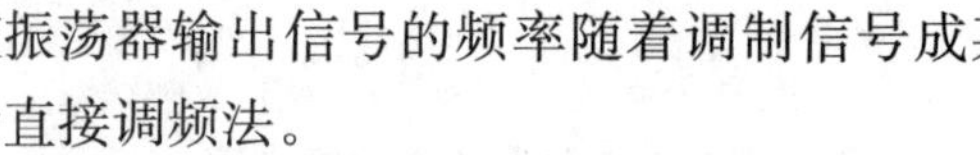

$f(t)$ → 电压/电抗 → 载波发生器 → $s_{FM}(t)$

图 4.31 直接调频法原理图

在实际应用中，常采用压控振荡器(VCO)作为调频信号的调制器。压控振荡器自身就是一个 FM 调制器，它的振荡频率正比于输入控制电压，即 $\omega(t)=\omega_0+K_f f(t)$。

直接调频法的优点和缺点如下：

优点：在实现线性调频的要求下，可以获得较大的频偏。

缺点：频率稳定度不高。

4.4.1.2　倍频法

倍频法是指先产生窄带调频信号，再使用倍频和混频的方法得到宽带调频信号。由于窄带调频信号比较容易实现，因此倍频法常用于间接产生宽带调频信号。窄带信号的时域表达式为

$$s_{\mathrm{NBFM}}(t) \approx A\cos\omega_C t - \left[AK_F\int f(t)\mathrm{d}t\right]\sin\omega_C t$$

根据上式可以画出窄带调频信号的调制原理框图(图 4.32)。

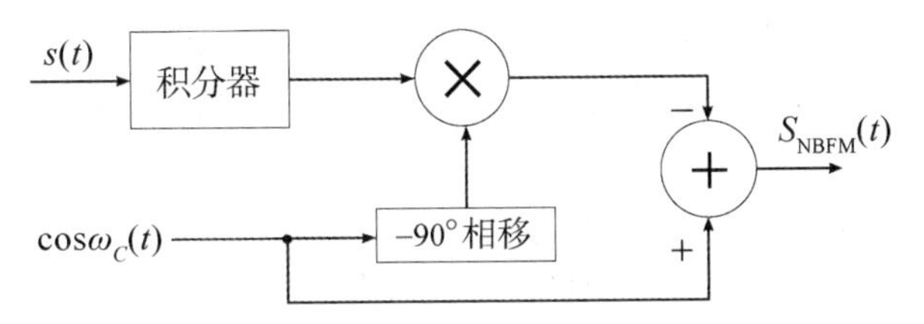

图 4.32　窄带调频信号的调制原理框图

窄带调频信号的调频指数(频偏)非常小，为了实现宽带调频，要采用倍频法提高调频指数 β_{FM}，从而获得宽带调频，如图 4.33 所示，其中 n 为倍频系数。

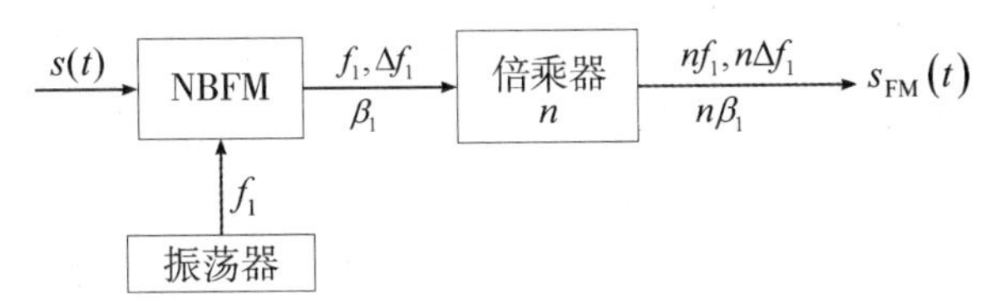

图 4.33　采用倍频法实现宽带调频

【例题 4.4】现有理想平方律器，其输入—输出特性为 $y(t)=ax^2(t)$。当输入信号为调频信号时，求其输出信号，并给出输入—输出信号参数的变化关系。

解：输入的调频信号为 $x(t)=A\cos[\omega_C t+\varphi(t)]$，带入平方律器的输入输出特性公式，有

$$y(t)=aA^2\cos^2[\omega_C t+\varphi(t)]=\frac{1}{2}aA^2+\frac{1}{2}aA^2\cos[2\omega_C t+2\varphi(t)]$$

对比输入信号和输出信号可以发现，输出信号中包含一个调频信号 $\frac{1}{2}aA^2\cos[2\omega_C t+2\varphi(t)]$；输出的调频信号相对于输入的调频信号，瞬时的相位偏移发生了改变 $\varphi(t)\xrightarrow[\times 2]{}2\varphi(t)$，载波的中心频率 $\omega_C\xrightarrow[\times 2]{}2\omega_C$。

已知单频调频信号的瞬时相位偏移 $\varphi(t)=\beta_{\mathrm{FM}}\sin\omega_m t$，所以通过平方律器后 $\beta_{\mathrm{FM}}\xrightarrow[\times 2]{}2\beta_{\mathrm{FM}}$。

同理，如果调频信号通过一个 n 次方律器，则可使调频信号的载波、频偏和调频指数增加为原来的 n 倍。但是，使用倍频器在提高调频指数和频偏的同时，也提高了载波频率，造成载波过高不符合要求或难以实现，因此一般在使用倍频器后，要使用混频器控制载波的中心频率。

混频器的作用是将输出信号的频谱搬移到给定的频率位置上，其实现原理框图如

图 4.34 所示。

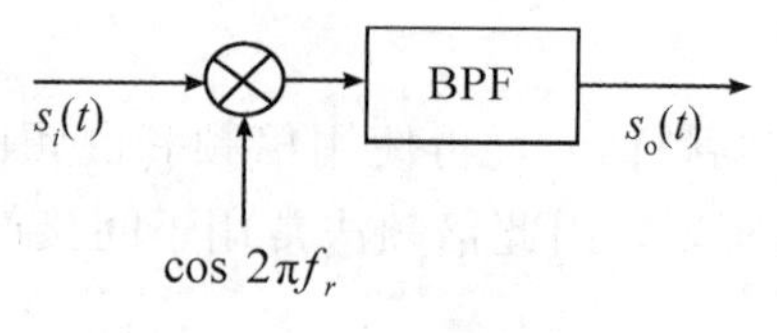

图 4.34　混频器原理图

已知 $s_i(t)\times\cos\omega_r t \xrightarrow{F} \frac{1}{2}[S_i(\omega+\omega_r)+S_i(\omega-\omega_r)]$，即图 4.34 中输入信号通过乘法器后产生了两个频率分量：和频 $f+f_r$ 和差频 $f-f_r$；然后通过 BPF 选择某一个频率分量。在实际应用中一般选择差频，将倍频器提高后的载波通过混频调节到所需频段。

【例题 4.5】先产生一个窄带调频信号，再用一级倍频法产生宽带调频信号。调制信号为单频余弦信号，频率 $f_m=4\text{kHz}$，窄带调制的中心载波 $f_1=100\text{kHz}$，最大频偏 $\Delta f_1=20\text{Hz}$，若要求倍频器输出的宽带调频信号的最大频偏为 $\Delta f_C=60\text{kHz}$，中心载波频率为 $f_C=100\text{MHz}$，试求倍频器的倍频系数和混频器的中心频率。

解：倍频器工作原理图如图 4.33 所示，则 $n=\frac{\Delta f_C}{\Delta f_1}=\frac{60\text{k}}{20}=3000$。

通过倍频器后，信号的中心频率为 $nf_1=3000\times100\text{k}=300(\text{MHz})$。

为了将最终输出信号的频率调整到 $f_C=100\text{MHz}$，则需要使用混频器，且中心频率

$$f_r=nf_1-f_C=300\text{MHz}-100\text{MHz}=200(\text{MHz})$$

通过例题 4.5 可以知道，一级倍频法可以实现宽带调频，但是倍频器输出信号和混频器的中心频率过高，导致电路实现困难。解决办法是采用多级倍频法，在倍频器之间插入混频器，以降低信号的中心频率。其实现原理框图如图 4.35 所示，这种方法也称为阿姆斯特朗法。

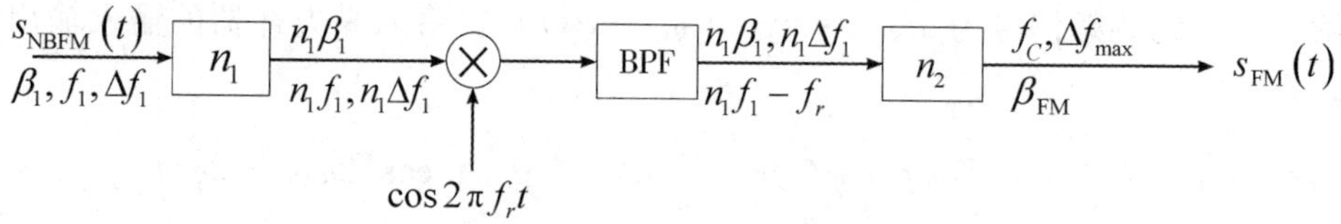

$s_{NBFM}(t)$　$\beta_1, f_1, \Delta f_1$　n_1　$n_1\beta_1$　$n_1f_1, n_1\Delta f_1$　BPF　$n_1\beta_1, n_1\Delta f_1$　$n_1f_1-f_r$　n_2　$f_C, \Delta f_{max}$　β_{FM}　$s_{FM}(t)$　$\cos 2\pi f_r t$

图 4.35　阿姆斯特朗法原理图

从图 4.35 中很容易得到下列关系：$f_C=n_2(n_1f_1-f_r)$，$\Delta f_{max}=n_2n_1\Delta f_1$，$\beta_{FM}=n_2n_1\beta_1$。

4.4.2　调频信号的解调

调频信号的解调同样有相干解调和非相干解调两种方式。相干解调仅适用于窄带调频信号，且需同步信号；非相干解调适用于窄带和宽带调频信号，且不需同步信号，因而是 FM 系统的主要解调方式。

4.4.2.1　非相干解调

采用具有线性的频率—电压转换特性的鉴频器，可对调频信号进行直接解调。图

4.36 给出了鉴频器的特性曲线和组成框图。

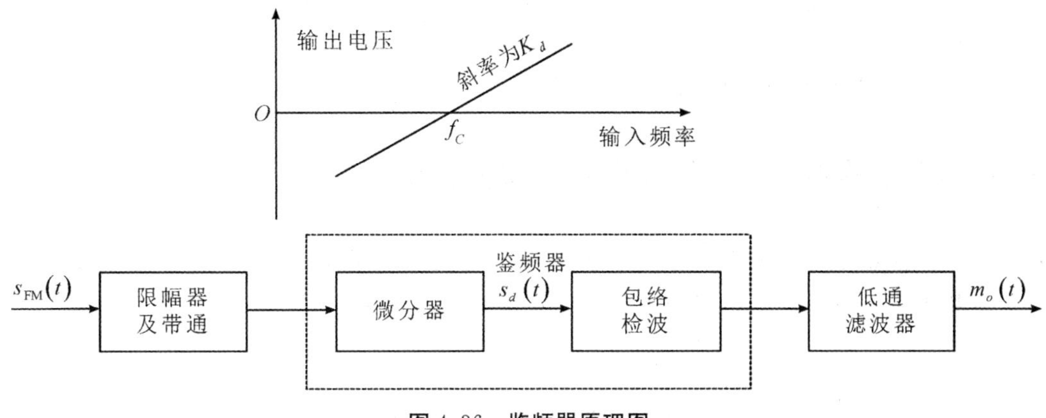

图 4.36　鉴频器原理图

已知调频信号的一般时域表达式为 $s_{FM}(t)=A\cos\left[\omega_C t+K_F\int f(t)\mathrm{d}t\right]$，微分器的输出信号为

$$s_d(t)=A\left[\omega_C+K_F f(t)\right]\sin\left[\omega_C t+K_F\int f(t)\mathrm{d}t\right]$$

令 $A(t)=A\left[\omega_C+K_F f(t)\right]$，$\omega(t)=\omega_C+K_F f(t)$，且 $K_F f(t)\ll\omega_C$，则 $s_d(t)=A(t)\sin\left[\omega_C t+K_F\int f(t)\mathrm{d}t\right]$，近似地可以认为是一个 AM 调制信号，利用包络检波器可以检测出其包络信号 $A(t)$，然后经过 LPF，解调器的最终输出应为 $s_o(t)\propto K_F f(t)$。令

$$s_o(t)=K_d K_F f(t) \tag{4.55}$$

其中 K_d 为鉴频器的灵敏度。

4.4.2.2　相干解调

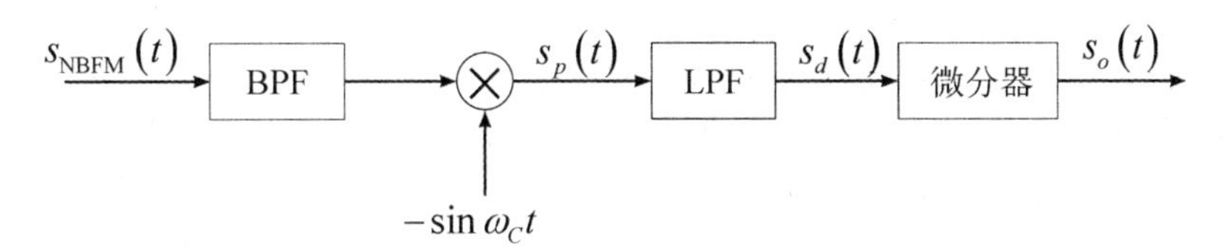

图 4.37　窄带调频信号的相干解调

已知窄带调频信号的时域表达式为

$$s_{NBFM}(t)=A\cos\omega_C t+A\left[K_F\int f(t)\mathrm{d}t\right]\sin\omega_C t$$

相干器的相干载波为

$$c(t)=-\sin\omega_C t$$

则相乘器的输出为

$$\begin{aligned}s_p(t)&=-\left\{A\cos\omega_C t+\left[\int f(t)\mathrm{d}t\sin\omega_C t\right]\right\}\sin\omega_C t\\&=-\frac{A}{2}\sin2\omega_C t+\left[\frac{AK_F}{2}\int f(t)\mathrm{d}t\right](1-\cos2\omega_C t)\end{aligned}$$

通过低通滤波器后：$s_d(t)=\frac{AK_F}{2}\int f(t)\mathrm{d}t$

经过微分器的最终输出：$s_o(t)=\frac{AK_F}{2}f(t)$

4.5 模拟调制系统的抗噪声性能分析

模拟调制系统一般采用解调器输出信噪比来衡量抗噪性能。此外，信噪比增益 G 在一定程度上也可以衡量模拟调制系统的抗噪性能，其定义为

$$G=\frac{S_0/N_0}{S_i/N_i} \tag{4.56}$$

其中输出信噪比：$\frac{S_0}{N_0}=\frac{\text{解调器输出有用信号的平均功率}}{\text{解调器输出噪声的平均功率}}$

输入信噪比：$\frac{S_i}{N_i}=\frac{\text{解调器输入已调信号的平均功率}}{\text{解调器输入噪声的平均功率}}$

通信系统中不可避免存在噪声，根据第 3 章的分析，可以认为通信系统中存在的噪声都属于加性高斯白噪声。关于高斯白噪声，在前面第 2 章已经介绍过。由于噪声只对已调信号的接收产生影响，因此通信系统的抗噪性能可以用解调器的抗噪性能来衡量。解调器的抗噪性能分析模型如图 4.37 所示。

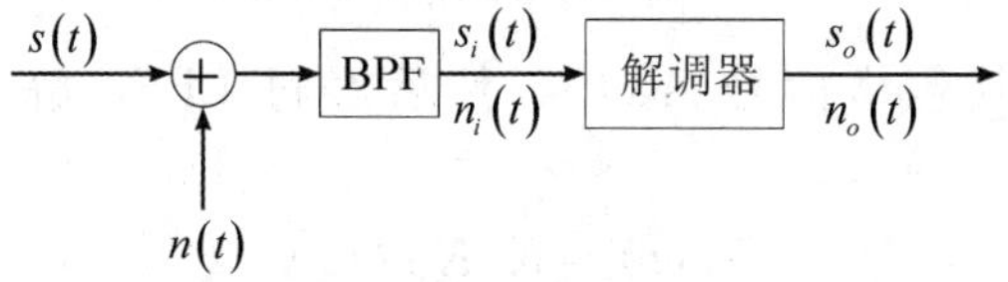

图 4.37 模拟调制系统的抗噪性能分析模型

说明：$n(t)$为加性高斯白噪声；带通滤波器除了用于选频外，还具有抑制噪声的作用。

若高斯白噪声 $n(t)$的双边功率谱密度为 $p(f)=n_0/2$，带通滤波器的带宽为 B，则输出高斯窄带噪声 $n_i(t)$对应的噪声功率密度函数 $p_i(f)=p(f)|H_{\mathrm{BPF}}(f)|^2$，如图 4.38 所示。对应的输入噪声功率为

$$N_i=\frac{n_0}{2}\cdot 2B=n_0B \tag{4.57}$$

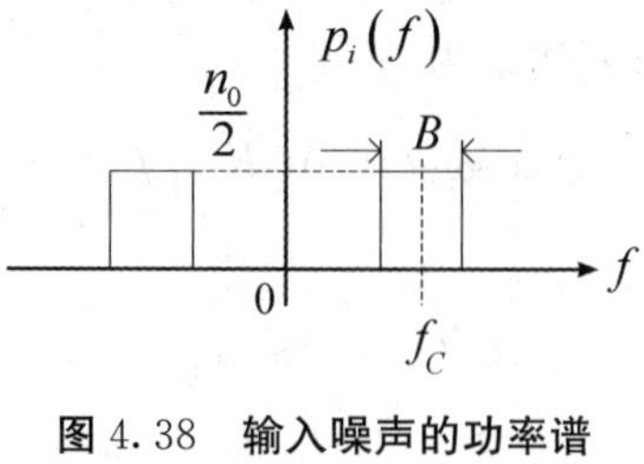

图 4.38 输入噪声的功率谱

4.5.1 双边带调制的抗噪性能分析

根据前面的分析，我们知道解调方式主要有相干解调和非相干解调。在线性调制

系统中，AM 可以采用非相干的包络检波器进行解调，其他 DSB、SSB 和 VSB 则需要采用相干解调。相干解调模型如图 4.39 所示。

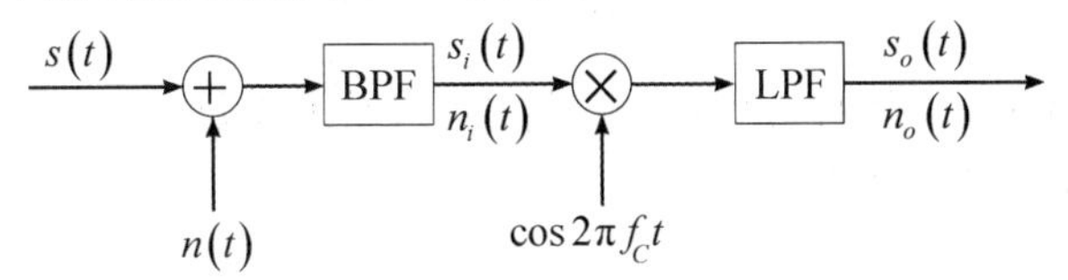

图 4.39　相干解调模型

利用线性系统的叠加特性，对信号和噪声可通过解调器分别进行分析。从图 4.39 可知：

$$s_o(t)=[s_i(t)\times\cos\omega_C t]_{\mathrm{LPF}} \tag{4.58}$$

$$n_o(t)=[n_i(t)\times\cos\omega_C t]_{\mathrm{LPF}} \tag{4.59}$$

在双边带信号的接收机中，带通滤波器 BPF 的中心频率 ω_0 和调制载波频率 ω_C 相同，信道叠加的高斯白噪声在通过 BPF 后变为窄带高斯白噪声，其数学表达式为

$$n_i(t)=n_I(t)\cos\omega_C t-n_Q(t)\sin\omega_C t \tag{4.60}$$

4.5.1.1　输入信噪比

理想带通滤波器 BPF 对输入的已调信号 $s(t)$ 没有影响，信号直接通过，即 $s(t)=s_i(t)$，所以有

$$S_i=\overline{s_i^2(t)}=\overline{f^2(t)\cos^2\omega_C t}=\frac{1}{2}\overline{f^2(t)}$$

根据式(4.57)可知

$$N_i=n_0B_{\mathrm{DSB}}=2n_0f_m$$

对应的输入信噪比为

$$\frac{S_i}{N_i}=\frac{\frac{1}{2}\overline{f^2(t)}}{2n_0f_m}=\frac{\overline{f^2(t)}}{4n_0f_m} \tag{4.61}$$

4.5.1.2　输出信噪比

在图 4.39 中，理想低通滤波器 LPF 的输入信号分别为

$$s_i(t)\times\cos\omega_C t=f(t)\cos^2\omega_C t=\frac{1}{2}f(t)+\frac{1}{2}f(t)\cos2\omega_C t \tag{4.62}$$

$$\begin{aligned}n_i(t)\times\cos\omega_C t&=[n_I(t)\cos\omega_C t-n_Q(t)\sin\omega_C t]\cos\omega_C t\\&=n_I(t)\cos^2\omega_C t-n_Q(t)\sin\omega_C t\cos\omega_C t\\&=\frac{1}{2}n_I(t)+\frac{1}{2}n_I(t)\cos2\omega_C t-\frac{1}{2}n_Q(t)\sin2\omega_C t\end{aligned} \tag{4.63}$$

通过 LPF 滤除式(4.62)和式(4.63)中的高频分量后，可得

$$s_o(t)=[s_i(t)\times\cos\omega_C t]_{\mathrm{LPF}}=\frac{1}{2}f(t) \tag{4.64}$$

$$n_o(t)=[n_i(t)\times\cos\omega_C t]_{\mathrm{LPF}}=\frac{1}{2}n_I(t) \tag{4.65}$$

若基带调制信号 $f(t)$ 的均值为 0，带宽为 f_m，则输出信号 $s_o(t)$ 的平均功率为

$$S_o=\overline{s_o^2(t)}=\frac{1}{4}\overline{f^2(t)} \tag{4.66}$$

在第 2 章窄带随机过程中讨论过，窄带高斯白噪声满足 $\overline{n^2(t)}=\overline{n_I^2(t)}=\overline{n_Q^2(t)}$，所以输出噪声的平均功率为

$$N_o=\frac{1}{4}\overline{n_I^2(t)}=\frac{1}{4}n_0B_{\mathrm{DSB}}=\frac{1}{2}n_0f_m \tag{4.67}$$

则输出信噪比为

$$\frac{S_o}{N_o}=\frac{\frac{1}{4}\overline{f^2(t)}}{\frac{1}{2}n_0f_m}=\frac{\overline{f^2(t)}}{2n_0f_m} \tag{4.68}$$

则双边带信噪比增益为

$$G_{\mathrm{DSB}}=\frac{S_o/N_o}{S_i/N_i}=2 \tag{4.69}$$

4.5.2 单边带调制的抗噪性能分析

若图 4.39 中的输入信号 $s(t)$ 为已调上边带信号，则带通滤波器的中心频率 ω_0 与调制载波频率 ω_C 和调制信号的带宽 f_m 之间的关系为

$$\frac{1}{2\pi}(\omega_0-\omega_C)=\frac{f_m}{2} \tag{4.70}$$

所以解调器输入噪声的数学表达式为 $n_i(t)=n_I(t)\cos\omega_0t-n_Q(t)\sin\omega_0t$。

4.5.2.1 输入信噪比

已知 $s_i(t)=s_{\mathrm{USB}}(t)=\frac{1}{2}f(t)\cos\omega_Ct-\frac{1}{2}\hat{f}(t)\sin\omega_Ct$，则

$$\begin{aligned}S_i&=\overline{\left[\frac{1}{2}f(t)\cos\omega_Ct-\frac{1}{2}\hat{f}(t)\sin\omega_Ct\right]^2}\\&=\frac{1}{8}\overline{f^2(t)}+\frac{1}{8}\overline{\hat{f}^2(t)}\\&=\frac{1}{4}\overline{f^2(t)}\end{aligned} \tag{4.71}$$

$$N_i=n_0B_{\mathrm{SSB}}=n_0f_m \tag{4.72}$$

则

$$\frac{S_i}{N_i}=\frac{\frac{1}{4}\overline{f^2(t)}}{n_0f_H}=\frac{\overline{f^2(t)}}{4n_0f_H} \tag{4.73}$$

4.5.2.2 输出信噪比

在图 4.39 中，理想低通滤波器 LPF 的输入信号分别为

$$
\begin{aligned}
[s_i(t)\cos\omega_C t] &= \left[\frac{1}{2}f(t)\cos\omega_C t - \frac{1}{2}\hat{f}(t)\sin\omega_C t\right]\cos\omega_C t \\
&= \frac{1}{2}f(t)\cos^2\omega_C t - \frac{1}{2}\hat{f}(t)\sin\omega_C t\cos\omega_C t \\
&= \frac{1}{4}f(t) + \frac{1}{4}f(t)\cos 2\omega_C t - \frac{1}{4}\hat{f}(t)\sin 2\omega_C t
\end{aligned} \tag{4.74}
$$

$$
\begin{aligned}
[n_i(t)\cos\omega_C t] &= [n_I(t)\cos\omega_0 t - n_Q(t)\sin\omega_0 t]\cos\omega_C t \\
&= n_I(t)\cos\omega_0 t\cos\omega_C t - n_Q(t)\sin\omega_0 t\cos\omega_C t \\
&= \frac{1}{2}n_I(t)\cos(\omega_0 - \omega_C)t + \frac{1}{2}n_I(t)\cos(\omega_0 + \omega_C)t \\
&\quad - \frac{1}{2}n_Q(t)\sin(\omega_0 - \omega_C)t - \frac{1}{2}n_Q(t)\sin(\omega_0 + \omega_C)t
\end{aligned} \tag{4.75}
$$

通过 LPF 滤除式(4.74)和式(4.75)中的高频分量后，可得

$$
s_o(t) = \frac{1}{4}f(t) \tag{4.76}
$$

$$
\begin{aligned}
n_o(t) &= \frac{1}{2}n_I(t)\cos(\omega_0 - \omega_C)t - \frac{1}{2}n_Q(t)\sin(\omega_0 - \omega_C)t \\
&= \frac{1}{2}n_I(t)\cos(\pi f_m t) - \frac{1}{2}n_Q(t)\sin(\pi f_m t)
\end{aligned} \tag{4.77}
$$

对应的输出信号平均功率：

$$
S_o = \overline{s_o^2(t)} = \frac{1}{16}\overline{f^2(t)}
$$

输出噪声信号平均功率：

$$
\begin{aligned}
N_o &= \overline{n_o^2(t)} = \frac{1}{4}\overline{[n_I(t)\cos\pi f_H t - n_Q(t)\sin\pi f_H t]^2} = \frac{1}{4}\left[\frac{1}{2}\overline{n_I{}^2(t)} + \frac{1}{2}\overline{n_Q{}^2(t)}\right] \\
&= \frac{1}{4}\overline{n_I{}^2(t)} = \frac{1}{4}n_0 B_{\mathrm{SSB}} = \frac{1}{4}n_0 f_H
\end{aligned}
$$

则输出信噪比为

$$
\frac{S_o}{N_o} = \frac{\frac{1}{16}\overline{f^2(t)}}{\frac{1}{4}n_0 f_H} = \frac{\overline{f^2(t)}}{4n_0 f_H} \tag{4.78}
$$

单边带信噪比增益为

$$
G_{\mathrm{SSB}} = \frac{S_o/N_o}{S_i/N_i} = 1 \tag{4.79}
$$

4.5.3　AM 包络检波的抗噪性能分析

AM 相干解调抗噪性能分析与 DSB 相似，留给同学们自己分析。本节只针对 AM 非相干解调的抗噪性能进行分析，其分析模型如图 4.40 所示。

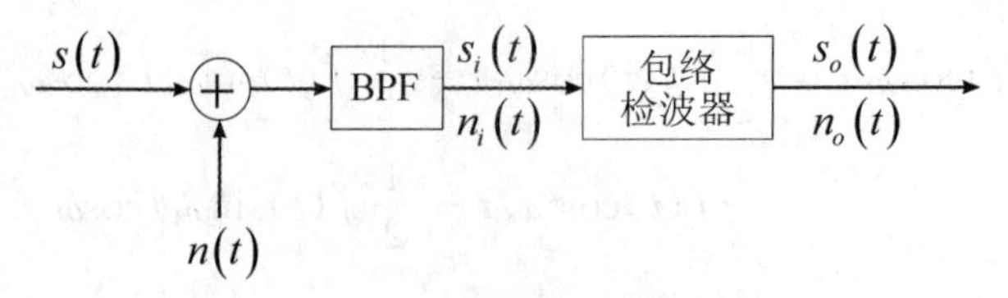

图 4.40　AM 抗噪性能分析模型

根据分析模型，有 $s_i(t)=[A_0+f(t)]\cos\omega_C t$

则对应信号的平均功率为 $S_i=\overline{s_i^2(t)}=\overline{[A_0+f(t)]^2\cos^2\omega_C t}=\frac{1}{2}A_0^2+\frac{1}{2}\overline{f^2(t)}$

经 AM 调制后，信号频谱的中心为 f_C，输入噪声为 $n_i(t)=n_I(t)\cos\omega_C t-n_Q(t)\sin\omega_C t$，则

$$N_i=n_0B_{\mathrm{AM}}=2n_0f_m$$

根据信噪比的定义，输入信噪比为

$$\frac{S_i}{N_i}=\frac{A_0^2+\overline{f^2(t)}}{4n_0f_m} \tag{4.80}$$

因为包络检波器只能检测输入信号的包络变化，所以需要给出包络检波器输入信号的包络表达式。已知输入包络检波器的信号为

$$\begin{aligned}s_i(t)+n_i(t)&=[A_0+f(t)]\cos\omega_C t+n_I(t)\cos\omega_C t-n_Q(t)\sin\omega_C t\\&=[A_0+f(t)+n_I(t)]\cos\omega_C t-n_Q(t)\sin\omega_C t\\&=A(t)\cos[\omega_C t+\varphi(t)]\end{aligned} \tag{4.81}$$

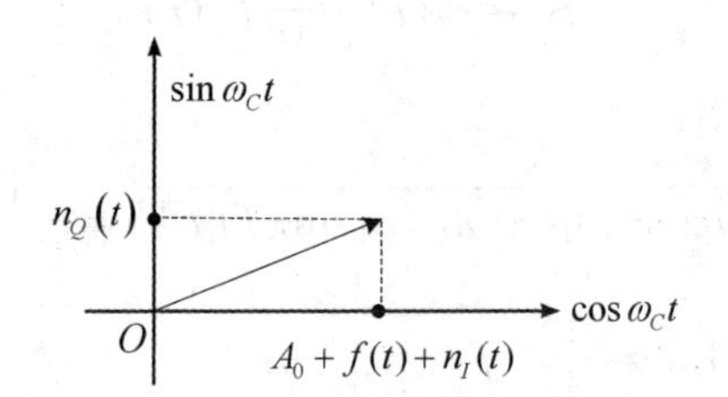

图 4.41　包络检波器输入的包络信号

从图 4.41 中很容易到

$A(t)=\sqrt{[A_0+f(t)+n_I(t)]^2+n_Q^2(t)}$，$\varphi(t)=-\arctan\left[\frac{n_Q(t)}{A_0+f(t)+n_I(t)}\right]$

包络检波器的输出信号为包络信号 $A(t)$。是否能够从包络信号 $A(t)$ 中分离出有用信号 $f(t)$ 主要看输入信噪比是否达到了包络检波器的要求。下面分别讨论两种情况：大信噪比和小信噪比。

4.5.3.1　大信噪比

当 $A_0+f(t)\gg n_I^2(t)+n_Q^2(t)$ 时，为大信噪比输入情况，这时包络检波器的输出信号可以化简为

$$\begin{aligned}A(t)&=\sqrt{[A_0+f(t)]^2+2n_I(t)[A_0+f(t)]+n_I^2(t)+n_Q^2(t)}\\&=[A_0+f(t)]\sqrt{1+\frac{2n_I(t)}{A_0+f(t)}+\frac{n_I^2(t)+n_Q^2(t)}{[A_0+f(t)]^2}}\\&\approx[A_0+f(t)]\sqrt{1+\frac{2n_I(t)}{A_0+f(t)}}\end{aligned}\tag{4.82}$$

使用幂级数 $\sqrt{1+x}\approx 1+x(x\to 0)$ 展开为

$$A(t)\approx[A_0+f(t)]\left[1+\frac{n_I(t)}{A_0+f(t)}\right]=A_0+f(t)+n_I(t)$$

上式说明，在大信噪比的情况下，能够从包络信号 $A(t)$ 中分离出有用信号 $f(t)$。

设 $s_o(t)=f(t)$，$n_o(t)=n_I(t)$，对应的平均功率有 $S_o=\overline{f^2(t)}$，$N_o=\overline{n_I^2(t)}=n_0B_{\mathrm{AM}}=2n_0f_H$，则 $\dfrac{S_o}{N_o}=\dfrac{\overline{f^2(t)}}{2n_0f_H}$。

根据信噪比增益的定义，有

$$G_{\mathrm{AM}}=\frac{S_o/N_o}{S_i/N_i}=\frac{2\overline{f^2(t)}}{A_0^2+\overline{f^2(t)}}\tag{4.83}$$

当调制信号 $f(t)=A_m\cos\omega_m t$ 时，$\overline{f^2(t)}=\dfrac{A_m^2}{2}$，带入式(4.83)有

$$G_{\mathrm{AM}}=\frac{2A_m^2}{2A_0^2+A_m^2}=\frac{2\beta_{\mathrm{AM}}^2}{2+\beta_{\mathrm{AM}}^2}=2\eta_{\mathrm{AM}}\tag{4.84}$$

4.5.3.2　小信噪比

当 $A_0+f(t)\ll n_I^2(t)+n_Q^2(t)$ 时，为小信噪比输入情况，这时包络检波器的输出信号可以化简为

$$\begin{aligned}A(t)&=\sqrt{[A_0+f(t)]^2+2n_I(t)[A_0+f(t)]+n_I^2(t)+n_Q^2(t)}\\&=\sqrt{n_I^2(t)+n_Q^2(t)+2n_I(t)[A_0+f(t)]}\\&=\sqrt{[n_I^2(t)+n_Q^2(t)]\left\{1+\frac{2n_I(t)[A_0+f(t)]}{n_I^2(t)+n_Q^2(t)}\right\}}\\&\approx\sqrt{n_I^2(t)+n_Q^2(t)}+\frac{n_I(t)}{\sqrt{n_I^2(t)+n_Q^2(t)}}[A_0+f(t)]\end{aligned}$$

从上式可以看出，在小信噪比的情况下，包络信息中主要为噪声的幅度信息，有用信号被淹没。在这种情况下，没有办法通过包络检波器将调制信号从输入信号中解调出来。

在大信噪比情况下，AM 信号包络检波器的性能几乎与相干解调法相同(图 4.42)；但随着信噪比的减小，包络检波器将在一个特定输入信噪比值上出现门限效应，如图 4.42 中两条虚线所示。一旦出现门限效应，解调器的输出信噪比将急剧恶化(斜率变大)。

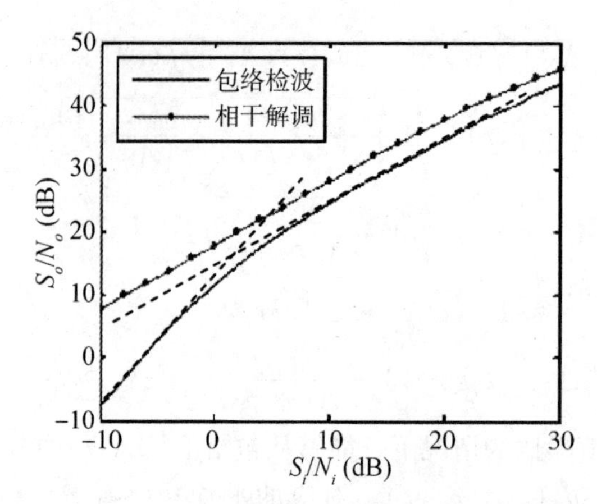

图 4.42 AM 相干解调和包络检波的输出信噪比

【例题 4.6】对单频调制的常规调幅信号 AM 进行包络检波。设边带的功率为 20mW，载波功率为 80mW。接收机带通滤波器的带宽为 10kHz，信道噪声单边功率谱密度为 5×10^{-9} W/Hz。

(1)求解调输出信噪比。

(2)如果改为 DSB，其性能优于 AM 多少倍？

解：(1)根据定义有 $\eta_{AM}=\dfrac{P_f}{P_f+P_C}=\dfrac{20}{20+80}=\dfrac{1}{5}$，带入式(4.84)有

$$G_{AM}=2\eta_{AM}=\frac{2}{5}$$

根据信噪比增益的定义，有 $G_{AM}=\dfrac{S_o/N_o}{S_i/N_i}$，且

$$\frac{S_i}{N_i}=\frac{P_C+P_f}{n_0B}=\frac{100\times10^{-3}}{5\times10^{-9}\times10\times10^3}=2000$$

所以$\dfrac{S_o}{N_o}=G_{AM}\dfrac{S_i}{N_i}=\dfrac{2}{5}\times2000=800$

(2)同理可得$\dfrac{S_o}{N_o}=G_{DBS}\dfrac{S_i}{N_i}=4000$

所以 $\Gamma=10\lg\dfrac{(S_o/N_o)_{DSB}}{(S_o/N_o)_{AM}}=10\lg\dfrac{4000}{800}=10\lg5=6.99(\text{dB})$

【例题 4.7】对双边带信号和单边带信号进行相干解调，接收信号功率为 20mW，噪声的双边带功率谱为 2×10^{-9} W/Hz，调制信号是最高频率为 5kHz 的低通信号。

(1)比较解调器的输入信噪比。

(2)比较解调器的输出信噪比。

解：单边带的输入信噪比：$\dfrac{S_i}{N_i}=\dfrac{S_i}{n_0B_{SSB}}=\dfrac{20\times10^{-3}}{2\times2\times10^{-9}\times5\times10^3}=1000$

单边带的输出信噪比：$\dfrac{S_o}{N_o}=G_{SSB}\dfrac{S_i}{N_i}=1000$

双边带的输入信噪比：$\dfrac{S_i}{N_i}=\dfrac{S_i}{n_0B_{DSB}}=\dfrac{20\times10^{-3}}{2\times2\times10^{-9}\times2\times5\times10^3}=500$

双边带的输出信噪比：$\dfrac{S_o}{N_o}=G_{\mathrm{DSB}}\dfrac{S_i}{N_i}=1000$

则 $\left(\dfrac{S_i}{N_i}\right)_{\mathrm{SSB}}:\left(\dfrac{S_i}{N_i}\right)_{\mathrm{DSB}}=1:2$　　　$\left(\dfrac{S_o}{N_o}\right)_{\mathrm{SSB}}:\left(\dfrac{S_o}{N_o}\right)_{\mathrm{DSB}}=1:1$

例题 4.7 说明，在接收信号功率相同的情况下，单边带和双边带具有相同的输出信噪比，即具有相同的抗噪性能，但是双边带的传输带宽是单边带的两倍。

4.5.4　调频系统的抗噪性能分析

4.5.4.1　非相干解调的抗噪性能

宽带调频和窄带调频都可以采用非相干解调，其解调模型如图 4.43 所示。

调频信号在传输过程中，由于信道噪声和其他原因会引起调频波幅度的起伏，这种幅度的起伏称为寄生调幅。限幅器的作用是抑制寄生调幅。

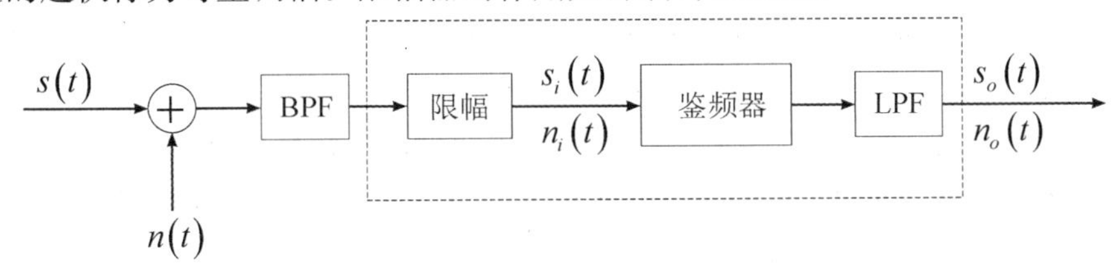

图 4.43　FM 的非相干解调的抗噪性能分析模型

已知 $s_i(t)=s_{\mathrm{FM}}(t)=A\cos\left[\omega_C t+K_F\int f(t)\mathrm{d}t\right]$，所以解调器的信号平均功率 $S_i=\dfrac{A^2}{2}$。输入解调器噪声的功率为 $N_i=n_0B_{\mathrm{FM}}$。因此，调频信号的输入信噪比为

$$\frac{S_i}{N_i}=\frac{A^2}{2n_0B_{\mathrm{FM}}} \tag{4.85}$$

输入鉴频器的信号为

$$\begin{aligned}s_i(t)+n_i(t)&=A\cos[\omega_C t+\varphi(t)]+V(t)\cos[\omega_C t+\theta(t)]\\&=B(t)\cos[\omega_C t+\phi(t)]\end{aligned} \tag{4.86}$$

设

$$\begin{cases}A\cos[\omega_C t+\varphi(t)]=|\boldsymbol{a}_1|\cos\varphi\\V(t)\cos[\omega_C t+\theta(t)]=|\boldsymbol{a}_2|\cos\theta\\B(t)\cos[\omega_C t+\phi(t)]=|\boldsymbol{a}|\cos\phi\end{cases} \tag{4.87}$$

利用矢量合成，如图 4.44 所示，可知合成矢量的瞬时相角 ϕ 可表示为

$$\tan(\phi-\varphi)=\frac{AB}{OB}=\frac{|\boldsymbol{a}_2|\sin(\theta-\varphi)}{|\boldsymbol{a}_1|+|\boldsymbol{a}_2|\cos(\theta-\varphi)} \tag{4.88}$$

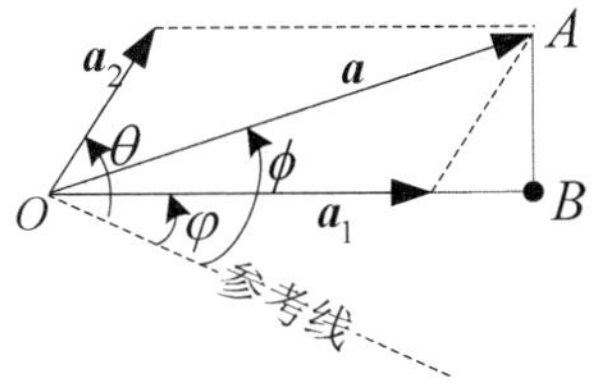

图 4.44　矢量合成图

将式(4.87)带入式(4.88)中，可得

$$\phi(t)=\varphi(t)+\arctan\frac{V(t)\sin[\theta(t)-\varphi(t)]}{A+V(t)\cos[\theta(t)-\varphi(t)]} \tag{4.89}$$

当输入信噪比很高的时候，$A\gg V(t)$，式(4.89)可表示为

$$\phi(t)\approx\varphi(t)+\frac{V(t)}{A}\sin[\theta(t)-\varphi(t)] \tag{4.90}$$

假设理想鉴频器的输出信号与输入信号的瞬时频偏成正比，比例常数为 1。根据图 4.36 鉴频器工作原理可知，鉴频器输出为

$$V_o(t)=\frac{1}{2\pi}\frac{\mathrm{d}\phi(t)}{\mathrm{d}t}=\frac{1}{2\pi}\frac{\mathrm{d}\varphi(t)}{\mathrm{d}t}+\frac{1}{2\pi A}\frac{\mathrm{d}n_d(t)}{\mathrm{d}t} \tag{4.91}$$

其中，$n_d(t)=V(t)\sin[\theta(t)-\phi(t)]$，依然代表高斯白噪声。

已知窄带高斯白噪声为

$$\begin{aligned} n(t)&=V(t)\cos[\omega_C t+\theta(t)]=V(t)\cos[\theta(t)]\cos\omega_C t-V(t)\sin[\theta(t)]\sin\omega_C t\\ &=n_I(t)\cos\omega_C t-n_Q(t)\sin\omega_C t \end{aligned} \tag{4.92}$$

将 $n_d(t)$的表达式与式(4.92)比较后发现，$n_d(t)$是窄带高斯白噪声中的正交分量。根据第 2 章中窄带高斯随机过程的分析可知，$n_d(t)$的功率谱密度函数应为 $p_Q(f)=\begin{cases}n_0, & |f|\leqslant f_m\\ 0, & \text{其他}\end{cases}$。

式(4.91)中属于调频信号通过解调器的输出信号 $s_o(t)=\frac{1}{2\pi}\frac{\mathrm{d}\phi(t)}{\mathrm{d}t}=\frac{1}{2\pi}K_F f(t)$，对应的输出信号平均功率为 $S_o=\frac{K_F^2}{4\pi^2}\overline{f^2(t)}$。

式(4.91)中属于高斯白噪声通过解调器的输出信号为

$$n_o(t)=\frac{1}{2\pi A}\frac{\mathrm{d}n_d(t)}{\mathrm{d}t} \tag{4.93}$$

对应的噪声平均功率的计算需要利用第 2 章中的知识。在第 2 章中，我们讨论过一个平稳随机过程通过线性系统后，依然是一个平稳随机过程，且 $p_Y(\omega)=p_X(\omega)|H(\omega)|^2$。式(4.93)相当于一个高斯白噪声通过一个线性微分系统，则输出噪声的功率谱密度为

$$P_o(f)=|H(\omega)|^2\frac{n_0}{(2\pi A)^2}=\frac{n_0 f^2}{A^2} \tag{4.94}$$

其中微分系统的系统函数 $H(\omega)=\mathrm{j}\omega$。

输出噪声的功率为 $N_o=\int_{-\infty}^{\infty}\frac{n_0 f^2}{A^2}\mathrm{d}f$，因为鉴频器输出信号最后要通过 LPF，所以

$$N_o=\int_{-f_m}^{f_m}\frac{n_0 f^2}{A^2}\mathrm{d}f=\frac{2n_0 f_m^3}{3A^2}$$

调频信号输出信噪比为

$$\frac{S_o}{N_o}=\frac{3A^2K_F^2\overline{f^2(t)}}{8\pi^2 n_0 f_m^3} \tag{4.95}$$

已知 $K_F=\dfrac{2\pi\Delta f_{\max}}{|f(t)|_{\max}}$，带入式(4.95)有 $\dfrac{S_o}{N_o}=3\left(\dfrac{\Delta f_{\max}}{f_m}\right)^2\dfrac{\overline{f^2(t)}}{|f(t)|_{\max}^2}\dfrac{A^2/2}{n_0 f_m}$

则调频信号的信噪比增益为

$$G_{\mathrm{FM}}=\frac{S_o/N_o}{S_i/N_i}=3\left(\frac{\Delta f_{\max}}{f_m}\right)^2\frac{\overline{f^2(t)}}{|f(t)|_{\max}^2}\left(\frac{B_{\mathrm{FM}}}{f_m}\right) \tag{4.96}$$

当调制信号为单频余弦信号时，$\dfrac{\overline{f^2(t)}}{|f(t)|_{\max}^2}=\dfrac{1}{2}$，且 $B_{\mathrm{FM}}=2(1+\beta_{\mathrm{FM}})f_m$，带入式(4.96)有

$$G_{\mathrm{FM}}=3\beta_{\mathrm{FM}}^2(1+\beta_{\mathrm{FM}}) \tag{4.97}$$

当调制信号为任意信号时，将式(4.97)中的 β_{FM} 换为 D_{FM} 即可。

当输入信噪比很低，即 $V(t)\gg A$ 时，鉴频器的输出信号为 $\varphi(t)=\theta(t)+\dfrac{A}{V(t)}\sin[\varphi(t)-\theta(t)]$。此时，调制信号中的信息已经被噪声淹没，解调器没有办法解调出调制信号。这种现象称为解调器的“门限效应”。无论是 AM 的包络检波器还是 FM 的鉴频器都存在门限效应。

门限效应是由包络检波器的非线性解调作用引起的。相干解调在解调各种线性调制信号时，由于信号与噪声可分别进行解调，在解调器输出端口总是存在独立的有用信号项，因此相干解调器不存在门限效应。

有线数字电视信号在解调时也存在门限效应。一般情况下，信号电平在 45dB 以上就可获得良好的接收效果。当信号电平低于门限值时，就无任何图像画面；当信号电平高于门限值时，就会有非常清晰的图像画面；当信号电平在门限值上下波动时，就会出现停顿的马赛克现象。

如何改善调频信号解调时的门限效应，目前主要的解决办法是采用锁相环或频率反馈器。

【例题 4.8】设调频信号与 AM 信号均为单频调制，调频指数为 β_{FM}，调幅指数为 $\beta_{\mathrm{AM}}=1$(满调幅)，调制信号频率为 f_m。当信道条件相同时，在接收信号功率相同的情况下比较二者的抗噪性能。

解：已知调频信号的输出信噪比为 $\dfrac{S_{o\mathrm{FM}}}{N_{o\mathrm{FM}}}=G_{\mathrm{FM}}\dfrac{S_{i\mathrm{FM}}}{N_{i\mathrm{FM}}}$，AM 信号的输出信噪比为 $\dfrac{S_{o\mathrm{AM}}}{N_{o\mathrm{AM}}}=G_{\mathrm{FM}}\dfrac{S_{i\mathrm{AM}}}{N_{i\mathrm{AM}}}$。

两种信号输出信噪比之比为 $\Gamma=\dfrac{\dfrac{S_{o\mathrm{FM}}}{N_{o\mathrm{FM}}}}{\dfrac{S_{o\mathrm{AM}}}{N_{o\mathrm{AM}}}}==\dfrac{G_{\mathrm{FM}}S_{i\mathrm{FM}}N_{i\mathrm{AM}}}{G_{\mathrm{AM}}S_{i\mathrm{AM}}N_{i\mathrm{FM}}}$

其中 $G_{\mathrm{AM}}=\dfrac{2\beta_{\mathrm{AM}}^2}{2+\beta_{\mathrm{AM}}^2}=\dfrac{2}{3}$，$G_{\mathrm{FM}}=3\beta_{\mathrm{FM}}^2(1+\beta_{\mathrm{FM}})$，带入上式有

$$\Gamma=\frac{3\beta_{\mathrm{FM}}^2(1+\beta_{\mathrm{FM}})\times 2n_0 f_m}{\dfrac{2}{3}\times 2n_0(1+\beta_{\mathrm{FM}})f_m}=\frac{9}{2}\beta_{\mathrm{FM}}^2$$

例题 4.8 说明，调频信号为宽带调频($\beta_{\mathrm{FM}}>1$)时，调频系统抗噪性能优于 AM 系

统。例如，当$\beta_{FM}=5$时，FM的输出信噪比是AM的112.5倍。换言之，欲获得相同的输出信噪比，FM所需的发射功率可减小到AM的1/112.5。但当调频信号为窄带调频($\beta_{FM}\ll 1$)时，调频系统的抗噪性能还不如AM系统。因此，在实际应用中往往采用宽带调频来获得较高的输出信噪比，但是要牺牲信道的带宽。

4.5.4.2 相干解调的抗噪性能

相干解调模型如图4.37所示，其只适用于窄带调频系统。因此

$$S_i(t)=S_{\text{NBFM}}=A\cos\omega_C t-AK_F\int f(t)\mathrm{d}t\sin\omega_C t$$

所以$S_i=\frac{A^2}{2}$，且已知$N_i=n_0B_{\text{NBFM}}=2n_0f_m$，则输入信噪比为

$$\frac{S_i}{N_i}=\frac{A^2/2}{n_0B_{\text{NBFM}}}=\frac{A^2}{4n_0f_m} \tag{4.98}$$

乘法器的输出信号为

$$\begin{aligned}-\sin\omega_C t\cdot S_i(t)&=-\frac{A}{2}\sin 2\omega_C t+AK_F\int f(t)\mathrm{d}t\cdot\sin^2\omega_C t\\&=-\frac{A}{2}\sin 2\omega_C t+AK_F\int f(t)\mathrm{d}t\cdot(1-\cos 2\omega_C t)\end{aligned}$$

经过LPF滤波后，$s_o(t)=AK_F\int f(t)\mathrm{d}t$ 。

经过微分器后，$s_o(t)=\frac{A}{2}K_Ff(t)$，对应的输出信号功率为$S_o=\frac{A^2K_F^2}{4}\overline{f^2(t)}$。

已知$n_i(t)=n_I(t)\cos\omega_C t-n_Q(t)\sin\omega_C t$，噪声通过乘法器后的输出信号为

$$-n_i(t)\sin\omega_C t=-\frac{n_I(t)}{2}\sin 2\omega_C t+\frac{n_Q(t)}{2}(1-\cos 2\omega_C t)$$

以上信号经过LPF滤波后为$\frac{n_Q(t)}{2}$，最后经过微分器输出为$n_o(t)=\frac{n_o{}'(t)}{2}$。

前面已经分析过非相干解调，高斯白噪声通过线性微分系统后，$p_o(f)=\frac{n_0\omega^2}{4}=n_0\pi^2f^2$，则输出噪声的平均功率为$N_o=\int_{-f_m}^{f_m}p_o(f)\mathrm{d}f=\frac{2n_0\pi^2f_m^3}{3}$。

输出信噪比为

$$\frac{S_o}{N_o}=\frac{3A^2K_F^2E[f^2(t)]}{8n_0\pi^2f_m^3} \tag{4.99}$$

信噪比增益为

$$G_{\text{FM}}=\frac{\dfrac{S_o}{N_o}}{\dfrac{S_i}{N_i}}=\frac{3K_F^2E[f^2(t)]}{2\pi^2f_m^2} \tag{4.100}$$

因此$\Delta f_{\max}=\frac{1}{2\pi}K_{\text{FM}}\mid f(t)\mid_{\max}$，所以$K_{\text{FM}}=\frac{2\pi\Delta f_{\max}}{\mid f(t)\mid_{\max}}$，带入式(4.100)有

$$G_{\mathrm{NBFM}}=6\left(\frac{\Delta f_{\max}}{f_m}\right)^2\frac{E\left[f^2(t)\right]}{|f(t)|_{\max}^2} \tag{4.101}$$

当 $f(t)=A_m\cos\omega_m t$ 时，$G_{\mathrm{NBFM}}=3\beta_{\mathrm{FM}}^2$。

4.5.4.3　预加重和去加重

理论上已证明，鉴频器的输出噪声功率谱按频率的平方规律增加。但是，许多实际的消息信号，例如语言、音乐等，它们的功率谱随频率的增加而减小，其大部分能量集中在低频范围内。这就造成消息信号高频端的信噪比可能降到不能容许的程度。

因为调频系统要经过鉴频器，所以输出噪声功率谱密度函数与 ω^2 成正比，即 $p_o(f)=\frac{n_0}{A^2}f^2$。在调制信号的频率范围内，输出噪声的功率与调制信号的最高频率的立方成正比，这对输出信噪比非常不利。因此，调频系统往往通过在接收端增加一个去加重网络来改善噪声的功率谱密度函数，让解调输出的噪声功率谱密度为一常数，即去加重网络的系统函数应该为 $H_d(f)\propto\frac{1}{f}$。但是这又造成了信号的非线性失真，因此还需要在发端加一个平衡网络进行预加重。且预加重网络的系统函数 $H_p(f)=\frac{1}{H_d(f)}$，以保证系统的线性关系不变。

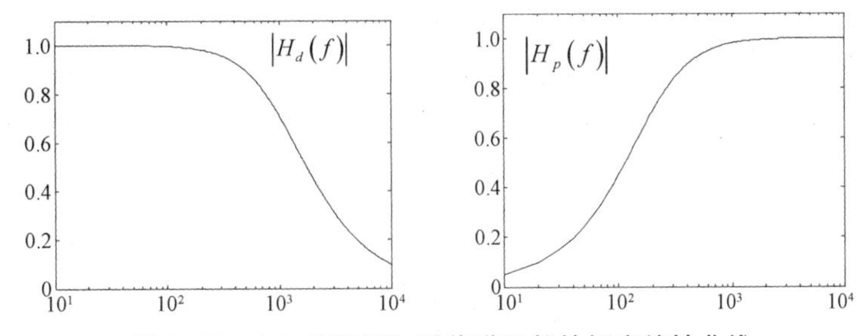

图 4.45　去加重和预加重传递函数的幅度特性曲线

图 4.45 为简单的预加重和去加重电路的频率幅度特性曲线。该电路的实现可以用简单的 RC 高通电路和低通滤波器电路来实现(图 4.46)。

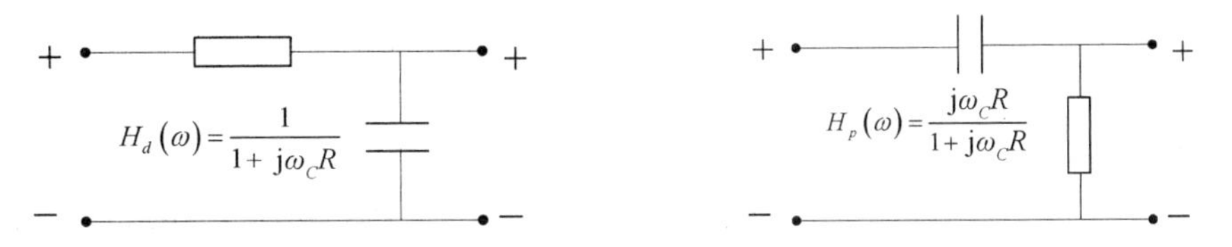

图 4.46　去加重和预加重的实现电路

从图 4.45 可以看出，通过去加重处理可以降低噪声的高频分量，从而减小解调器输出噪声功率。预加重器用以增强基带信号的高频成分，使去加重器输出的基带信号不失真，功率不变。

4.6 频分复用

通信系统中，信道所能提供的带宽通常比传送一路信号所需的带宽要宽得多。如果一个信道只传送一路信号，那将是非常浪费带宽资源的。为了能够充分利用信道的带宽，可以采用频分复用(FDM)的方法将多路信号复用到一个信道上进行传输。在频分复用系统中，信道的可用频带被分成若干个互不交叠的频段，每路信号用其中一个频段进行传输。其系统原理如图 4.47 所示。

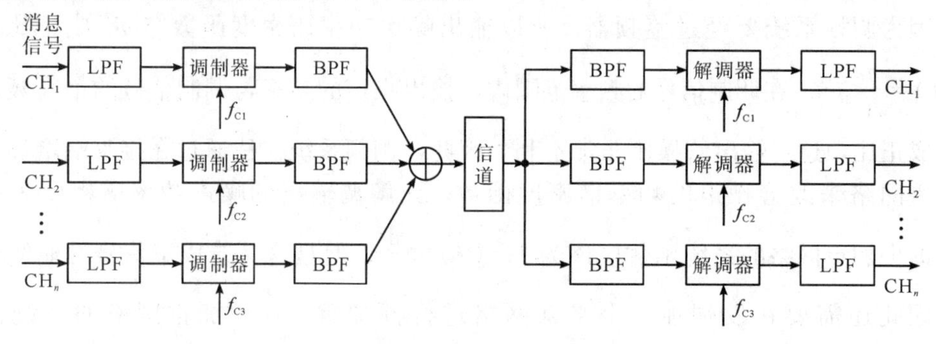

图 4.47 频分复用的原理图

为了限制已调信号的带宽，各路调制信号首先由低通滤波器进行限带，限带后的各路信号分别对不同频率的载波进行线性调制，形成中心频率不同的已调信号。为了避免已调信号的频谱交叠，各路已调信号由带通滤波器进行限带，相加形成频分复用信号后送往信道传输。在接收端，首先用带通滤波器将多路信号分开，各路信号由各自的解调器进行解调，然后经低通滤波器滤波，恢复为各路调制信号。

为了防止各路信号叠加后互相干扰，需要使用抗干扰保护措施来保护频带。目前，按照 CCITT 标准，防护频带间隔 Δf 应为 900Hz，如图 4.48 所示。

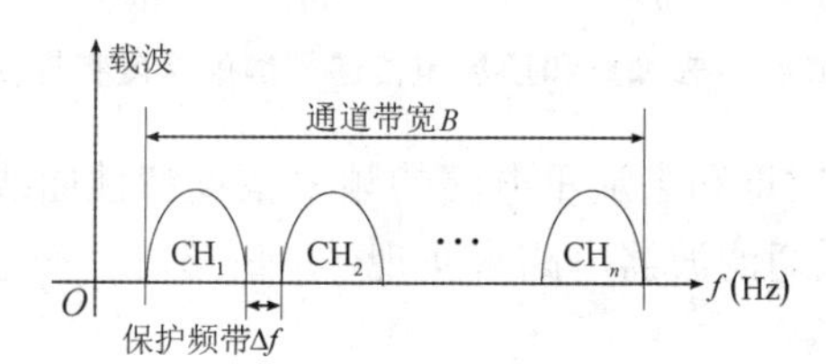

图 4.48 频分复用的频谱和保护频带

频分复用的特点如下：

(1)FDM 的优点是信道利用率高，复用的路数多，技术成熟。它不仅用在模拟通信中，在数字通信中也得到广泛应用。

(2)FDM 的缺点是设备复杂，并且在复用和传输过程中会不同程度地引入非线性失真，从而产生各路信号之间的相互干扰(对语音信号而言，也叫串音)。

4.6.1 多级调制和复用

多级调制是指在一个复用系统中，对同一个基带信号进行两次以上调制的传输系统。如图 4.49 所示，对基带信号首先采用单边带调制和 FDM，然后对复用后的信号再次进行单边带调制和复用，完成系统的多级调制和复用。

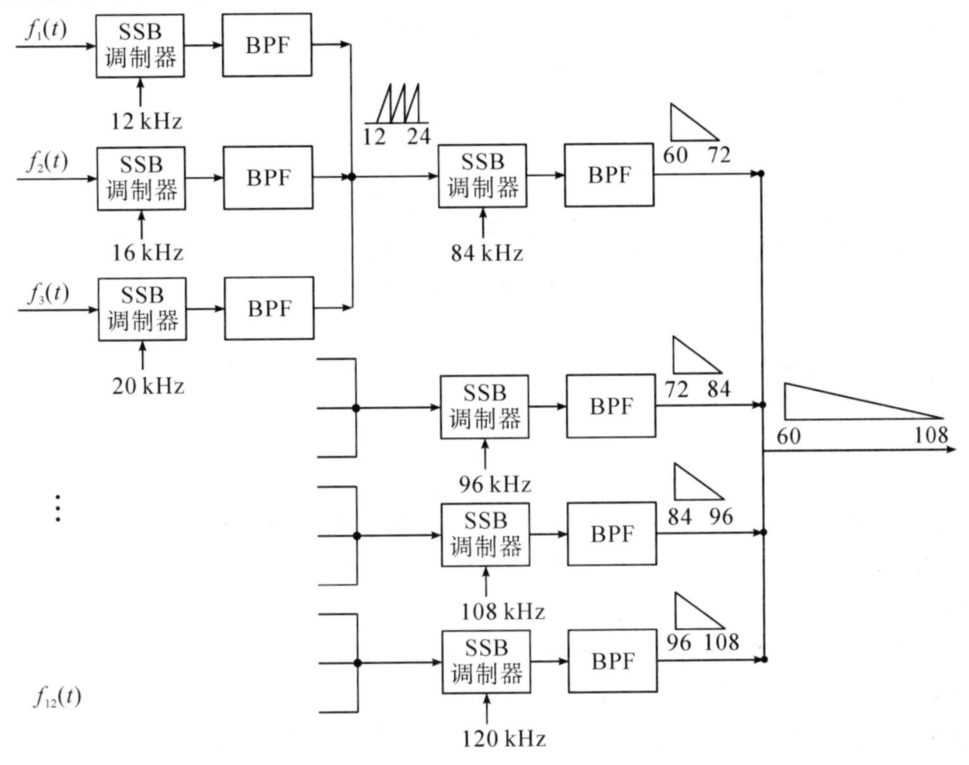

图 4.49　多级调制的工作原理

在图 4.49 中共有 12 路基带信号，每路基带信号的频率范围均为 300～3400Hz。其多级调制的频谱变化关系如图 4.50 所示。

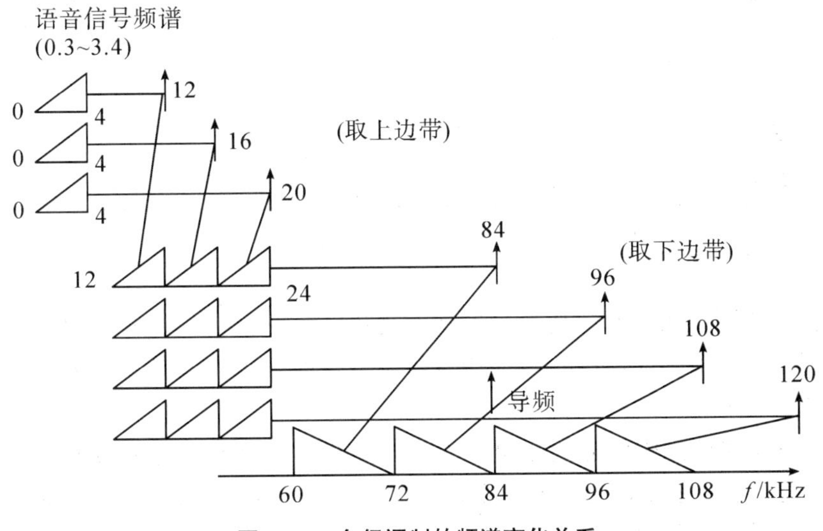

图 4.50　多级调制的频谱变化关系

在发送端，将 12 路基带信号首先通过低通滤波器限带于 4kHz 之内；然后分为 4 组，对每组中的 3 路信号分别用 12kHz，16kHz，20kHz 的载频进行上边带调制；再把 3 路信号复用为前群信号，频率范围为 12～24kHz；最后将 4 组前群信号分别用

84kHz，96kHz，108kHz，120kHz 的载频进行二次下边带调制，从而将 4 组前群信号调制到了 60～108kHz 的频带上，形成频率范围为 60～108kHz 的 12 路基群信号。多级调制和复用的频谱如图 4.51 所示。

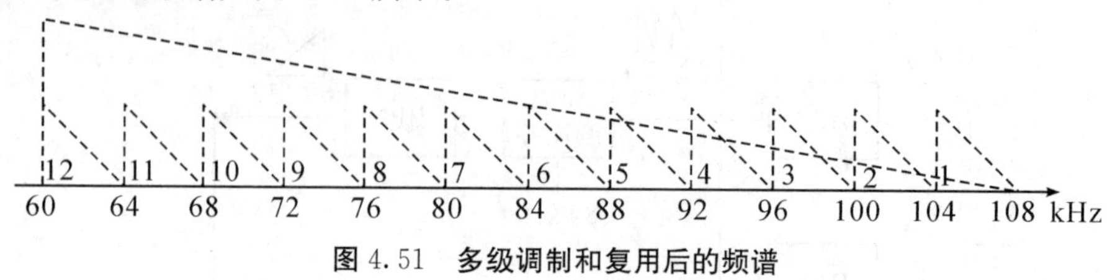

图 4.51　多级调制和复用后的频谱

4.6.2　模拟通信系统的应用举例

4.6.2.1　载波电话系统

在一对传输线上同时传输多路模拟电话信号的通信系统称为载波电话系统。采用这种方式可以提高电话的传输质量和线路利用率，已在长途通信中广泛使用。大容量和中容量的载波电话采用多级调制和解调方式。

一般经过各级调制分别组成前群、基群、超群、主群、超主群等，如表 4.2 所示。3 路称为前群(中国规定为 12～24kHz)；12 路称为基群(国际上规定为 60～108kHz)；60 路称为超群(312～552kHz)；300 路称为基本主群(812～2044kHz)；900 路称为基本超主群等。高次群由若干个低次群组成。

表 4.2　载波电话系统

分群等级	容量	带宽（kHz）	基本频带（kHz）
基群	12	48	60～108
超群	60	240	312～552
基本主群	300	1200	812～2004
基本超主群	900	3600	8516～12388

4.6.2.2　调幅广播

模拟幅度调制是无线电早期采用的远距离传输技术。在幅度调制中，以声音信号控制高频正弦信号的幅度，形成 AM 调幅信号，并将 AM 调幅信号放大后通过天线以电磁的形式发射出去。

自由空间中电磁波的传播速度为 $v=c/\lambda$，其中 c 为真空下电磁波的传播速率(3×10^8m/s)。显然，电磁波的频率和波长 λ 呈反比关系。语音调幅信号要能够有效地从天线发射出去，或者有效地从天线将信号接收回来，需要天线的等效长度至少达到波长的 1/4。声音转换为电信号后其波长在 15～15000km 之间，实际中不可能制造出这样长度和范围的天线进行有效信号的收发。因此需要将声音这样的低频信号限带后从低频段搬移到高频段上去，以便通过较短的天线发射出去。例如，移动通信所使用的 900MHz 频率段的电磁波信号波长约为 0.33m，其收发天线的尺寸应为波长的 1/4，即约8cm左右。对于调幅广播，中波频率范围为550～1605kHz，短波为3～30MHz，其波长范围在几十米到几百米，相应的天线就要长一些。

4.6.2.3 调频广播

调频广播的质量明显优于调幅广播。在调频发射机中允许将最大频偏限制在75kHz。我国的调频频率范围规定为87～108MHz，与地面电视的载频同处于甚高频(VHF)频段。

双声道立体声调频广播与单声道调频广播是兼容的，左声道信号L和右声道信号R的最高频率都为15kHz。左声道和右声道相加形成和频信号(L＋R)，相减形成差频信号(L－R)。差频信号采用38kHz的副载波进行DSB调制，与和频信号形成一个频分复用信号，作为调频立体声广播的调制信号。图4.52～图4.54为双声道立体声信号的调频和解调过程。

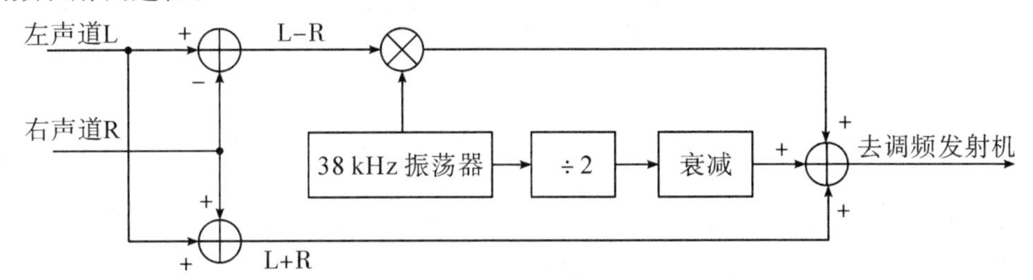

图4.52 双声道立体声信号的调频原理

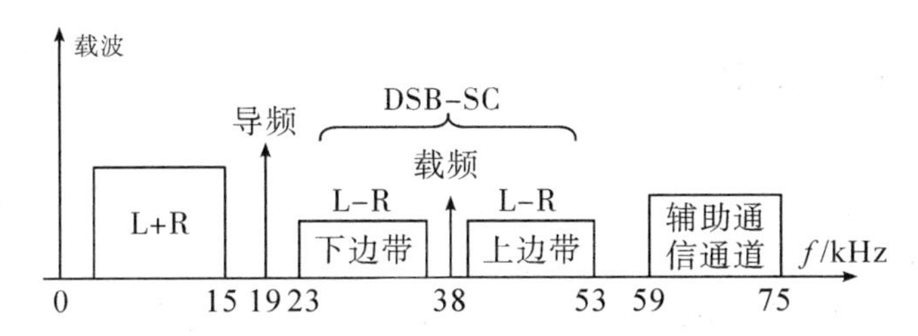

图4.53 双声道立体声调频信号的频谱结构

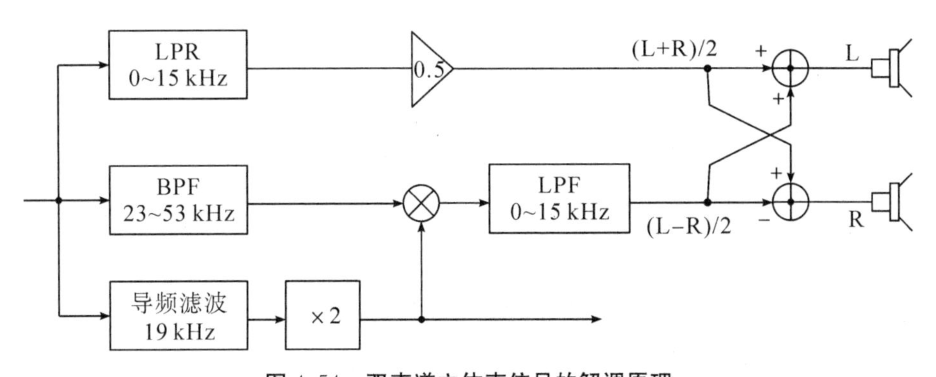

图4.54 双声道立体声信号的解调原理

4.6.2.4 广播电视

电视信号是由不同种类的信号组合而成的，这些信号的特点不同，所以采用了不同的调制方式。图像信号是0～6MHz宽带视频信号，为了节省已调信号的带宽，又因难以采用单边带调制，所以采用残留边带调制(VSB)，并插入很强的载波。接收端可用插入大载波包络检波的方法恢复图像信号，因而使接收过程得到简化。伴音信号则采用宽带调频方式，不仅保证了伴音信号的音质，而且对图像信号的干扰很小。又考虑到图像信号和伴音信号必须用同一副天线接收，因此图像载频和伴音载频不得相隔太远。我国黑白电视的频谱构成如图4.55(a)所示，残留边带的图像信号和调频的伴音信号形成一个频分复用信号；彩色电视的频谱构成如图4.55(b)所示。

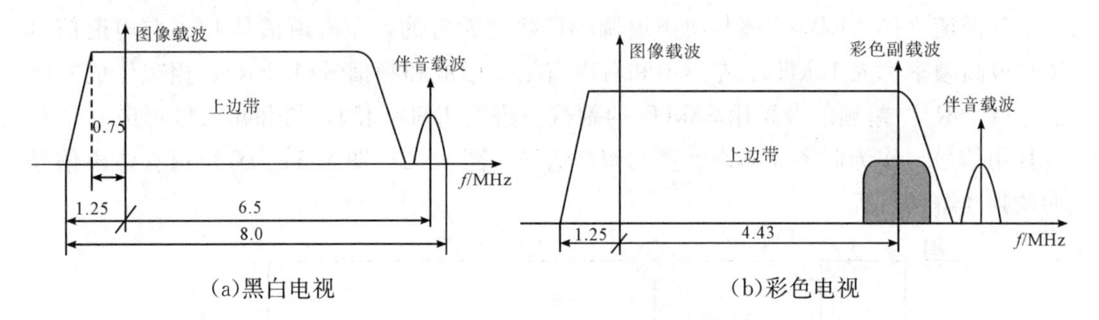

图4.55 电视信号的频谱构成

彩色电视与黑白电视的信号是相互兼容的。黑白电视只传送一个反映景物亮度的电信号就行了，而彩色电视除了传送亮度信号，还要传送色度信号。我国规定的亮度信号带宽为6MHz，而色度信号U、V的带宽分别仅为1.3MHz。

4.7 正交频分复用技术

正交频分复用(OFDM)技术于20世纪60年代提出，距今已有50多年的历史，其与已经普遍应用的FDM技术十分相似。OFDM将调制信号分成多路，利用多个在频率上等间隔分布且相互正交的子载波进行调制，然后经频分复用组合在一起。其频谱图如图4.56所示。

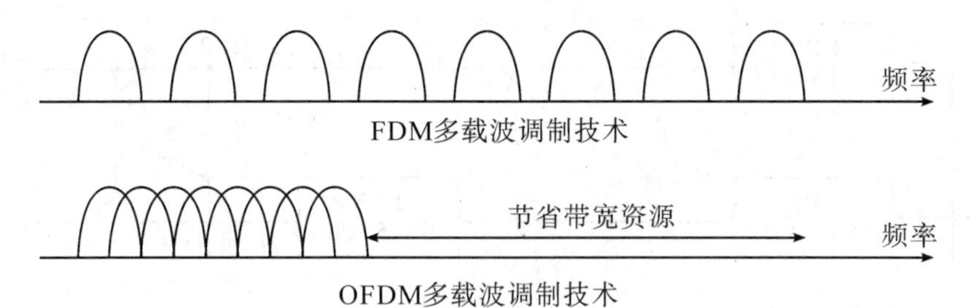

图4.56 FDM和OFDM的频谱结构

但是一个OFDM系统的结构非常复杂，从而限制了其进一步推广(图4.57)。OFDM的复杂性问题得以解决主要是在调制和解调中使用了FFT技术和得益于电子集成器件的快速发展。

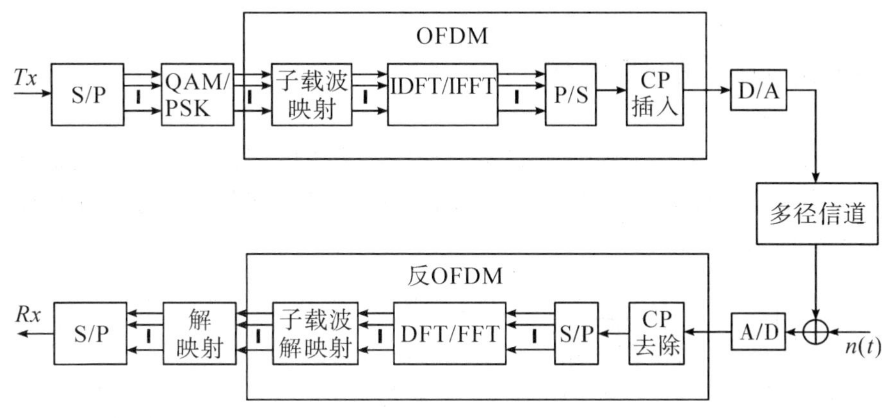

图4.57　OFDM系统框图

与传统技术相比，OFDM技术具有以下一些优点：

(1)通过对高速率数据流进行串/并转换，使得每个子载波上的数据符号持续长度相对增加，从而有效地减少了由于无线信道的时间弥散所带来的符号间干扰。

(2)OFDM中由于各个子载波间存在正交性，允许子信道的频谱相互重叠，因此，OFDM系统可以最大限度地利用频谱资源。OFDM技术与传统的FDM技术带宽利用率比较如图4.56所示。从图中可以看出，传统的FDM技术需要在两个信道之间预留较大的频率间隔来防止干扰，这就降低了全部的频谱利用率，而OFDM技术的子载波正交复用技术大大提高了频谱利用率。

(3)OFDM系统物理层支持非对称的高速率数据传输，通过使用不同数据的子信道可以实现上下行链路中不同的传输速率。

(4)OFDM技术易于和多种接入方式相结合使用。

但是OFDM系统由于存在多个正交的子载波，而且输出信号是多个子信道信号的叠加，因此与传统技术相比，也存在以下一些缺点：

(1)易受频率偏差的影响。由于子信道的频谱相互覆盖，这就对它们之间的正交性提出了严格的要求。无线信道的时变性在传输过程中造成的无线信号频谱偏移，或发射机与接收机本地振荡器之间存在的频率偏差，都会使OFDM系统子载波之间的正交性遭到破坏，导致子载波之间形成干扰。

(2)多载波系统的输出是多个子信道信号的叠加，因此如果多个信号的相位一致，所得到的叠加信号的瞬时功率就会远远高于信号的平均功率，导致较大的峰值平均功率比。这就对发射机内放大器的线性度得出了很高的要求，因此可能带来信号畸变，使信号的频谱发生变化，从而导致各个子信道之间的正交性遭到破坏，产生干扰，使系统的性能恶化。

移动通信在向3G/4G演进的过程中，OFDM是关键的技术之一，可以结合分集、时空编码、干扰和信道间干扰抑制以及智能天线技术，最大限度地提高系统的性能。第四代移动通信系统以OFDM为核心技术，较之第三代移动通信系统，OFDM具有更高的频谱利用率和良好的抗多径干扰能力，它不仅可以增加系统容量，更重要的是它能更好地满足多媒体通信要求，将包括语音、数据、影像等大量信息的多媒体业务通过宽频信道高品质地传送出去。

4.8 FDM 技术的应用仿真

本节主要介绍利用 Simulink 软件搭建 FDM 系统的应用模型。通过搭建应用模型，分析输出的波形数据，可以更加深入地理解 FDM 技术的工作原理和特点。FDM 系统的模型如图 4.58 所示。

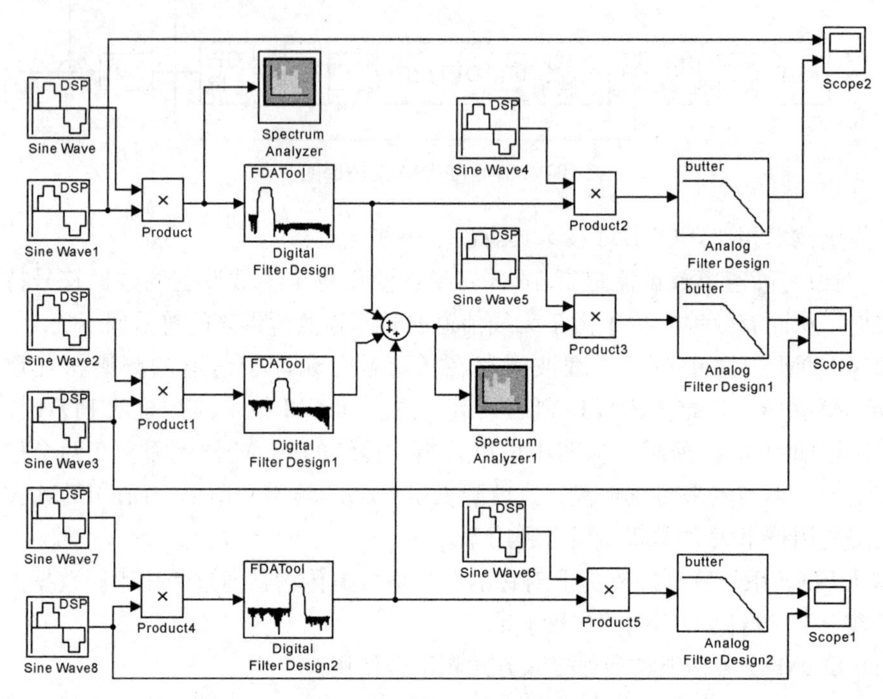

图 4.58 FDM 系统模型

该系统模型主要是在发送端利用 FDM 技术将三路 DSB 双边带调制信号复用在一个信道上进行传输，并在接收端完成数据解复用。

单路信号的频谱如图 4.59 所示。因为 FDM 系统模型中每个支路采用的是单载波的 DSB 调制信号，因此单路 DSB 频谱中包含了和频和差频两个频率。

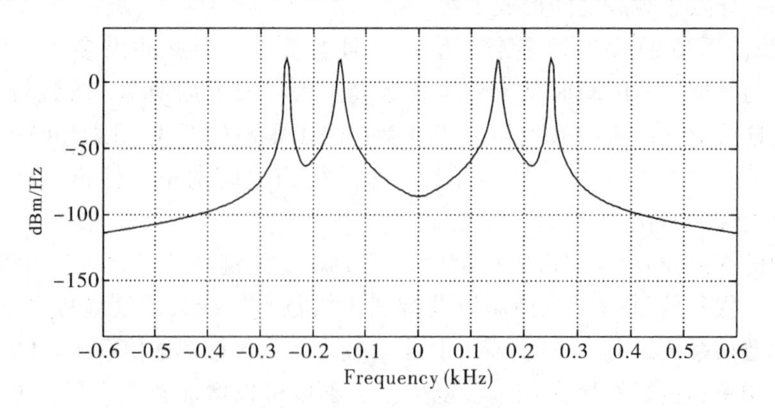

图 4.59 单路信号的频谱

利用不同频率的载波将三个支路的 DSB 调制信号复用在同一个信道上，复用后的频谱如图 4.60 所示。

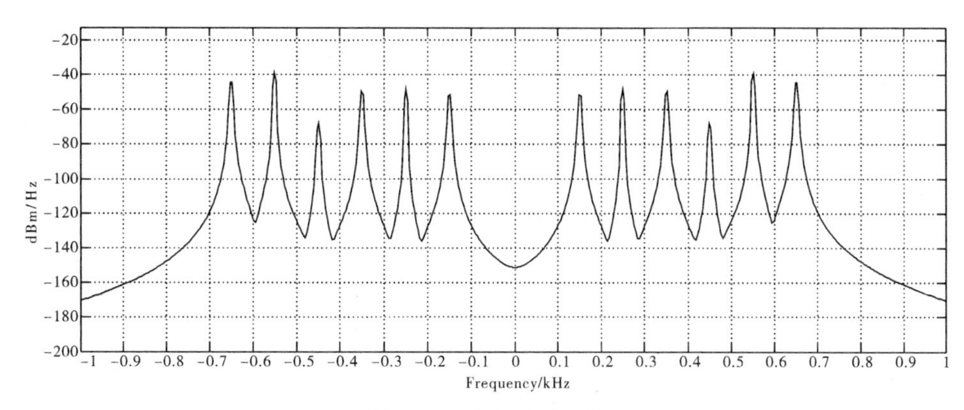

图 4.60　**复用后的频谱**

在接收端，首先解复用，然后使信号经过低通滤波器。接收信号的波形如图 4.61 所示。图 4.61 中还给出了发送端的发送信号波形，通过对比，可以看到经过 FDM 系统的输出信号与发送信号波形一致。

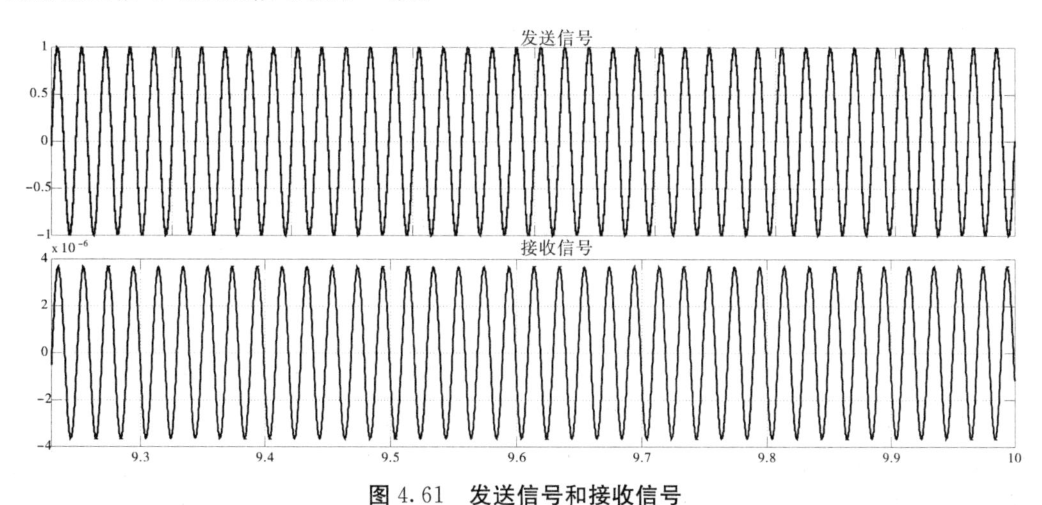

图 4.61　**发送信号和接收信号**

4.9　载波提取电路的设计及应用

4.9.1　基本原理

同步是数字通信系统以及某些采用相干解调的模拟通信系统中一个重要的实际问题。当采用同步解调或相干检测时，接收端需要提供一个与发射端调制载波同频、同相的相干载波。获得这个相干载波的过程称为载波提取，或称为载波同步。常用的载波恢复电路有两种：平方环电路和科斯塔斯(Costas)环电路。

4.9.1.1　平方环电路

平方变换法只需要对接收信号进行适当的线性变换，然后通过窄带滤波器，就可以从中提取载波的频率和相位信息，如图 4.62 所示。

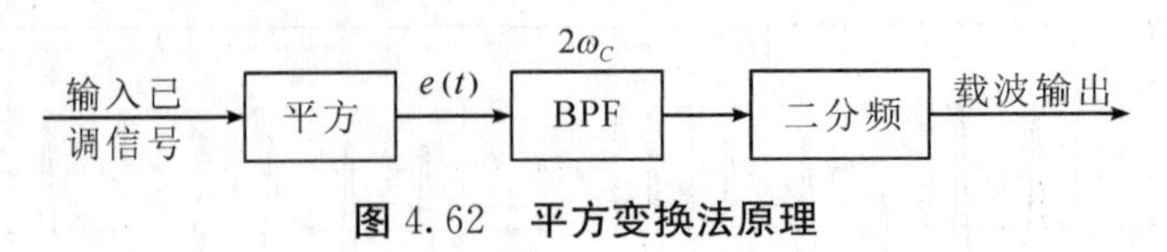

图 4.62 平方变换法原理

设输入的已调信号为 DSB 信号，则

$$e(t)=[f(t)\cos\omega_C t]^2=\frac{1}{2}f^2(t)+\frac{1}{2}\cos2\omega_C t$$

利用 BPF 将上式中包含的载波信息 $2\omega_C$ 滤出，再进行二分频，就可以获得解调所需的相干载波。

为了改善平方变换法的性能，使恢复载波更为纯净，常常在非线性处理之后，加入锁相环。具体做法是在平方变换法的基础上，把窄带滤波器改为锁相环。其结构如图 4.63 所示，由于锁相环具有良好的跟踪、窄带滤波和记忆功能，因此利用平方环法提取载波得到了较广泛的应用。

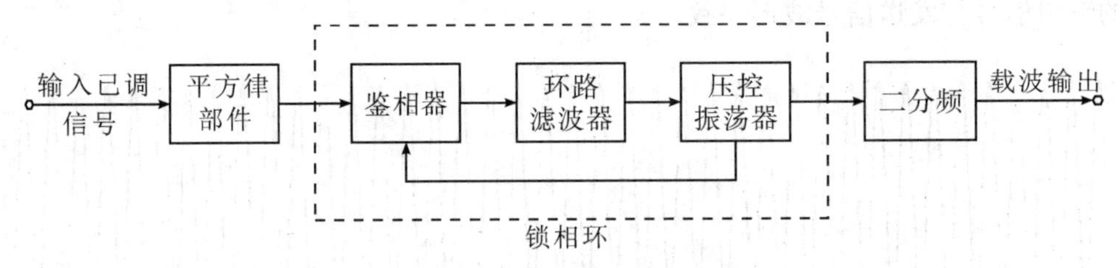

图 4.63 平方环电路组成框图

4.9.1.2 科斯塔斯环电路

在图 4.64 所示的科斯塔斯环电路中，压控振荡器(VCO)提供两路互为正交的载波，与输入信号分别在同相和正交两个鉴相器中进行鉴相，经低通滤波之后的输出均含调制信号，两者相乘后可以消除调制信号的影响，经环路滤波器得到仅与相位差有关的控制压控，从而准确地对压控振荡器进行调整。

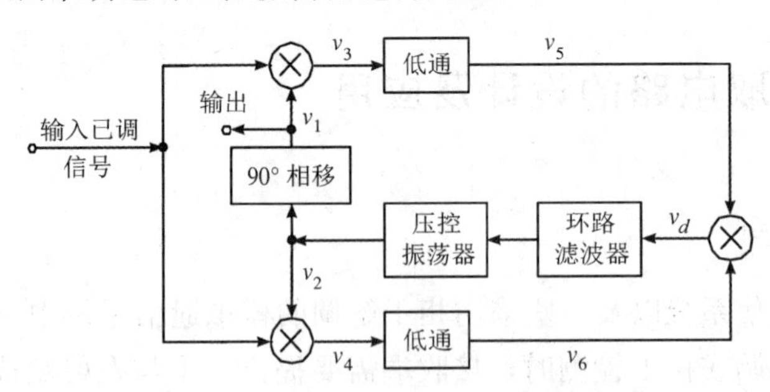

图 4.64 科斯塔斯环电路组成框图

设输入已调信号为 $f(t)\cos(\omega_C t+\theta)$，压控振荡器输出信号 $v_2=\sin(\omega_C t+\varphi)$，则 $v_1=\cos(\omega_C t+\varphi)$，故

$$v_4=f(t)\cos(\omega_C t+\theta)\sin(\omega_C t+\varphi)=\frac{1}{2}f(t)[\sin(\theta-\varphi)+\sin(2\omega_C t+\theta+\varphi)]$$

$$v_3 = f(t)\cos(\omega_C t + \theta)\cos(\omega_C t + \varphi) = \frac{1}{2}f(t)[\cos(\theta - \varphi) + \cos(2\omega_C t + \theta + \varphi)]$$

经过 LPF 后，有

$$v_6 = \frac{1}{2}f(t)\sin(\theta - \varphi)$$

$$v_5 = \frac{1}{2}f(t)\cos(\theta - \varphi)$$

经过乘法器后，有

$$v_d = \frac{1}{4}f^2(t)\sin(\theta - \varphi)\cos(\theta - \varphi) = \frac{1}{8}f^2(t)\sin[2(\theta - \varphi)]$$

当$(\theta-\varphi)$很小时，$\sin[2(\theta-\varphi)] \approx 2(\theta-\varphi)$，因此

$$v_d \approx \frac{1}{4}f^2(t)(\theta - \varphi)$$

如果 v_d 经过一个很窄的低通滤波器，由环路误差信号 $v_d = \frac{1}{4}\overline{f^2(t)}(\theta-\varphi)$ 自动控制压控振荡器，使相位差$(\theta-\varphi)$趋于 0，在稳定条件下，这时的 v_1 就是所需提取的载波。

4.9.2　基于 2PSK 的应用仿真模型

根据平方环载波提取电路的工作原理，利用 Simulink 完成图 4.65 所示的载波提取电路模型，并且将平方环载波提取电路应用于 2PSK 调制传输系统中。

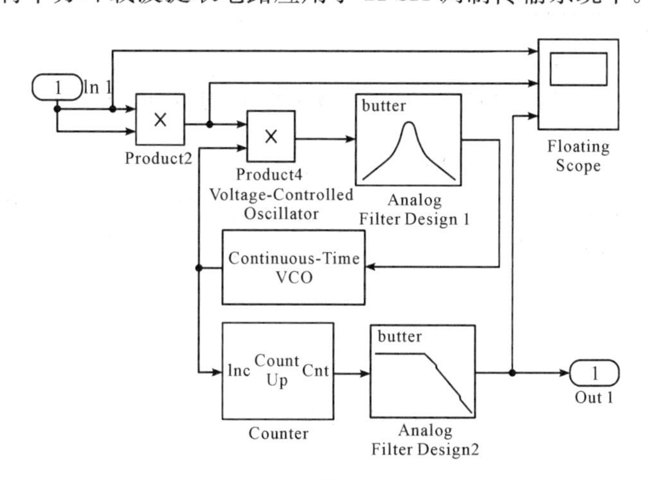

图 4.65　平方环载波提取电路模型

图 4.65 所示平方环载波提取电路中各点波形如图 4.66 所示。其中载波提取电路的输入信号为 2PSK 调制信号，经过平方环载波提取电路后的输出信号为一单频正弦信号。

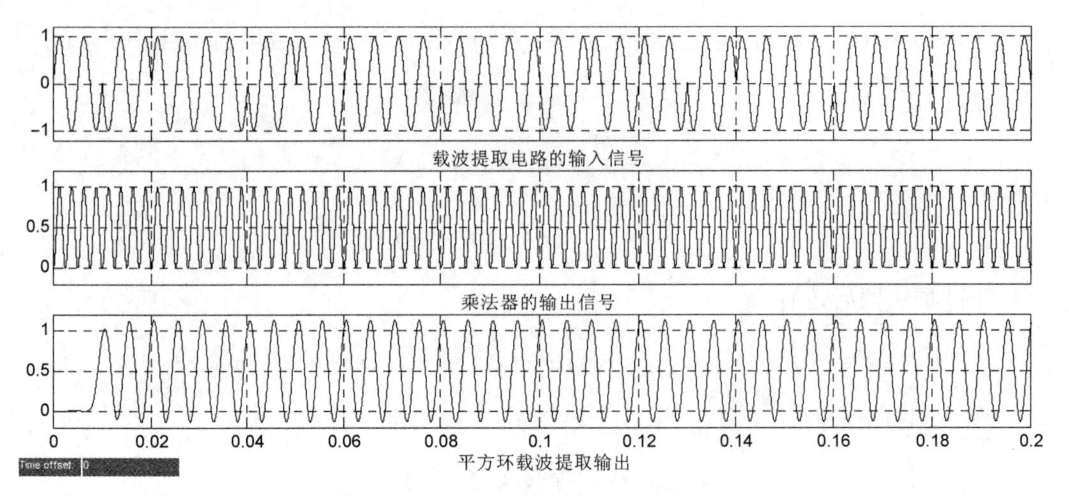

图 4.66　平方环载波提取电路的各点波形

将设计好的平方环载波提取电路应用于 2PSK 调制、解调系统中，其系统模型如图 4.67 所示。在接收端进行相干解调时，相干载波通过平方环载波提取模块完成相干载波的提取。

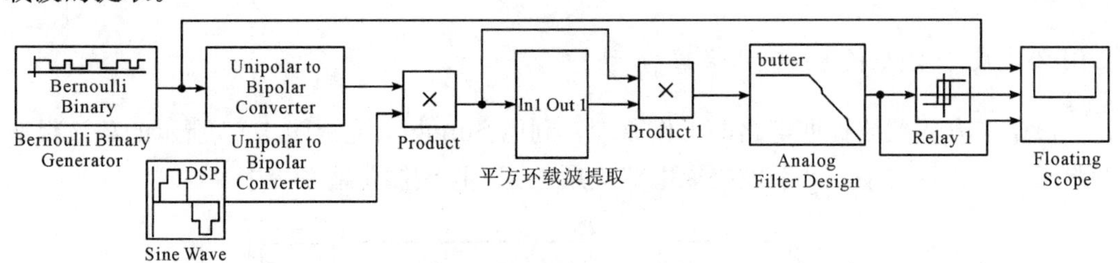

图 4.67　平方环载波提取电路在 2PSK 系统中的应用模型

通过图 4.68 所示 2PSK 应用模型的仿真波形可以看出，发端输入的数字信号与解调输出的数字信号具有一致性。这证明了图 4.65 所设计的载波提取电路可以很好地完成接收端相干载波的提取工作。

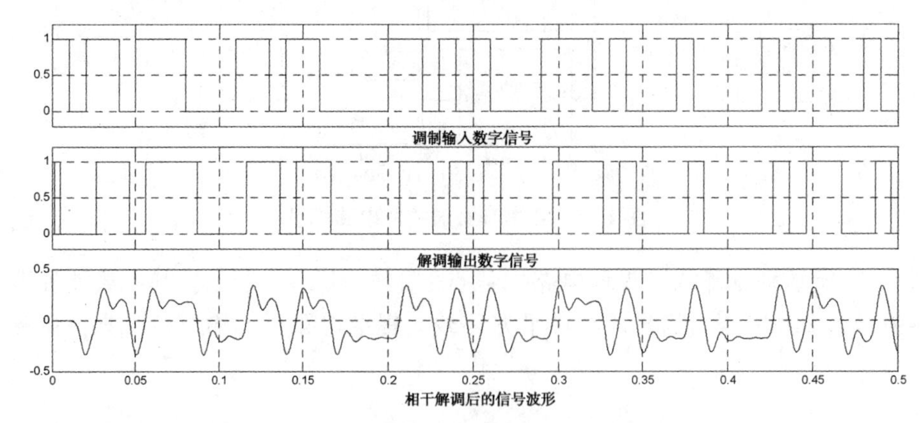

图 4.68　2PSK 应用模型的仿真波形

根据科斯塔斯环的工作原理完成的科斯塔斯环载波提取电路模型如图 4.69 所示。

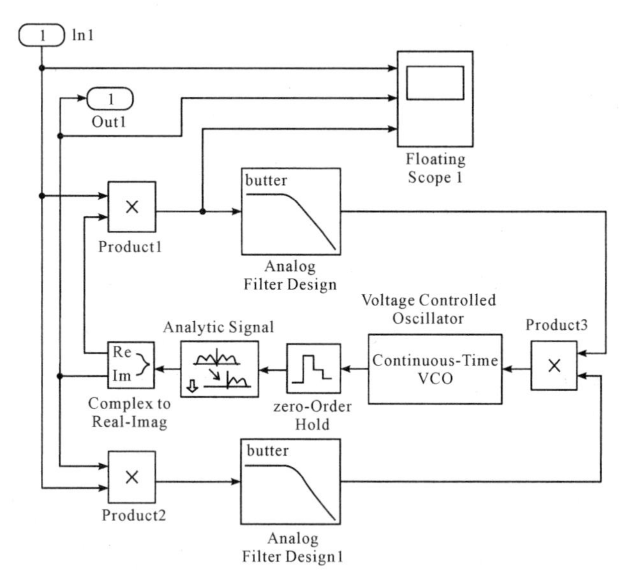

图 4.69　科斯塔斯环载波提取电路模型

图 4.69 所示科斯塔斯环载波提取电路中各点波形如图 4.70 所示。其中载波提取电路的输入信号为 2PSK 调制信号，经过科斯塔斯环载波提取电路后的输出信号为一单频正弦信号。

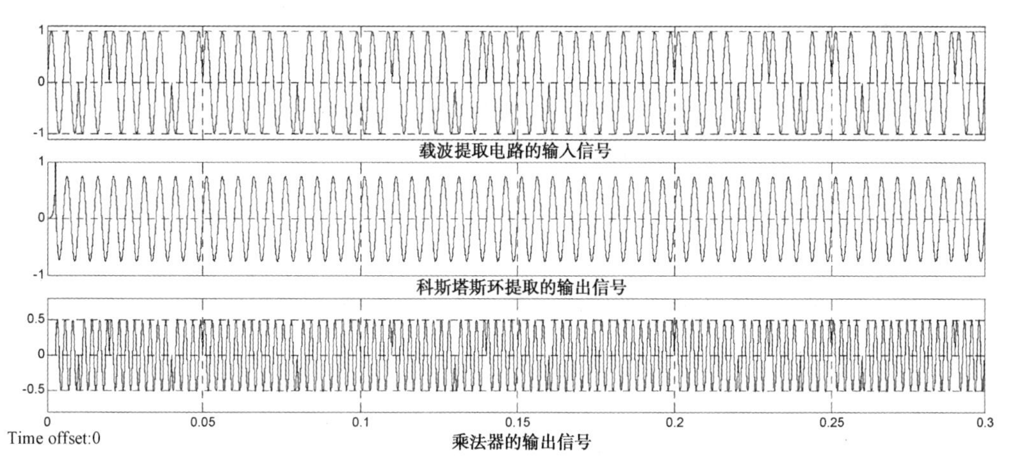

图 4.70　科斯塔斯环载波提取电路的各点波形

将设计好的科斯塔斯环载波提取电路应用于 2PSK 调制、解调系统中，其系统模型如图 4.71 所示。在接收端进行相干解调时，相干载波通过平方环载波提取模块完成相干载波的提取。

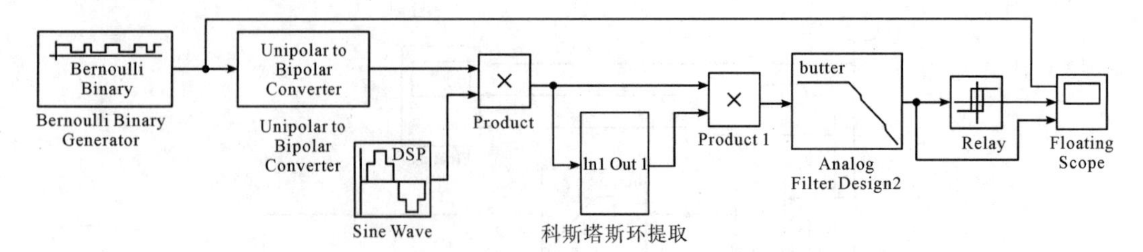

图 4.71 科斯塔斯环载波提取电路在 2PSK 系统中的应用模型

通过图 4.72 所示 2PSK 应用模型的仿真波形可以看出，发端输入的数字信号与解调输出的数字信号具有一致性。这证明了图 4.69 所设计的载波提取电路可以很好地完成接收端相干载波的提取工作。

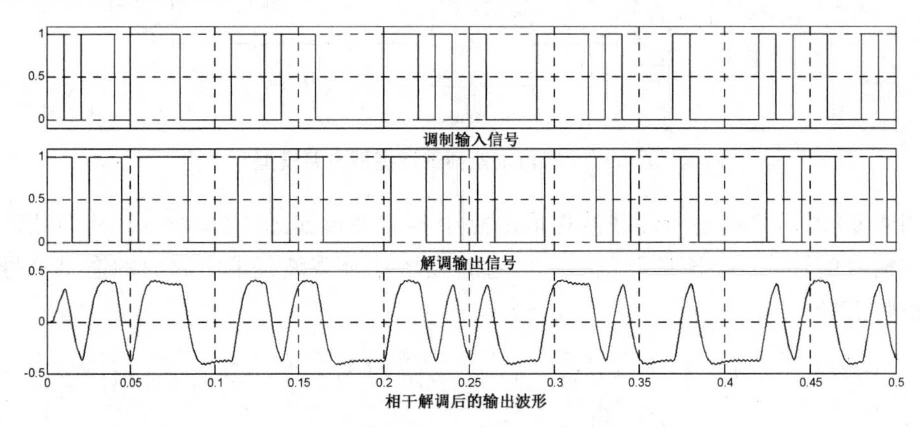

图 4.72 2PSK 应用模型的仿真波形

习题

1. DSB 和 SSB 的信噪比增益各是多少？两者的抗噪性能是否相同？为什么？

2. 线性调制有哪几种？请简述它们之间的区别。

3. 已知 $x(t)=A\cos(\omega_C t+\theta)+n(t)$，$n(t)$是均值为 0 的高斯白噪声，其双边功率谱密度函数为 $p_n(f)=\frac{n_0}{2}$。将 $x(t)$通过如题图 4.1 所示的系统得到输出信号 $y(t)$，试计算：

(1)输出信噪比。

(2)$y(t)$的一维概率密度函数。

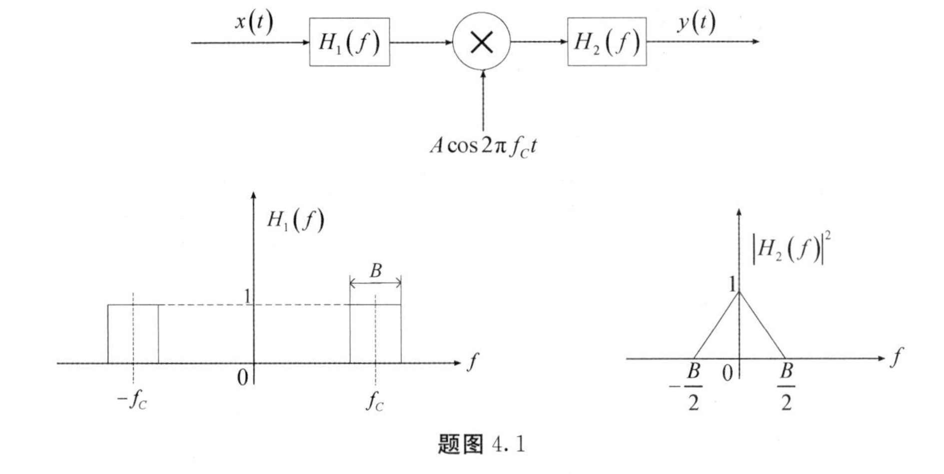

题图 4.1

4. 角度调制信号为 $s(t)=5\cos(\omega_C t+6\cos\omega_m t)$，其中 $\omega_m=2\pi\times10^3$(rad/s)，$\omega_C=2\pi\times10^6$(rad/s)。

(1)计算已调波信号的功率、调频指数、最大频偏和已调信号的带宽。

(2)采用鉴频器解调，如果输入信噪比为 30dB，计算输出信噪比。

5. 用相干解调来接收双边带信号 $A\cos\omega_m t\cos\omega_C t$。已知 $f_m=2$kHz，输入噪声的单边功率谱密度为 $n_0=2\times10^{-8}$W/Hz。若保证输出的信噪功率比不低于 20dB，请计算 A 的最小值。

6. 若频率为 10kHz，振幅为 1V 的正弦调制信号，以频率为 100MHz 的载频进行频率调制，已调信号的最大频偏为 1MHz。

(1)求此调频波的近似带宽。

(2)若调制信号的振幅加倍，求此时的调频波带宽。

(3)若调制信号的频率也加倍，求此时的调频波带宽。

7. 在 50Ω 的负载电阻上，有一角调制信号，其表示式为 $s(t)=10\cos[2\pi\times10^8 t+3\sin(2\pi\times10^3 t)]$(V)，试计算该信号的：

(1)平均功率；

(2)最大频偏；

(3)传输带宽；

(4)最大相位偏移。

8. 为什么 FM 通信系统中要采用预加重/去加重技术?

9. 要求接收机的输出信噪比为 30dB，设信道噪声双边功率谱密度为 5×10^{-10} W/Hz，路径衰耗为 100dB，单频调制信号的频率 $f_m=30$kHz。求下列情况下发射信号的最小功率：

(1)单边带调制，相干解调。

(2)双边带调制，相干解调。

(3)最大频偏为 60kHz 的调频，鉴频器解调。

10. 阐述频分复用和时分复用的基本原理。

立体声广播信号产生框图如题图 4.2(a)所示，其中左声道和右声道的频谱图如题图 4.2(b)所示，试画出：

(1)立体声广播的解调框图；

(2)调频发射机输入端的频谱图。

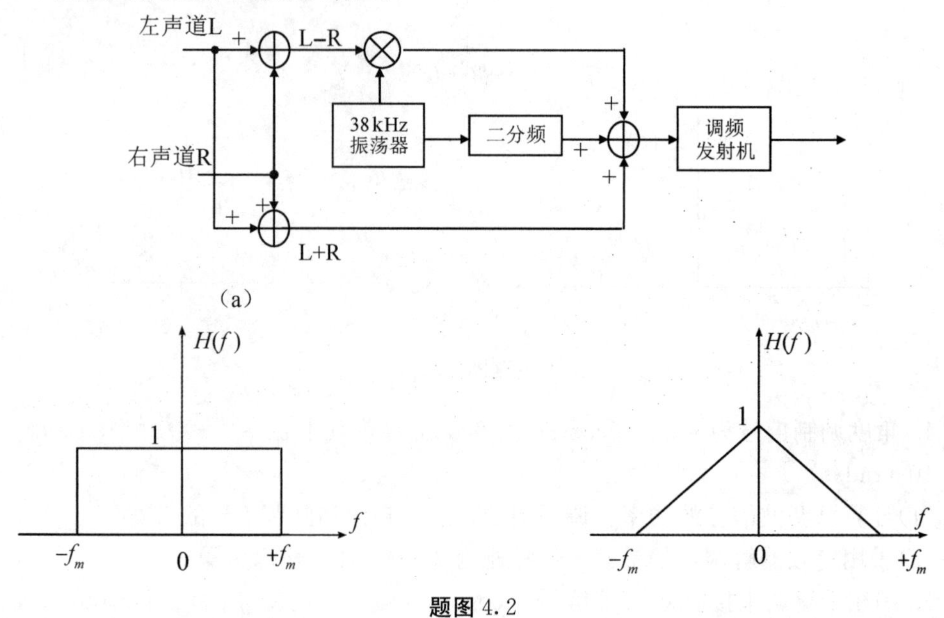

题图 4.2

11. 什么是门限效应？为什么会产生门限效应？

12. FM 通信系统中采用预加重/去加重技术可达到什么目的？为什么？

13. 目前的复用技术有哪些？其各自的特点是什么？

科学名家：赫兹

海因里希·鲁道夫·赫兹(Heinrich Rudolf Hertz，1857—1894)于1887年通过实验证实了电磁波的存在。后人为了纪念他，把“赫兹”定为频率的单位。1888年12月13日，赫兹向柏林科学院做了题为《论电辐射》的报告，以充分的实验证据全面证实了电磁波和光波的同一性。

赫兹的主要贡献是通过实验证明了电磁波的存在，并测出电磁波传播的速度跟光速相同，他还进一步观察到电磁波具有聚焦、直进性、反射、折射和偏振等性质。

在携带信息的电信号中，有时会包含多种频率成分，将所有这些成分在频率轴上的位置标示出来，并表示出每种成分在功率或电压上的大小，这就是信号的“频谱”。频谱所占据的频率范围就叫作信号的频带范围。例如，在电话通信中，话音信号的频率范围是300～3400Hz；在调频(FM)广播中，声音的频率范围是40～15kHz；电视广播信号的频率范围是0～4.2MHz等。

第 5 章　信源编码技术——模拟信号的数字化

在通信系统中，信源发出的信号往往是模拟信号(如声音、图像等)，要实现模拟信号在数字传输系统中进行传递，需要对其进行编码使之转换成数字信号。虽然对语音信号和图像信号的编码处理方式有所不同，但是基本的原理和过程是相同的。语音通信是最早发展起来的，目前依然是通信业务中的主要部分。因此，语音编码技术依然是通信技术中重要的组成部分。

目前，语音编码技术主要分为两类：波形编码和参量编码。波形编码是直接把时域波形变换成数字信号，速率通常为 16～64kbit/s，具有适应能力强、语音质量好等优点。脉冲编码调制(PCM)和增量调制(ΔM)，以及它们的各种改进型自适应增量调制(ADM)、自适应差分编码(ADPCM)等，都属于波形编码。参量编码利用信号处理技术，提取语音中的关键参量，再变换成数字信号，速率通常在 16kbit/s 以下，但是语音质量不够好。线性预测编码(LPC)以及它的各种改进型都属于参量编码。

5.1　PCM 编码

PCM 编码是目前语音通信中重要的编码方式之一，具有广泛的应用。PCM 编码的基本原理如图 5.1 所示，其主要包含三个基本过程：抽样、量化和编码。

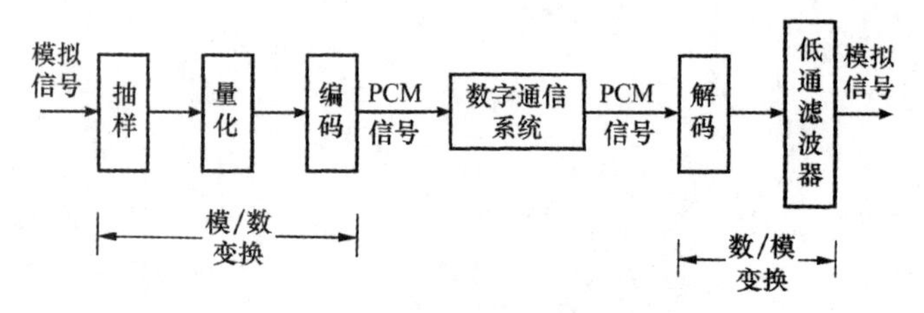

图 5.1　PCM 编码原理

抽样：把在时间上连续的模拟语音信号转换成离散信号。

量化：抽样后的离散信号在幅度取值上依然是连续的，量化主要完成离散信号幅度的离散化。

编码：用二进制编码来表征量化后的语音信号。

通常把模拟信号数字化的过程(如图 5.2 所示)简称为编码。语音信号的数字化过程称为语音编码，图像信号的数字化过程称为图像编码。它们都属于信源编码的范畴。A/D 或 D/A 变换过程由信源编(译)码器实现。

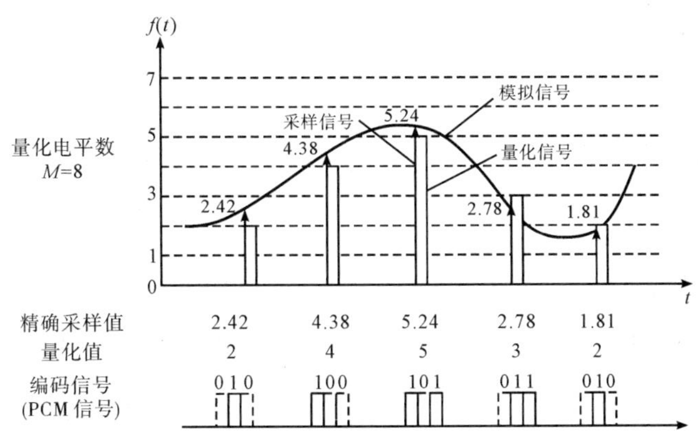

图 5.2　模拟信号数字化过程示意图

5.1.1　抽样

从抽样后的离散信号中是否能够再恢复出原始信号，这个问题可以由抽样定理来回答。抽样定理是任何模拟信号数字化的理论基础。

5.1.1.1　低通抽样定理

对于一个限带$(0, f_H)$的连续信号$f(t)$，若抽样频率f_S大于或等于$2f_H$，则可用抽样序列$\{f(nT_S)\}$无失真地重建(恢复)原始信号$f(t)$。若抽样频率f_S小于$2f_H$，则无法从抽样序列$\{f(nT_S)\}$中恢复原始信号，信号产生失真，并称为混叠失真。这就是低通抽样定理，其中最低无失真抽样频率也称为奈奎斯特(Nyquist)频率。

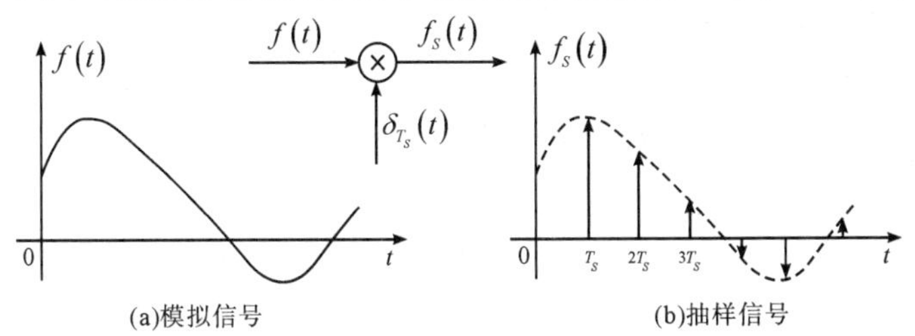

图 5.3　信号抽样

如图 5.3 所示，可以利用模拟信号与单位冲激脉冲序列的相乘来完成信号的抽样。抽样信号的数学表达式可表示为

$$f_S(t)=\{f(nT_S)\}=f(t)\times\delta_T(t) \tag{5.1}$$

对式(5.1)进行傅立叶变换，得到

$$F_S(\omega)=\frac{1}{2\pi}[F(\omega)*\delta_T(\omega)]=\frac{1}{2\pi}F(\omega)*\omega_S\sum_{n=-\infty}^{\infty}\delta(\omega-n\omega_S)=\frac{1}{T_S}\sum_{n=-\infty}^{\infty}F(\omega-n\omega_S) \tag{5.2}$$

式(5.2)说明抽样信号的频谱中除了包含原始模拟信号的频谱之外，还在$\pm n\omega_S$处存在复制频谱，如图 5.4(f)所示。为了保证各个频谱之间不会发生混叠，从图 5.4 中可以看出$\omega_S\geqslant 2\omega_H$，即$f_S\geqslant 2f_H$。

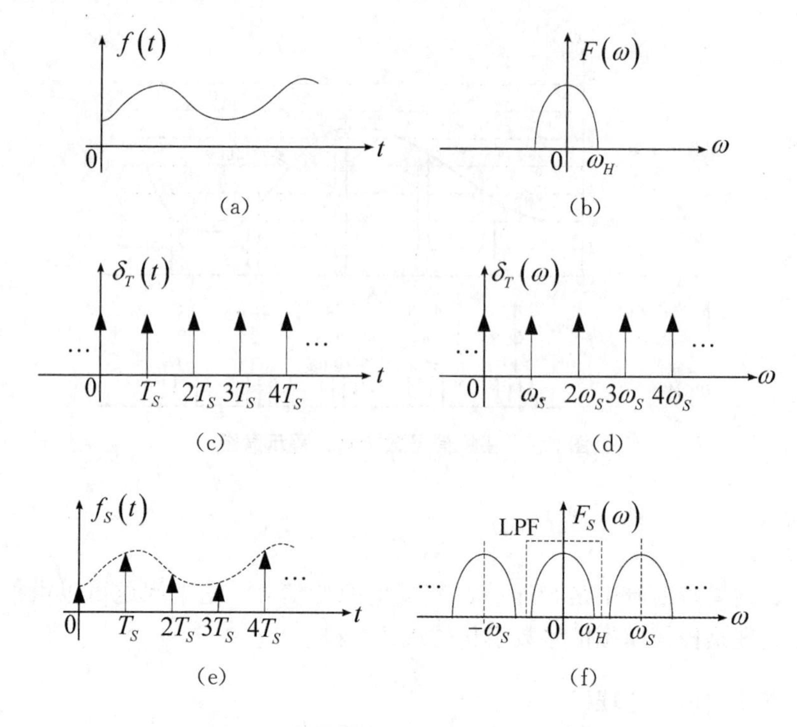

图 5.4 低通抽样波形及其频谱示意图

接收端可以利用低通滤波器 LPF 从 $F_S(\omega)$ 中得到无失真的原始模拟信号的频谱 $F(\omega)$，进而恢复成原始模拟信号 $f(t)$，如图 5.4(f)中虚线所示。

已知理想低通滤波器的传递函数为 $H(\omega)=\begin{cases}1, & |\omega|\leqslant\omega_H \\ 0, & |\omega|>\omega_H\end{cases}$，对应的时域单位冲激响应为 $h(t)=\frac{1}{T_S}Sa(\omega_H t)$，根据卷积定理有

$$\begin{aligned}\hat{f}(t)&=f_S(t)*h(t)=\sum_{n=-\infty}^{\infty}f(nT_S)\delta(t-nT_S)*\frac{1}{T_S}Sa(\omega_H t)\\&=\frac{1}{T_S}\sum_{n=-\infty}^{\infty}f(nT_S)Sa(t-nT_S)\end{aligned}\tag{5.3}$$

式(5.3)说明恢复信号 $\hat{f}(t)$ 是由很多 $Sa(\omega_H t)$ 加权后组成的(如图 5.5 所示)，所以 $Sa(\omega_H t)$ 称为内插函数。

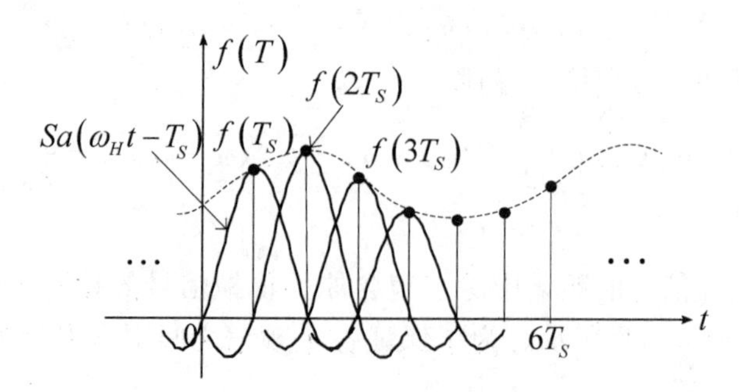

图 5.5 用内插函数重构原始信号

5.1.1.2　带通抽样定理

在实际应用中，许多信号属于带通信号(f_L，f_H)，其中心频率很高，用低通抽样定理进行抽样，得到的抽样频率太高，传输所需的频带太宽，没有必要，此时应选择带通抽样定理进行抽样。带通信号的抽样频率为

$$f_S = 2B\left(1+\frac{M}{N}\right) \tag{5.4}$$

其中，带通信号的带宽 $B=f_H-f_L N=\left[\frac{f_H}{B}\right]$，$M=\frac{f_H}{B}-N$。

5.1.1.3　自然抽样

将图 5.3 中的冲激脉冲序列用周期为 T_S、脉宽为 τ 的周期脉冲 $p_\tau(t)$代替[如图 5.6(b)所示]，则此时抽样信号为

$$f_S(t)=f(t)\times p_\tau(t) \tag{5.5}$$

周期脉冲 $p_\tau(t)$的傅立叶级数为

$$p_\tau(t)=\sum_{n=-\infty}^{\infty} P_n e^{jn\omega_S t} \tag{5.6}$$

其中 $\omega_S=\frac{1}{T_S}$，$P_n=\frac{1}{T_S}\int_{-\frac{T_S}{2}}^{\frac{T_S}{2}} p_\tau(t)e^{-jn\omega_S t}\,dt$，将式(5.6)带入式(5.5)可得

$$f_S(t)=\sum_{n=-\infty}^{\infty} f(t)P_n e^{jn\omega_S t} \tag{5.7}$$

对上式进行傅立叶变换，得

$$F_S(\omega)=\sum_{n=-\infty}^{\infty} P_n F(\omega-n\omega_S) \tag{5.8}$$

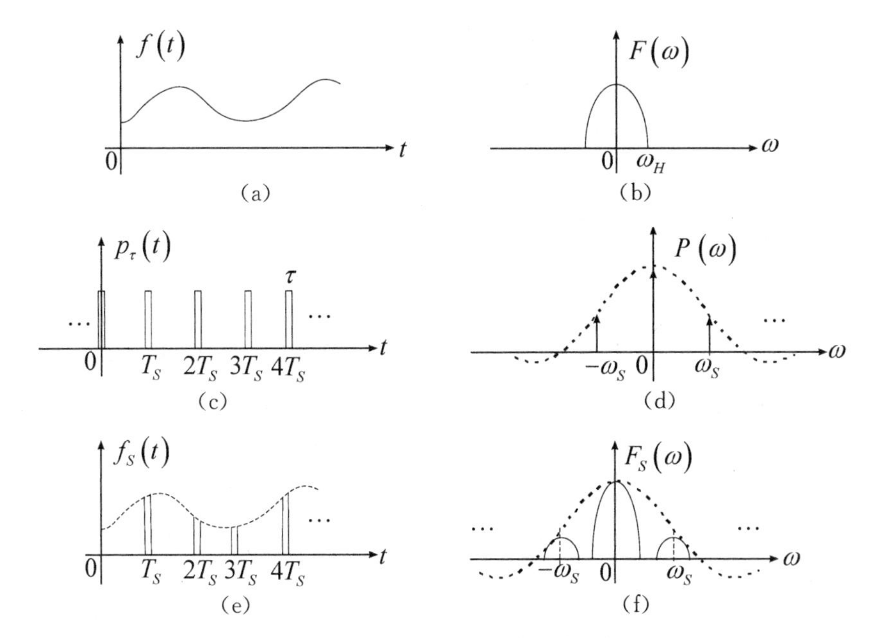

图 5.6　自然抽样波形及其频谱示意图

从图 5.6 可以看出：

(1)自然抽样信号 $f_S(t)$的频谱 $F_S(\omega)$是由模拟信号 $f(t)$的频谱被复制后搬移至 $\pm n\omega_S$得到，其幅度按周期脉冲幅度谱的规律变化，随 n 增大而衰减。

(2)$F_S(\omega)$的频谱包含 $f(t)$的全部信息。

(3)若满足 $\omega_S \geqslant 2\omega_H$ ($f_S \geqslant 2f_H$)，则同样可用 LPF 不失真地从 $F_S(\omega)$恢复出 $F(\omega)$。

5.1.1.4 平顶抽样

平顶抽样是对理想抽样的样值利用抽样保持电路(如图 5.7 所示)进行短暂的保持。

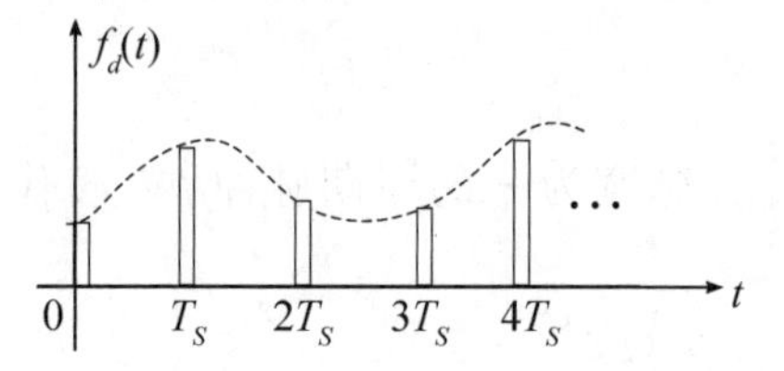

图 5.7 平顶抽样信号时域波形图

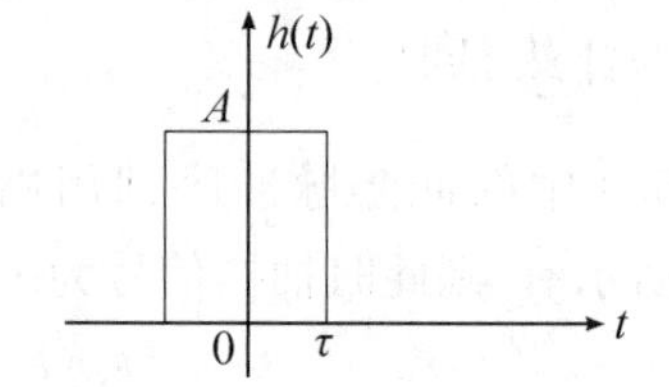

图 5.8 保持电路的时域波形图

从图 5.7 可以看出，平顶抽样的每个抽样脉冲的顶部是平坦的。平顶抽样的实现原理如图 5.9 所示。

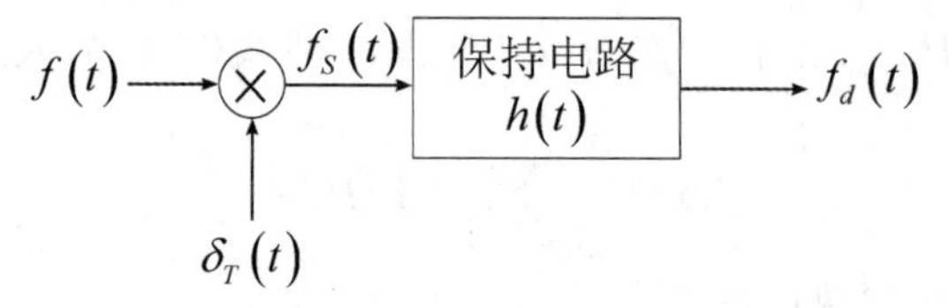

图 5.9 平顶抽样原理

保持电路的单位冲激响应函数为

$$h(t)=\begin{cases} A, & |t| \leqslant \tau \\ 0, & \text{其他} \end{cases} \tag{5.9}$$

其傅立叶变换 $H(\omega)=A\tau Sa\left(\frac{\omega\tau}{2}\right)$，利用卷积定理可知

$$\begin{aligned} F_d(\omega) &= F_S(\omega)H(\omega)=\frac{1}{T_S}\sum_{n=-\infty}^{\infty}F(\omega-n\omega_S)A\tau Sa\left(\frac{\omega\tau}{2}\right) \\ &= \frac{A\tau}{T_S}\sum_{n=-\infty}^{\infty}F(\omega-n\omega_S)Sa\left(\frac{\omega\tau}{2}\right) \end{aligned} \tag{5.10}$$

式(5.10)说明，平顶抽样后的信号频谱中已经不包含无失真的原始信号的频谱 $F(\omega)$，原始信号的频谱在复制搬移过程中产生了非线性失真，这种失真也称为孔径失真。为了能够在接收端无失真地恢复出原始信号 $f(t)$，可以让信号 $f_d(t)$通过一个系统函数为$\dfrac{1}{Sa\left(\frac{\omega\tau}{2}\right)}=\dfrac{\frac{\omega\tau}{2}}{\sin\left(\frac{\omega\tau}{2}\right)}$的网络进行补偿，这种补偿称作孔径补偿。

5.1.2　量化

模拟信号抽样后变成离散信号，由于信号的幅度取值有无限可能，因此不可能用有限的二进制编码表示无限种可能取值。量化就是将一个连续幅度值(无限可能)转变成离散幅度值(有限值)的过程，其工作原理如图 5.10 所示。

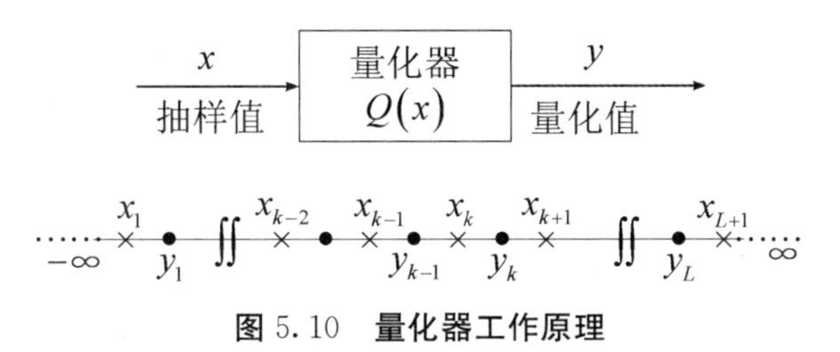

图 5.10　量化器工作原理

量化器 $Q(x)$ 具有 L 个有限的输出电平 $y_k(k=1, 2, \cdots, L)$，只要输入信号幅度在 x_k 与 x_{k+1} 之间，那么量化器输出都为 y_k。其中，y_k 称为量化电平，L 称为量化电平数，x_k 称为分层电平，$\Delta_k=x_{k+1}-x_k$ 称为量化间隔。

根据量化间隔 Δ_k 是否恒定不变，量化可分为均匀和非均匀两种类型。量化曲线可以形象地表示出量化器输出和输入之间的关系。量化特性曲线是一个阶梯形曲线，如图 5.11 所示，其中图(a)为均匀量化，图(b)为非均匀量化。

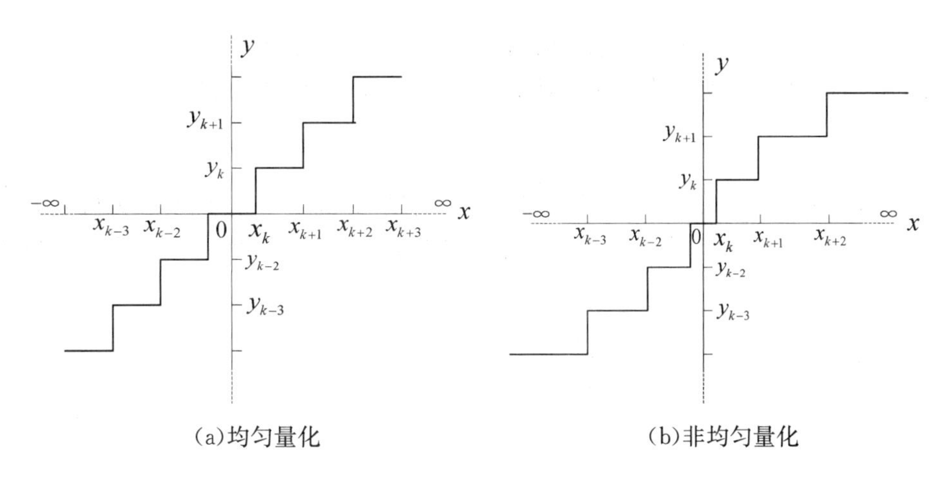

图 5.11　量化特性曲线

5.1.2.1　量化误差

量化器的输入是一个连续取值的信号，输出却是一个有限取值的信号，输入与输出之间存在一定的差值，这个差值定义为量化的误差。其数学表达式为

$$q=x-y=x-Q(x) \tag{5.11}$$

量化误差的存在会对信号的恢复产生一定的不利影响，因此量化误差也称为量化噪声。衡量量化误差对信号的影响可以通过量化信噪比来表征。量化理论就是研究如何使量化误差最小，使量化信噪比最大。

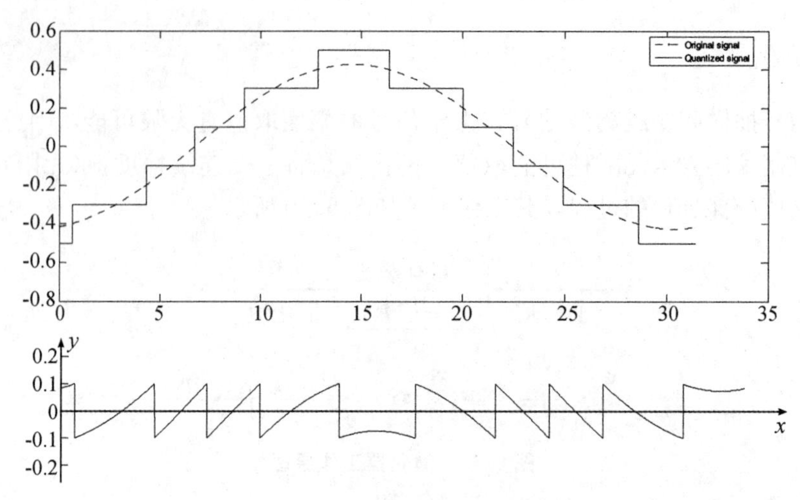

图 5.12 量化器输出和量化误差

从图 5.12 可以看出，对于一个均匀量化器，量化误差是取值介于$\left(-\frac{\Delta}{2},\ \frac{\Delta}{2}\right)$的随机变量,显然其均值 $E[q]=0$。量化噪声的平均功率可以用量化噪声的方差来表示。

量化噪声的方差为

$$\sigma_q^2 = E[x-Q(x)]^2 = \int_{-\infty}^{\infty}[x-Q(x)]^2 p_X(x)\mathrm{d}x \tag{5.12}$$

其中，$p_X(x)$为输入信号 x 幅度取值的一维概率密度函数。

若把积分区域分隔成 L 个小的量化间隔，则式(5.12)可以写成

$$\sigma_q^2 = \sum_{k=1}^{L}\int_{x_k}^{x_{k+1}}[x-y_k]^2 p_X(x)\mathrm{d}x \tag{5.13}$$

式(5.13)中，当输入信号 x 确定以后，一维概率密度函数 $p_X(x)$为确定量。当 $L\gg 1$时，$p_X(x)\approx p_X(x_k)$，则输入电平落入量化器的第 k 层($x_k\leqslant x<x_{k+1}$)的概率为

$$P_k = p_X(x_k)\Delta_k \tag{5.14}$$

最佳的输出量化电平为

$$y_k = \frac{x_k + x_{k+1}}{2} \tag{5.15}$$

将式(5.14)和式(5.15)带入式(5.13)可得

$$\begin{aligned}
\sigma_q^2 &= \sum_{k=1}^{L}\int_{x_k}^{x_{k+1}}(x-y_k)^2 p_X(x)\mathrm{d}x \approx \sum_{k=1}^{L}\frac{P_k}{\Delta_k}\int_{x_k}^{x_{k+1}}(x-y_k)^2\mathrm{d}x \\
&= \sum_{k=1}^{L}\frac{P_k}{\Delta_k}\left[\frac{(x_{k+1}-y_k)^3}{3}-\frac{(x_k-y_k)^3}{3}\right] \\
&= \frac{1}{12}\sum_{k=1}^{L}P_k\Delta_k^2 \\
&= \frac{1}{12}\sum_{k=1}^{L}p_X(x_k)\Delta_k^3
\end{aligned} \tag{5.16}$$

当 Δ_k 趋于无穷小时，式(5.16)可以表示为 $\sigma_q^2=\frac{1}{12}\int_{-A}^{A}\Delta_k^2 p_X(x)\mathrm{d}x$。其中 A 为量

化器的最大量化电平。当输入电平超出量化范围$(-A,\ A)$时，就会发生量化过载，过载所产生的量化噪声称为过载量化噪声，其平均功率可以表示为

$$\sigma_{qo}^2=\int_A^{\infty}x^2 p_X(x)\mathrm{d}x+\int_{-\infty}^{-A}x^2 p_X(x)\mathrm{d}x=2\int_A^{\infty}x^2 p_X(x)\mathrm{d}x \tag{5.17}$$

由此可见，量化噪声主要由两部分构成，即

$$N_q=\sigma_q^2+\sigma_{qo}^2 \tag{5.18}$$

5.1.2.2　均匀量化

设量化器的量化范围为$(-A,\ A)$，量化间隔数为L，则均匀量化的量化间隔为$\Delta_k=\Delta=\frac{2A}{L}$。在均匀量化的条件下，式(5.16)可以表示为

$$\sigma_q^2=\frac{1}{12}\sum_{k=1}^{L}P_k\Delta^2=\frac{\Delta^2}{12}\sum_{k=1}^{L}P_k \tag{5.19}$$

当输入信号的电平在量化范围内时，输入信号出现在量化范围的总概率为$\sum_{k=1}^{L}P_k=1$。因此

$$\sigma_q^2=\frac{\Delta^2}{12}=\frac{A^2}{3L^2} \tag{5.20}$$

量化信噪比定义为$SNR=\frac{S}{N_q}$。

(1)单频正弦信号。

当输入信号为单频信号，即$f(t)=A_m\cos\omega_m t$时，量化信噪比为

$$SNR=\frac{S}{N_q}=\frac{\frac{A_m^2}{2}}{\frac{A^2}{3L^2}}=\frac{3}{2}\left(\frac{A_m}{A}\right)^2L^2 \tag{5.21}$$

令$D=\frac{A_m}{\sqrt{2}A}$为信号归一化有效值，则式(5.21)可以表示为

$$SNR=3D^2L^2 \tag{5.22}$$

其中$L=2^n$，n为量化输出信号的二进制编码位数。若用dB值表示式(5.22)，则

$$[SNR]_{\mathrm{dB}}=10\lg 3+20\lg D+20\lg L\approx 4.77+20\lg D+6.02n \tag{5.23}$$

式(5.23)说明量化信噪比与编码位数成正比，每增加一位编码位数，信噪比将提高6dB。但是随着编码位数的增加，编码输出的信息速率$R_b=n\times f_S$将增加，传输所需的带宽也跟着增加。因此信噪比越高，所需的信道带宽越大。

当$A_m=A$时，得到满载正弦波的SNR：

$$[SNR]_{\max}^{\mathrm{dB}}=1.76+6.02n \tag{5.24}$$

由式(5.23)画出的$[SNR]_{\mathrm{dB}}$曲线如下图5.13所示。编码位数每增加1比特，量化信噪比就会改善6dB，当$20\lg D=-3\mathrm{dB}$时，对应于信号的过载点。

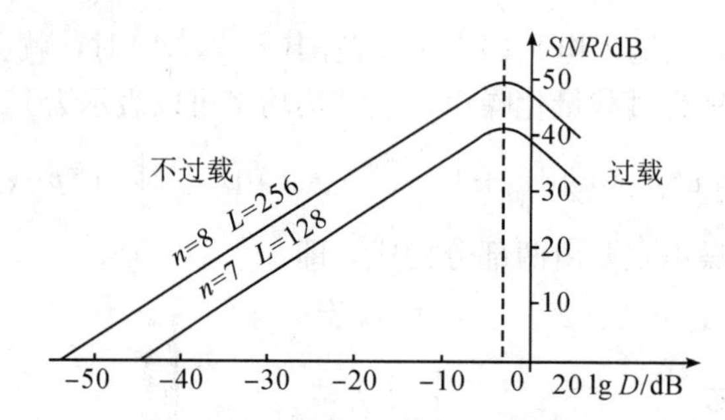

图 5.13 正弦信号线性 PCM 编码时的信噪比特性曲线

(2)语音信号。

当输入信号为语音信号时，语音信号幅度取值的一维概率密度函数为 $p_X(x)=\frac{1}{\sqrt{2}\sigma_x}e^{-\sqrt{2}|x|\sigma_x}$，如图 5.14 所示。从图 5.14 中可以看出，语音信号的幅度取值范围为(−∞，∞)，但是绝大部分集中在小信号部分。

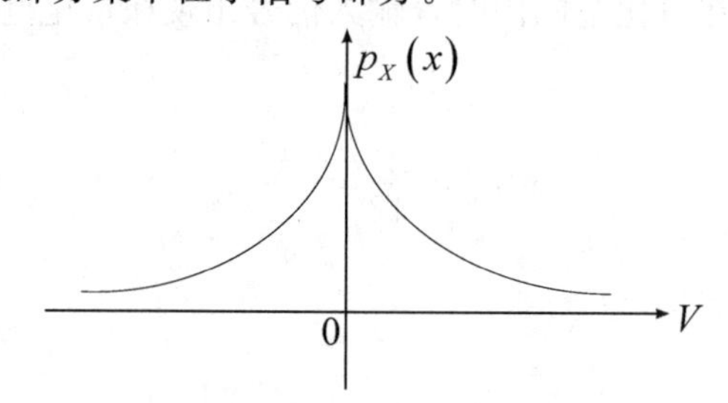

图 5.14 语音信号幅度的一维概率密度函数

设量化器的量化范围为(−A，A)，则过载量化噪声为

$$\sigma_{qo}^2=2\int_A^{\infty}\frac{x^2e^{-\sqrt{2}|x|\sigma x}}{\sqrt{2}\sigma_x}dx=\sigma_x^2e^{-\sqrt{2}A/\sigma_x} \tag{5.25}$$

总的量化噪声功率为

$$N_q=\sigma_{qo}^2+\sigma_q^2=\sigma_x^2e^{-\sqrt{2}A/\sigma_x}+\frac{A^2}{3L^2} \tag{5.26}$$

信号的平均功率为

$$S=\int_{-\infty}^{\infty}x^2p_x(x)dx=\sigma_x^2$$

则信噪比为

$$SNR=\frac{S}{N_q}=\left[3\frac{1}{D^2L^2}+e^{-\sqrt{2}A/\sigma_x}\right]^{-1} \tag{5.27}$$

其中，$D=\frac{\sigma_x}{A}$，当 $D<0.2$ 时，过载量化噪声功率非常小，可以忽略不计，此时

$$[SNR]_{dB}=4.77+20\lg D+6.02n \tag{5.28}$$

当信号的有效归一化值很大($D>0.2$)的时候，过载量化噪声为主体，此时 $[SNR]_{dB}\approx 6.1/D$。

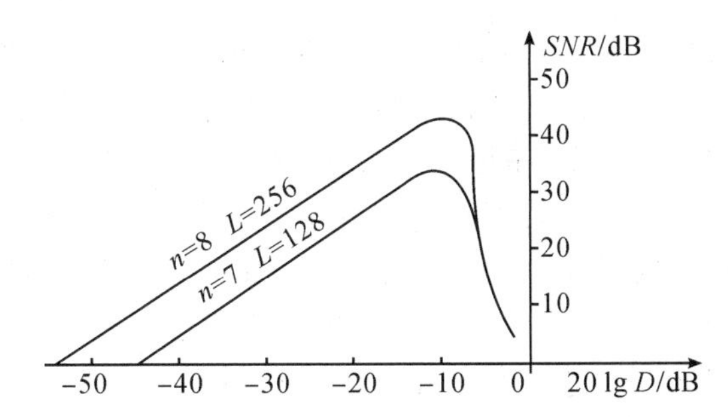

图 5.15　语音信号线性 PCM 编码时的信噪比特性曲线

从图 5.14 和图 5.15 中可以看出，在非过载区间，语音信号和正弦信号具有相同的信噪比特性曲线；但是在过载区间，语音信号相对于正弦信号而言，信噪比曲线急剧下降。

(3)动态范围。

动态范围是指在满足接收端最低信噪比(接收机能够不失真的解码输入信号)的要求下，把输入信号的取值范围定义为动态范围。输入信号的取值一般是幅度值，如果接收信号幅度过大，会引起接收机中放大器的失真；如果接收信号幅度过小，则接收机无法检测到。

$$R_{dB}=20\lg\frac{\sigma_{max}}{\sigma_{min}} \tag{5.29}$$

其中 σ 为语音信号的有效值。语音信号的幅度动态范围一般为 40dB，实际由于说话人的差别可以达到 60～70dB。模拟语音信号进行数字化后，通过传输线的长距离传输，到达接收端后，为了恢复清晰的语音信号，接收端的最低信噪比应不低于 26dB。

【例题 5.1】电话传输标准要求在信号的动态范围大于或等于 40dB 时，解码器的输入信噪比不低于 30dB。根据这一要求，以正弦信号作为测试信号，求线性 PCM 编码的位数。

解：由于电话信号的动态范围大于或等于 40dB，为了满足在接收端最小信噪比要大于或等于 30dB 的要求，量化器的输出信噪比应该大于或等于 70dB，即

$[SNR]_{max}^{dB}=[SNR]_{min}^{dB}+R_{dB}\geqslant 30+40=70(dB)$

因为 $[SNR]_{max}^{dB}=1.76+6.02n$，

所以 $n=11.34$。

模拟语音信号如果采用线性 PCM 编码需要 12 位。如此多的编码位数意味着编码信号的传输带宽大，而且设备复杂。

【例题 5.2】对频率范围在 0～4000Hz 的语音信号进行 PCM 线性编码。试求：

(1)最低抽样频率 f_S。

(2)若量化电平数 $L=256$，求 PCM 信号的信息速率 R_b。

解：(1)根据低通抽样定理可知，$f_S\geqslant 2f_H\geqslant 8000$Hz，所以最低抽样频率为 8(kHz)。

(2)由量化电平可以求出编码位数 $n=\log_2 L=8$。

PCM 信号的信息速率 $R_b=f_S n=64$(kbit/s)。

5.1.3　A 律 13 折线

均匀量化的量化噪声功率 N_q 仅与量化间隔 Δ 有关，故信号幅度较小时，量化信

噪比也较小。为了满足解码器最小信噪比的要求，相对于大信号而言，小信号需要更多的编码位数，导致编码信号所需的传输带宽增大，且编码设备复杂。因此，均匀量化主要应用于概率密度函数为均匀分布的信号，如遥测、遥控信号。对于概率密度函数满足拉普拉斯分布的语音信号，往往采用非均匀量化。非均匀量化就是量化间隔 Δ_k 不相等：信号样值小时，Δ_k 也小；信号样值大时，Δ_k 也大。非均匀量化具有以下两点优势：

(1)当输入量化器的信号具有非均匀分布的概率密度(比如语音信号)时，非均匀量化器的输出端可以得到较高的平均信号量化噪声功率比。

(2)非均匀量化时，量化噪声功率的均方根基本上与信号抽样值成比例。因此，量化噪声对大、小信号的影响大致相同，即改善了小信号时的量化信噪比。

非均匀量化的工作原理如图 5.16 所示。其实现方法是先对输入信号进行压缩，然后进行均匀量化。

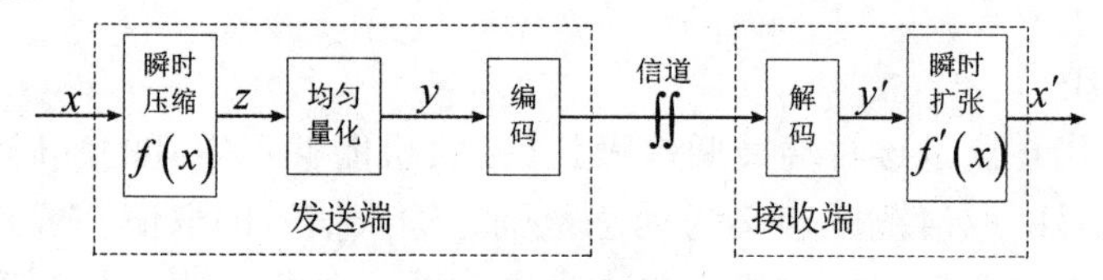

图 5.16 非均匀量化工作原理

这样做的目的是压缩输入信号的动态范围(如图 5.17 所示)，提高小信号的量化信噪比，扩大输入信号的动态范围。在接收端，需要采用一个与压缩特性相反的扩张器(如图 5.18 所示)来恢复信号。

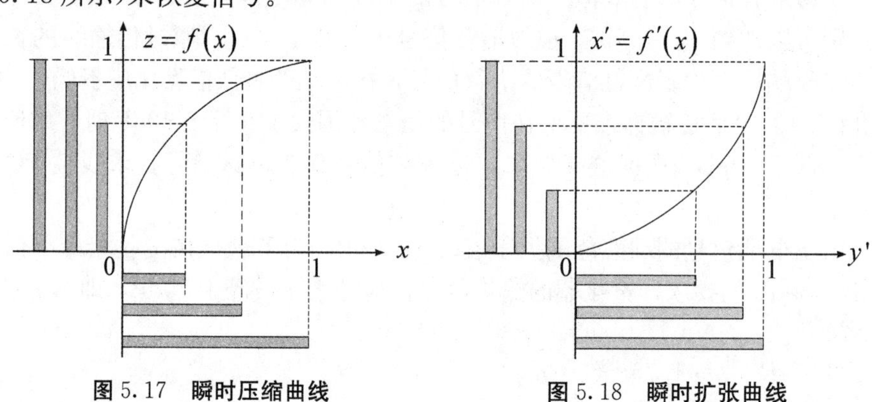

图 5.17 瞬时压缩曲线 **图 5.18 瞬时扩张曲线**

5.1.3.1 对数特性及其折线近似

关于电话信号的压缩特性，国际电信联盟(ITU)制定了两种技术标准：A 律对数压缩特性和 μ 律对数压缩特性。中国、欧洲各国等互联时采用 A 律 13 折线编码技术；北美、日韩等少数国家互联时采用 μ 律 15 折线编码技术。

(1)A 律对数压缩特性。

A 律对数压缩特性的瞬时压缩曲线数学表达式为

$$f(x)=\begin{cases}\dfrac{Ax}{1+\ln A}, & 0\leqslant x\leqslant \dfrac{1}{A}\\[2ex] \dfrac{1+\ln(Ax)}{1+\ln A}, & \dfrac{1}{A}\leqslant x\leqslant 1\end{cases} \tag{5.30}$$

从图 5.19 可以看出，A 越大，压缩效果越明显，国际上一般取 $A=87.6$。

(2)μ 律对数压缩特性。

μ 律对数压缩特性的瞬时压缩曲线数学表达式为

$$f(x)=\frac{\ln(1+\mu x)}{\ln(1+\mu)} \tag{5.31}$$

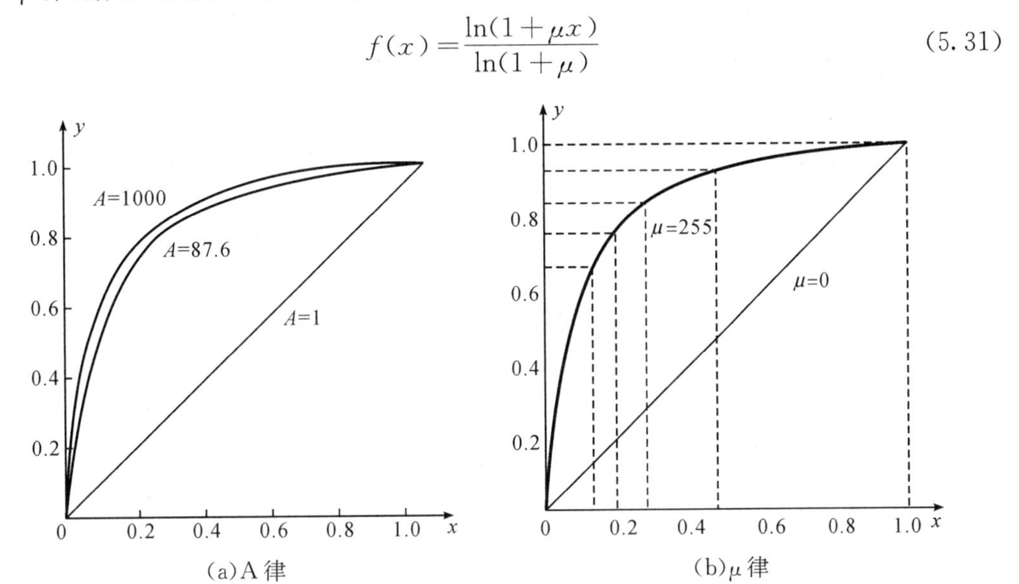

图 5.19　A 律和 μ 律对数压缩特性曲线

(3)对数压缩特性的折线近似。

A 律 13 折线：首先对量化器做归一化处理，然后将 x 轴和 y 轴按照图 5.20 所示进行分段，再将 x 轴的 8 段和 y 轴的 8 段各相应段的交点连接起来，最后就得到由 8 段折线组成的曲线。由于把 y 轴均匀分为 8 段，每段长度为 1/8，而 x 轴是不均匀分为 8 段，各段长度不同，因此，可以分别求出 8 段折线的斜率(详见表 5.1)。

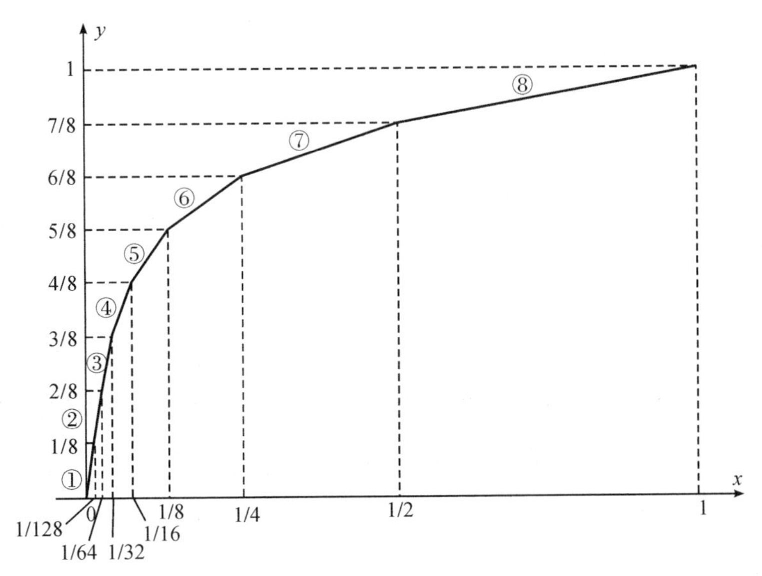

图 5.20　A 律 13 折线

表 5.1 每段折线的斜率

折线段号	1	2	3	4	5	6	7	8
斜率	16	16	8	4	2	1	1/2	1/4

由于正、负方向上的第 1、第 2 段折线因斜率相同而合成一段，正、负方向上还各剩 7 段，加起来一共是 13 段，所以称为 13 折线。

μ 律 15 折线：逼近 $\mu=255$ 对数压缩特性的原理与 A 律 13 折线类似。

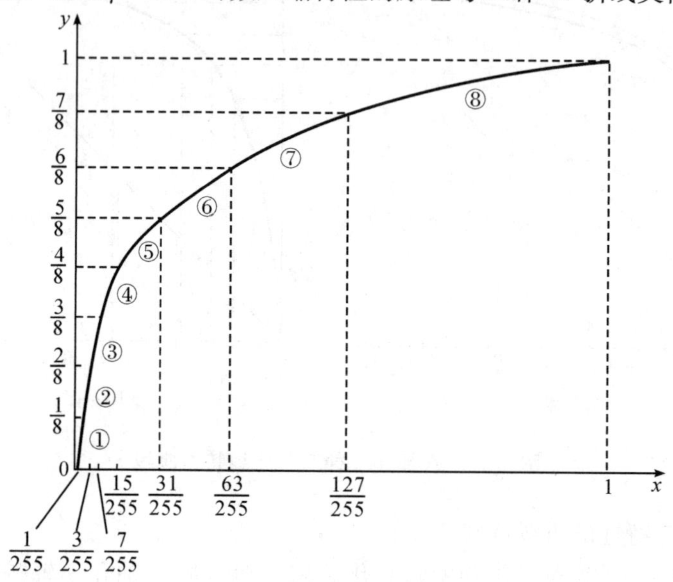

图 5.21 μ 律 15 折线

利用压缩特性曲线对输入的语音信号进行非线性处理后，再采用均匀量化，量化信噪比如图 5.22 所示。A 律压缩特性明显优于 μ 律压缩特性。

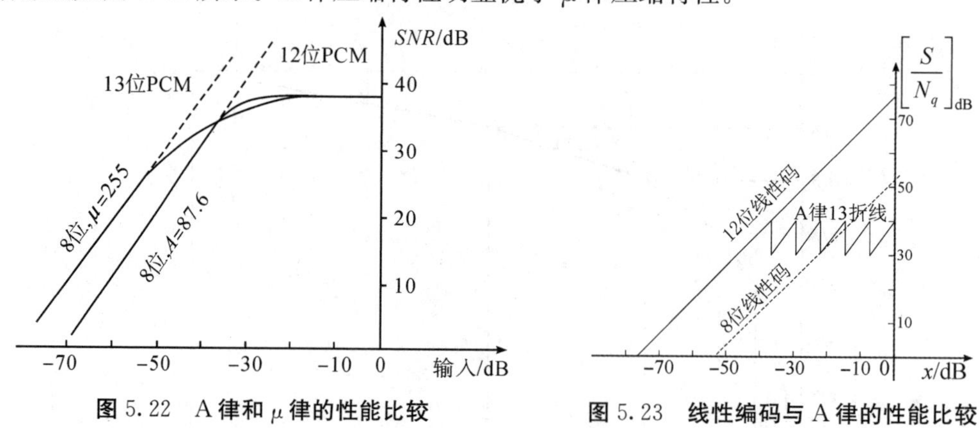

图 5.22 A 律和 μ 律的性能比较

图 5.23 线性编码与 A 律的性能比较

从图 5.23 可以看出，A 律 13 折线通过牺牲大信号的量化信噪比来获得小信号的高量化信噪比，同时拓展了语音信号的动态范围。

5.1.3.2 常用码型

模拟信号进行数字化的过程中，常用的码型有自然二进制码(NBC)，折叠二进制码(FBC)，格雷二进制码(RBC)。

(1)自然二进制码。

自然二进制码的编码简单、直观，上、下两部分没有对称性，对于绝对值相同的正、负两个值的编码没有相同之处，不能简化双极性信号的编码过程。此外，当传输中因干扰产生错码时，自然二进制码误差比较大。例如，若由“0111”错为“1111”时，其信号的量化级就由 7 级错为 15 级；若由“0001”错为“1001”时，其信号的量化级就由 1 级错为 9 级。

(2)折叠二进制码。

折叠二进制码由极性码和幅度码组成。极性码(左边第 1 位)表示信号的极性，幅度码表示信号的幅度。当正、负绝对值相同时，幅度码相对于零电平对称折叠，故名折叠码。这种码型不但适合双极性信号的编码，而且其传输错码对于小信号的影响较小。例如，若“0000”错为“1000”时，信号的量化级由 8 级错为 7 级；而若“0111”错为“1111”时，则信号的量化级由 0 级错为 15 级，即错码对于大信号的影响较大。

(3)格雷二进制码。

格雷二进制码的特点是相邻码字只有 1bit 为不同，这样与其他编码同时改变两位或多位的情况相比更为可靠，减少了出错的可能性。

由于语音信号中小信号出现的概率比大信号出现的概率大得多，因此采用折叠二进制码对于提高语音信号的质量更为有利。语音信号的 PCM 编码常采用折叠二进制码。常用码型如表 5.2 所示。

表 5.2　常用码型

电平序号	自然二进制码				折叠二进制码				格雷二进制码			
	b_1	b_2	b_3	b_4	b_1	b_2	b_3	b_4	b_1	b_2	b_3	b_4
0	0	0	0	0	0	1	1	1	0	0	0	0
1	0	0	0	1	0	1	1	0	0	0	0	1
2	0	0	1	0	0	1	0	1	0	0	1	1
3	0	0	1	1	0	1	0	0	0	0	1	0
4	0	1	0	0	0	0	1	1	0	1	1	0
5	0	1	0	1	0	0	1	0	0	1	1	1
6	0	1	1	0	0	0	0	1	0	1	0	0
7	0	1	1	1	0	0	0	0	0	1	0	0
8	1	0	0	0	1	0	0	0	1	1	0	0
9	1	0	0	1	1	0	0	1	1	1	1	0
10	1	0	1	0	1	0	1	0	1	1	1	1
11	1	0	1	1	1	0	1	1	1	1	1	0
12	1	1	0	0	1	1	0	0	1	0	1	0
13	1	1	0	1	1	1	0	1	1	0	1	1
14	1	1	1	0	1	1	1	0	1	0	0	1
15	1	1	1	1	1	1	1	1	1	0	0	0

5.1.3.3 A律13折线编码原理

在A律13折线中，采用8位编码$C_1C_2C_3C_4C_5C_6C_7C_8$，其中

C_1：极性码，当其取值为1时，表示输入的信号为正极性；当其取值为0时，表示输入的信号为负极性。

$C_2C_3C_4$：段落码，用来表示输入信号落入8段中的哪一段。$C_2C_3C_4$为该段的起始电平值。

$C_5C_6C_7C_8$：段内码，表示输入信号落入某一段的具体位置。

将归一化后的量化器分成2048份，每份对应的电平称为归一化电平，用Δ标记，则A律13折线后7位的编码关系如表5.3所示。

表5.3 段落的起始电平和段内的量化间隔

段落号	段落码			电平范围（Δ）	段内码				段内量化间隔Δ_i
	C_2	C_3	C_4		C_5	C_6	C_7	C_8	
1	0	0	0	0～15	8	4	2	1	1
2	0	0	1	16～31	8	4	2	1	1
3	0	1	0	32～63	16	8	4	2	2
4	0	1	1	64～127	32	16	8	4	4
5	1	0	0	128～255	64	32	16	8	8
6	1	0	1	256～511	128	64	32	16	16
7	1	1	0	512～1023	256	128	64	32	32
8	1	1	1	1024～2047	512	256	128	64	64

段落码的确定以段落为单位逐次对分，从高位到低位逐位编出，如图5.24所示。段内码以段内的量化级为单位逐次比较，也是从高位到低位逐位编出。

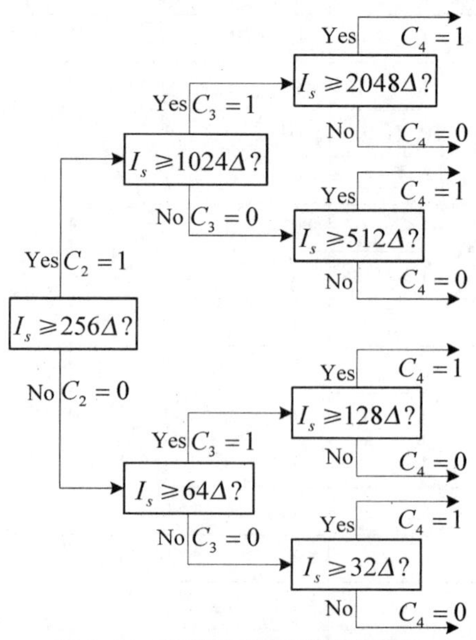

图5.24 段落码的逐次编码流程

实现 PCM 编码的具体方式和电路很多，A 律 13 折线目前常采用逐次比较编码器，其结构如图 5.25 所示。从图中可以看到，A 律 13 折线编码器主要由整流、极性判决、保持、比较判决及本地译码等电路组成。

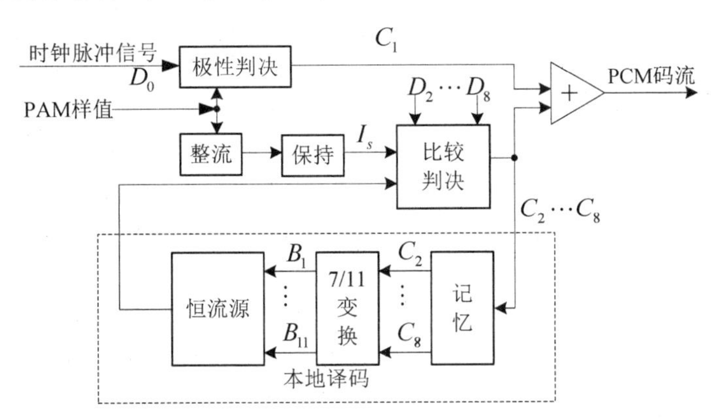

图 5.25　A 律 13 折线逐次比较编码器

极性判决电路用来确定信号的极性。由于输入 PAM 信号是双极性信号，当其抽样值为正时，在位脉冲到来时刻出“1”码；当其抽样值为负时，出“0”码；同时，将该双极性信号经过全波整流变为单极性信号。

比较判决电路是编码器的核心。它的作用是通过比较抽样值电流 I_S 和标准电流 I_W，从而对输入信号抽样值实现非线性量化和编码。每比较一次输出一位二进制代码，并且当 $I_S \geqslant I_W$ 时，输出“1”码，反之输出“0”码。由于在 A 律 13 折线法中用 7 位二进制代码来代表段落码和段内码，因此对每个输入的抽样值需进行 7 次比较编码。

记忆电路用来寄存二进制编码，由于除第一次比较外，其余各次比较都要依据前几次比较的结果来确定标准电流 I_W 的值，因此，7 位码组中的前 6 位状态均应由记忆电路寄存下来。

因为采用非均匀量化的 7 位非线性编码等效于 11 位线性码，7/11 变换电路实质上就是完成非线性和线性之间的变换。

图 5.26 所示为 A 律 13 折线 PCM 译码器的组成框图，其作用是把接收端得到的 PCM 信号还原成相应的 PAM 信号，即实现数/模变换(D/A 变换)。

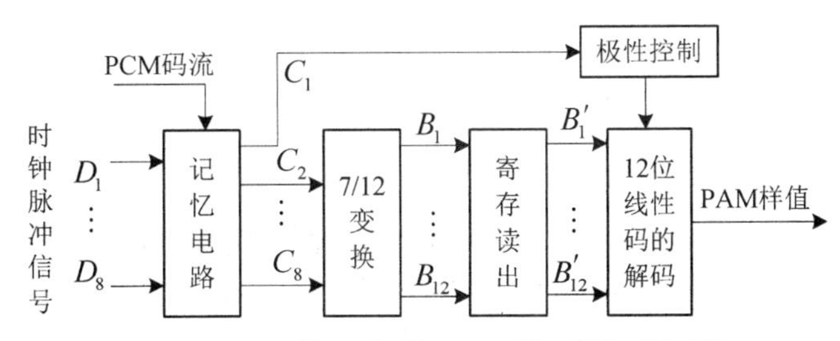

图 5.26　A 律 13 折线 PCM 译码器组成框图

极性控制部分的作用是根据收到的极性码是“1”还是“0”来辨别 PCM 信号的极性，使译码后的 PAM 信号的极性恢复成与发送端相同的极性。

记忆电路的作用是将输入的串行 PCM 码变换为并行码，并记忆下来，与编码器中译码电路的记忆作用基本相同。

7/12变换电路是将7位非线性码转换为12位线性码。在编码器的本地译码电路中采用7/11位码变换，使得量化误差有可能大于本段落量化间隔的一半。为使量化误差落入$\left(-\frac{\Delta_k}{2}, \frac{\Delta_k}{2}\right)$范围内，译码器的7/12变换电路使输出的线性码增加一位，人为地补上半个量化间隔，从而改善量化信噪比，即译码输出为

$$\hat{x}=\hat{x}_k+\frac{\Delta_k}{2} \tag{5.32}$$

由编码原理可以看出，编码实际上是对输入信号对应的分层电平x_k进行编码，处于同一层$x_k \leqslant x \leqslant x_{k+1}$的编码是唯一的。

【例题5.3】设输入的样值$x=+1158\Delta$（Δ为最小量化间隔），按照A律13折线，采用逐次比较型编码器将其编成8位PCM码组，并计算解码的输出误差。

解：极性码：$\because x>0$，$\therefore C_1=1$；

段落码：$\because x>1024$，查表5.2可知，$C_2C_3C_4=111$；

段内码：$\because 1158\Delta-1024\Delta=134\Delta$，且$134\Delta<512\Delta$，$\therefore C_5=0$；

$\because 134\Delta<256\Delta$，$\therefore C_6=0$；

$\because 134\Delta>128\Delta$，$\therefore C_7=1$；

$\because (134\Delta-128\Delta=6\Delta)<64\Delta$，$\therefore C_8=0$；

故编码输出码组$C=11110010$。

解码输出：$\hat{x}=\hat{x}_k+\frac{\Delta_k}{2}=\left(1024+128+\frac{64}{2}\right)\Delta=1184\Delta$

输出误差：$q=x-\hat{x}=1158\Delta-1184\Delta=-26\Delta$

5.1.4 PCM系统的抗噪性能分析

影响PCM系统性能的噪声有两种：信道噪声和量化噪声。这两种噪声产生的机理不同，可以认为它们是统计独立的。为了分析方便，可单独讨论两种噪声各自存在时对PCM系统的影响，然后利用系统的线性特性进行综合分析。

由于信道噪声的干扰，在解码时将“0”判为“1”，或者将“1”判为“0”，都会产生误码。设某码元共有n比特，码元误码率为$p_e \ll 1$，则在码元中同时出现i个比特误码的概率为

$$p_i(n)=C_n^i p_e^i (1-p_e)^{n-i} \approx C_n^i p_e^i \tag{5.33}$$

当$n=1$时，$p_1(n)=np_e$；当$n=2$时，$p_2(n)=\frac{n(n-1)}{2}p_e^2$。

在有线通信系统中，p_e一般为$10^{-9} \sim 10^{-12}$；在无线通信系统中，p_e一般为$10^{-3} \sim 10^{-6}$。因此，在一个码元中同时发生多比特误码的概率可近似认为趋向0，即一个码组发生差错的概率为

$$p_e(n)=np_e \tag{5.34}$$

设码组的组成为

b_8	b_7	b_6	b_5	b_4	b_3	b_2	b_1

由于每位比特的权重不同，因此差错的影响也不同。若第 i 位码(b_i)发生错误，对应的误差为$\pm 2^{i-1}\Delta$，则码组中任意 1 比特发生误码时，对应的误码噪声平均功率为

$$\sigma_e^2 = \frac{1}{n}\sum_{i=1}^{n}(2^{i-1}\Delta)^2 = \frac{\Delta^2}{n}\sum_{i=1}^{n}(2^{i-1})^2 = \frac{4^n - 1}{3n}\Delta^2 = \frac{L^2 - 1}{3n}\Delta^2 \tag{5.35}$$

$$N_e = \sigma_e^2 n p_e = \frac{L^2 - 1}{3}\Delta^2 p_e \tag{5.36}$$

模拟信号进行数字化后产生的数字信号在传输过程中，噪声功率包含两部分：量化噪声和误码噪声。

$$N = N_e + N_q = \frac{\Delta^2}{12} + \frac{L^2 - 1}{3}\Delta^2 \tag{5.37}$$

假设模拟信号的幅度取值为 $[-V, V]$，且满足均匀分布，采用均匀量化，则信号对应的平均功率为

$$S = \int_{-V}^{V} x^2 p(x)\mathrm{d}x = \int_{-V}^{V} x^2 \frac{1}{2V}\mathrm{d}x = \frac{L^2\Delta^2}{12} \tag{5.38}$$

根据信噪比的定义有

$$SNR = \frac{L^2}{1 + 4(L^2 - 1)p_e} \tag{5.39}$$

在小信噪比的条件下，即当 $4L^2 p_e \gg 1$ 时，系统噪声主要为误码噪声，量化噪声可以忽略不计，式(5.39)可以表示为 $SNR \approx \frac{1}{4p_e}$，即信道误码率越大，信噪比越小。

在大信噪比的条件下，即当 $4L^2 p_e \ll 1$ 时，系统噪声主要为量化噪声，信道误码噪声可以忽略不计，式(5.39)可以表示为 $SNR \approx L^2$。已知量化电平数 $L = 2^n$，则 $SNR = 2^{2n}$。此时信噪比只与编码位数 n 有关，且随着 n 按指数规律变化。

5.1.5 PCM 信号的码元速率与带宽

设 A 律 13 折线编码输出码组(n 个比特)的周期为 T_C，抽样对应的抽样频率为 f_S，则 $T_C = \frac{1}{f_S}$。在一个抽样周期 T_C 内要编 n 位码，每个二进制比特的宽度为 $T_b = \frac{T_C}{n}$，则对应的传输速率为

$$R_b = \frac{1}{T_b} = n \cdot \frac{1}{T_C} = n f_S \tag{5.40}$$

已知编码位数 n 与量化电平数 L 满足 $L = 2^n$，带入上式有

$$R_b = n f_S = \log_2 L \cdot f_S \tag{5.41}$$

PCM 编码输出的二进制码流串可以直接放到传输线上进行传输，即基带传输；也可以调制后再进行传输，即调制传输。对于不同的传输方式，PCM 信号传输所需带宽的计算方式不同，计算方法将在第 6 章和第 7 章进行详细讨论。在这里先给出一个结论，对于 PCM 信号采用矩形脉冲波形进行传输，脉冲宽度为 τ，则 PCM 信号的第一零点带宽为

$$B = \frac{1}{\tau} \tag{5.42}$$

设二进制码元的占空比为 D，即 $D=\frac{\tau}{T_b}$，则

$$B=\frac{1}{DT_b}=\frac{R_b}{D}=\frac{nf_S}{D} \tag{5.43}$$

由上式可知，编码输出码组中的编码位数 n 越大，占用的带宽越大；占空比越小，占用的带宽越大。

【例题 5.4】已知在实际数字通信系统中，语音信号进行 PCM 编码时抽样频率为 8kHz，采用 A 律 13 折线编码，试计算：

(1)编码输出的信息速率；

(2)若 PCM 信号采用占空比为 1 的矩形脉冲波形，计算其第一零点带宽；

(3)若 PCM 信号采用占空比为 0.5 的矩形脉冲波形，计算其第一零点带宽。

解：(1)根据式(5.41)有：$R_b=nf_S=8\times8000=64\text{kbit/s}$。

(2)根据式(5.43)有：$B=\frac{R_b}{D}=R_b=64\text{kHz}$。

(3)根据式(5.43)有：$B=\frac{R_b}{D}=\frac{R_b}{0.5}=2R_b=128\text{kHz}$。

5.2 差分脉冲编码调制

如何在相同的通信质量下降低数字化语音的数码率，提高数字通信系统的频率利用率？这是语音编码技术追求的一个目标。

在实际应用中，采用自适应差分脉冲编码调制(ADPCM)，可以把编码位数减少一半，也就是传输所需带宽减少一半。例如 64kbit/s 的 PCM 系统若采用 ADPCM，编码速率可降为 32kbit/s，且具有相同的通信质量。近年来，ADPCM 在卫星通信、微波通信和移动通信方面得到了广泛的应用，并已成为长途电话通信系统中一种国际通用的语音编码方法。

ADPCM 技术是自适应技术和差分脉冲编码调制(DPCM)技术相结合的产物。因此，为了说明 ADPCM 的基本概念，有必要先了解什么是差分脉冲编码调制技术。

理论研究表明，在抽样周期足够小的情况下，模拟信号相邻的抽样值之间存在着很强的相关性。因此，只要知道前一个时刻的抽样值，就能对该时刻的抽样值进行预测。预测值与实际值之间会存在误差，这种误差是不可预测的，叫作“预测误差”。

发送端只要传输信号的预测误差，接收端就可以根据预测值和收到的误差值，复制出该时刻的实际信号。原始信号的关联性越强，预测的准确性就越高，预测误差也就越小。这意味着可以用较少的编码位数进行语音信号的传递，达到压缩频带、提高通信容量的目的。这就是差分脉冲编码调制技术的基本思路。

5.2.1 DPCM 工作原理

图 5.27 给出了 DPCM 系统的原理框图，图中输入信号 x_n 为模拟信号在某时刻的抽样值，$\tilde{x}_n$ 为预测值，e_n 为输入信号 x_n 与预测信号 $\tilde{x}_n$ 的差值，e_{qn} 为差值 e_n 量化后的

输出，x_n'为重建信号。

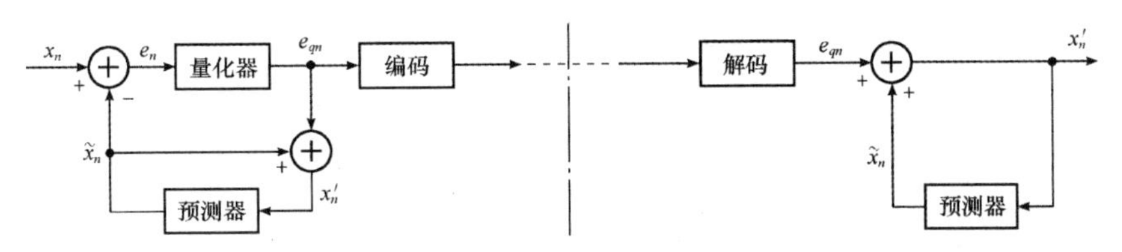

图5.27 DPCM系统原理框图

编码器和解码器中的预测器完全相同。因此，在无传输误码的条件下，解码器输出的重建信号与编码器输出的重建信号完全相同。根据图5.27可以给出差值和重建信号的表达式为

$$e_n = x_n - \tilde{x}_n \qquad x_n' = \tilde{x}_n + e_{qn} \tag{5.44}$$

DPCM的总量化误差为

$$q_n = x_n - x_n' = [\tilde{x}_n + e_n] - [\tilde{x}_n - e_{qn}] = e_n - e_{qn} \tag{5.45}$$

由式(5.45)可知，在DPCM系统中，总量化误差只与差值信号的量化误差有关。系统总的量化信噪比为

$$SNR = \frac{E[x_n^2]}{E[q_n^2]} = \frac{E[x_n^2]}{E[e_n^2]} \cdot \frac{E[e_n^2]}{E[q_n^2]} = G_P \cdot SNR_q \tag{5.46}$$

其中$G_P = \frac{E[x_n^2]}{E[e_n^2]}$，是DPCM系统相对于PCM系统而言的信噪比增益；SNR_q是差值量化信噪比。G_P和SNR_q成反比关系，如何选取一个中间值，使得系统达到最好的状态是DPCM的研究重点。

5.2.2 ADPCM系统的应用

DPCM的编码速率能够降低到何种程度，主要取决于其预测精度，也就是取决于其预测误差的大小。根据前面所述的DPCM的基本原理可知，由于DPCM采用的是固定预测系数的预测器，当输入语音信号起伏变化时，无法保证预测器处于最佳预测状态，使得误差为最小。解决这一问题比较好的方法，一是采用自适应技术动态地调整预测系数，以便保证预测器始终处于最佳预测状态；二是采用自适应量化技术对差分信号(即预测误差信号)进行量化，以便进一步降低编码速率。这种采用自适应量化以及高阶自适应预测技术的DPCM称为自适应差分脉冲编码调制，即ADPCM。

由以上可知，ADPCM中的量化器与预测器均采用自适应方式，即量化器与预测器的参数能够根据输入信号的统计特性自适应于最佳参数状态。

据CCITT的G. 721建议，以码率为32kbit/s的ADPCM作为语音压缩的国际标准。在ADPCM算法中，采样率可以是8kHz，采样精度为16bit，量化阶的保存为4位，因此压缩比为4∶1，即每秒保存或者传送大小为32kbit的语音信号，且从波形恢复出来的声音效果与原始声音几乎没有区别，人耳无法辨别。图5.28所示为ADPCM在公用网长途传输中的具体应用。

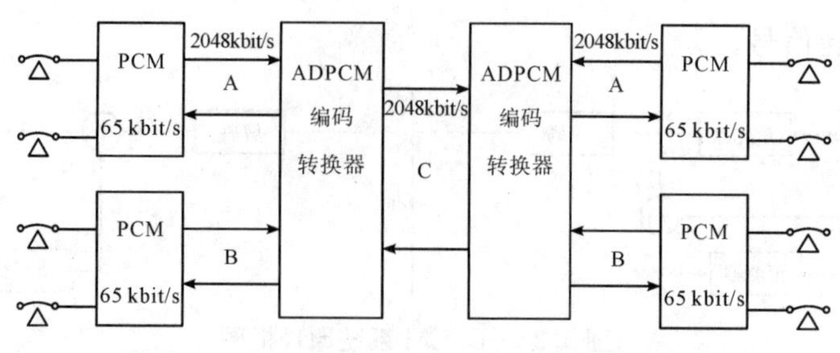

图 5.28 ADPCM 在公用网长途传输中的应用

5.3 增量调制

增量调制(Delta Modulation，DM)，简称 DM 或 ΔM，可看成是一种 DPCM 的特例。ΔM 具有编译码简单、抗误码特性好、低比特率时的量化信噪比高等优点。因此，其在军事和工业部门的专用通信网和卫星通信中得到了广泛应用。

当抽样频率足够大，样值之间的关联度增强时，可以仅用一位码来表示抽样时刻波形的变化趋势。这种编码方法称为增量编码。

图 5.29 所示为增量编码的原理框图，发送端主要包括比较器、积分器和脉冲发生器；接收端主要包括脉冲发生器、积分器和低通滤波器。

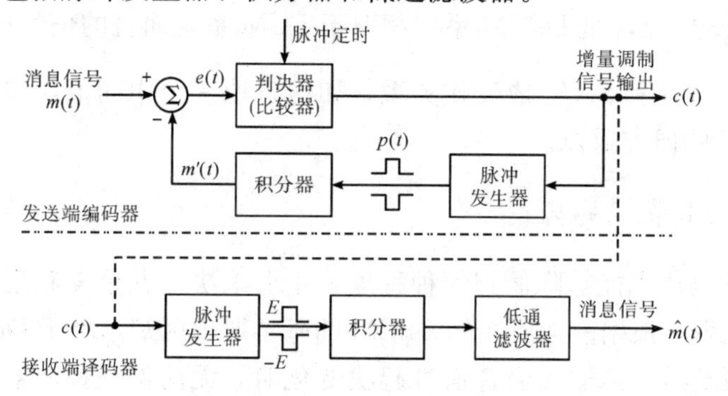

图 5.29 ΔM 编码的原理框图

发送端编码过程：

(1)输入信号 $m(t)$与本地译码信号 $m'(t)$进行比较，产生误差信号 $e(t)$。

(2)比较器根据 $e(t)$是否大于 0 给出输出结果，即 $e(t)\geqslant 0$，输出“1”；$e(t)<0$，输出“0”。

(3)脉冲发生器将“1”码变成一个正脉冲，“0”码变成一个负脉冲。

(4)积分器将脉冲序列叠加，形成预测信号电平。

接收端译码过程：

接收端译码器与发送端本地译码器部分完全相同，只是在积分器之后加了一个低通滤波器，以滤出高频分量。积分器的输出形式有两种，一种是折线近似的积分波形，另一种是阶梯波形。

增量编码在数字化过程中也会带来量化噪声，表现为两种形式，如图 5.30 中(a)和(b)所示。图(a)为一般量化噪声，$|e_q(t)|\leqslant\sigma$；图(b)为过载量化噪声，当输入信号

$m(t)$斜率陡变时，阶梯波会因跟不上$m(t)$的变化而产生较大的误差。

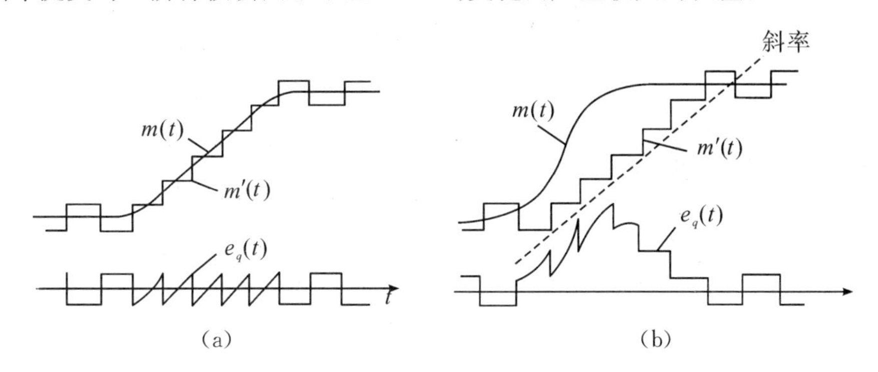

图 5.30　**ΔM 编码的量化误差**

为了避免过载，应该满足

$$\left|\frac{\mathrm{d}}{\mathrm{d}t}m(t)\right|_{\max} \leqslant \sigma f_S \tag{5.47}$$

式中，σ 为量化阶距，f_S 为抽样频率，σf_S 为译码器最大跟踪斜率。

例如：输入信号为正弦信号 $m(t)=A\sin\omega_m t$，不过载时应满足 $A\omega_m\leqslant\sigma f_S$；临界过载振幅(最大允许编码电平)为 $A_{\max}=\dfrac{\sigma f_S}{\omega_m}=\dfrac{\sigma f_S}{2\pi f_m}$；最小编码电平为 $A_{\min}=\dfrac{\sigma}{2}$。

ΔM 编码的编码范围定义为最大允许编码电平与最小编码电平之比：

$$[D_C]_{\mathrm{dB}}=20\lg\frac{A_{\max}}{A_{\min}} \tag{5.48}$$

式(5.48)是 ΔM 编码器能够正常工作的输入信号振幅变化范围。为了避免过载和增大动态范围，关键在于对量化阶距 σ 和抽样频率 f_S 的选择。σ 的选择应适中，更好的办法是采用自适应增量调制，使量化阶距随信号变化而变化。抽样频率 f_S 越大，编码信噪比越高，但是编码输出信号所需要的传输带宽越大。因此，在实际应用中，对语音信号而言，ΔM 编码的抽样频率 f_S 在几十千赫到百余千赫。

5.4　时分复用

5.4.1　时分复用原理

在数字通信中，一般都采用时分复用(TDM)方式来提高信道的传输效率。时分复用是建立在抽样定理基础上的，因为抽样定理使连续的基带信号有可能被在时间上离散出现的抽样脉冲所代替。这样，当抽样脉冲占据较短时间时，在抽样脉冲之间就留出了时间空隙。利用这些空隙便可以传输其他信号的抽样值，因此，就可能用一条信道同时传送若干个基带信号，并且每一个抽样值占用的时间越短，能够传输的信号路数也就越多。TDM 工作原理如图 5.31 所示。

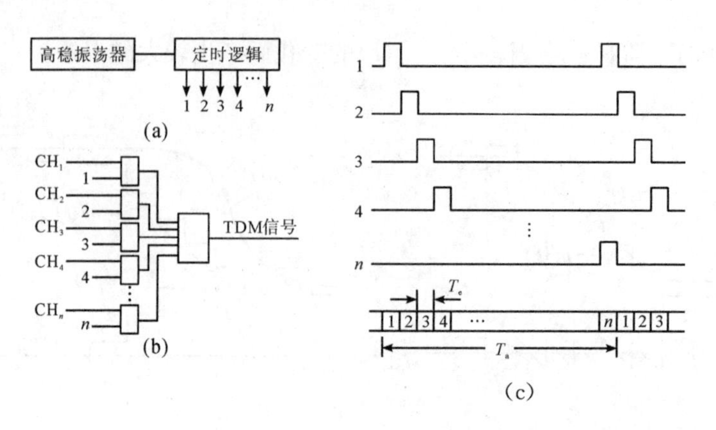

图 5.31 TDM 工作原理

TDM 通信系统在传输数字信号之前，先把一定路数流的话音信号复合成一个标准数据流，然后采用同步或准同步数字复接技术把该数据流组成更高速的数据信号。按传输速率不同，数据流分别称为基群、二次群、三次群、四次群等。每一群路可以用来传送多路电话，也可以用来传送其他相同速率的数字信号(表 5.4)。

表 5.4 数字复接体系

<table>
<tr><th rowspan="2">国家</th><th rowspan="2">单位</th><th colspan="4">准同步数字体系 PDH</th><th colspan="3">同步数字体系 SDH</th></tr>
<tr><th>基群</th><th>二次群</th><th>三次群</th><th>四次群</th><th>STM−1</th><th>STM−4</th><th>STM−5</th></tr>
<tr><td rowspan="2">北美
日本</td><td rowspan="2">kb/s</td><td>1544</td><td>6312</td><td>44736
32064</td><td>274176
97723</td><td rowspan="4">155.2Mb/s</td><td rowspan="4">622.08Mb/s</td><td rowspan="4">2488.32Mb/s</td></tr>
<tr><td>24</td><td>96</td><td>672
480</td><td>4032
1440</td></tr>
<tr><td rowspan="2">欧洲
中国</td><td rowspan="2">路</td><td>2048</td><td>8448</td><td>34368</td><td>139264</td></tr>
<tr><td>30</td><td>120</td><td>480</td><td>1920</td></tr>
</table>

基群 PCM 一般用于传送电话、数据或频率低于 1MHz 的可视电话信号等。二次群速率较高，可传送可视电话、会议电话或电视信号等。三次群可传送彩色电视信号。

时分复用通信系统有两个突出的优点：一是多路信号的汇合与分路都是数字电路，结构简单、可靠；二是时分复用通信系统对非线性失真的容错能力较强。

然而，时分复用系统对信道中时钟相位抖动及接收端与发送端的时钟同步问题提出了较高的要求。为了正确地传送信息，必须在信息码流中插入一定数量的帧同步码，它可以是一组特定的码组，也可以是特定宽度的脉冲，可以集中插入，也可以分散插入。接收端通过提取同步码与发送端保持时钟同步。

5.4.2 PCM 30/32 路基群帧结构

为了扩大数字传输系统的容量，形成二次以上高次群的方法有 PCM 复用技术和数字复接技术。PCM 复用技术就是直接将多路信号编码复用。数字复接技术是将几个低次群信号在传输时间的空隙上叠加形成高次群。

把多路数字语音信号及插入的各种标记信号按照一定的时间顺序排列成的数字码流组合称为帧结构。PCM 的帧结构如图 5.32 所示。每帧共有 32 个时隙(TS)。其中 TS0 用于传输帧同步码，TS16 用于传送信令，TS1～TS15 和 TS17～TS31 用于传输 30 个话路。

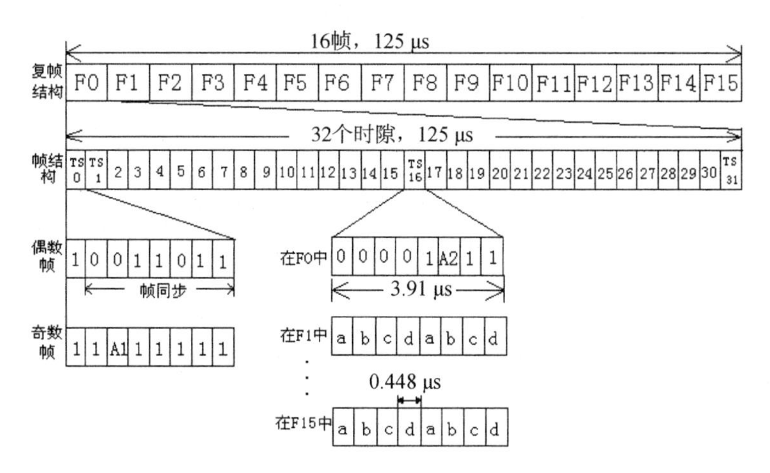

图 5.32　PCM 30/32 路基群帧结构

每路语音信号的抽样频率为 8000Hz，即每秒抽样 8000 次，所以两个抽样值之间的时间间隔是 1/8000，即抽样周期 $T_s=125\mu s$，也称为帧长。$125\mu s$ 时间又被分为 32 个时隙 TS，每个时隙容纳 8bit。每比特占用的时间是 $T_b=\dfrac{125}{32\times 8}\mu s\approx 0.448\mu s$。因此，基群的比特率为

$$R_b=\frac{1}{T_b}=8000\times 32\times 8=2.048\text{Mbit/s}$$

5.4.3　SDH 复接技术

目前，数字复接技术主要包括准同步体系 PDH 和同步体系 SDH。PDH 主要用于较低传输速率的公共电话网 PSTN，SDH 主要用于光纤通信等骨干网络。PDH 又分为

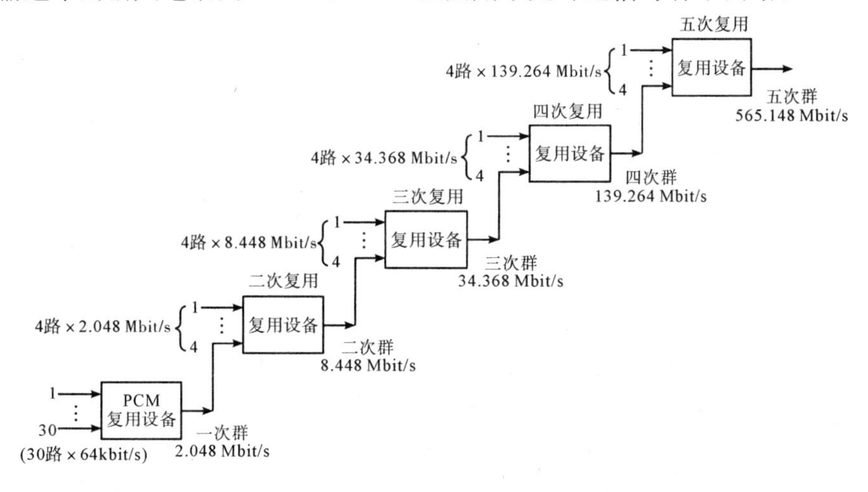

图 5.33　E 体系的复接结构

E 体系和 T 体系。我国及欧洲国家间连接采用 E 体系作为标准。E 体系的复接结构(包括层次、路数和比特率)如图 5.33 所示。

PDH 信号复接到 SDH 系统的结构如图 5.34 所示。

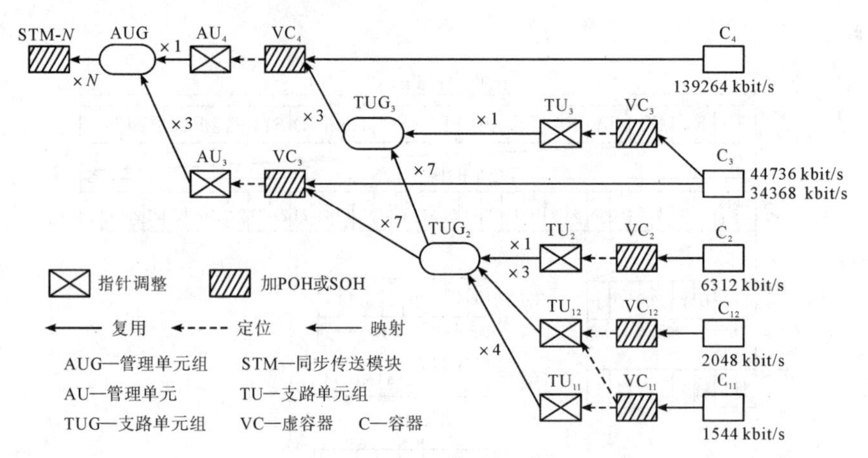

图 5.34　PDH 信号复接到 SDH 系统的结构

5.5　PCM 系统的应用仿真

PCM 编、解码的基本工作原理详见 5.1 节。本节主要介绍利用 Simulink 软件完成 PCM 编、解码系统的应用仿真，通过仿真波形直观地显示 PCM 系统的工作过程及波形的变换过程。

图 5.35 所示的系统模型主要包括：PCM 编码子模块、PCM 解码子模块、低通滤波器和输出显示系统。PCM 编码器的输入波形和译码器的输出波形如图 5.36 所示。

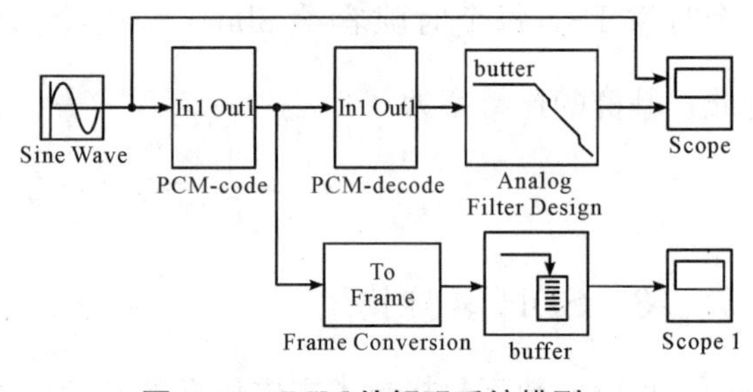

图 5.35　PCM 编解码系统模型

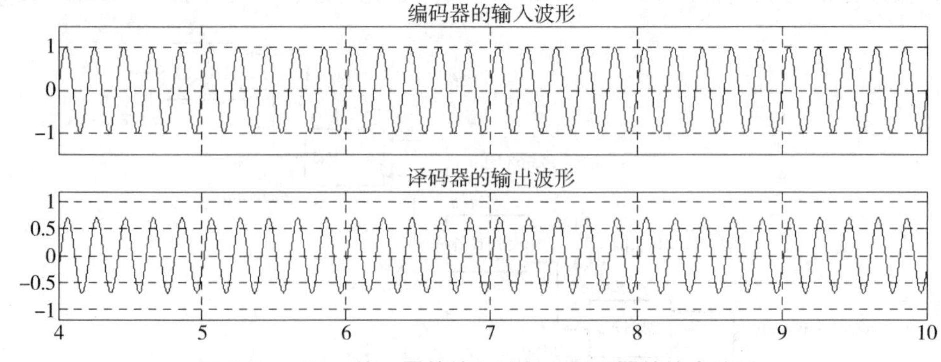

图 5.36　PCM 编码器的输入波形和译码器的输出波形

从图 5.36 可以看出，在无噪声干扰的情况下，输入的模拟信号经过 PCM 编码、解码后能够无失真地恢复出原始信号。

图 5.36 中 PCM 编码子模块和解码子模块的内部模型如图 5.37 和图 5.38 所示。

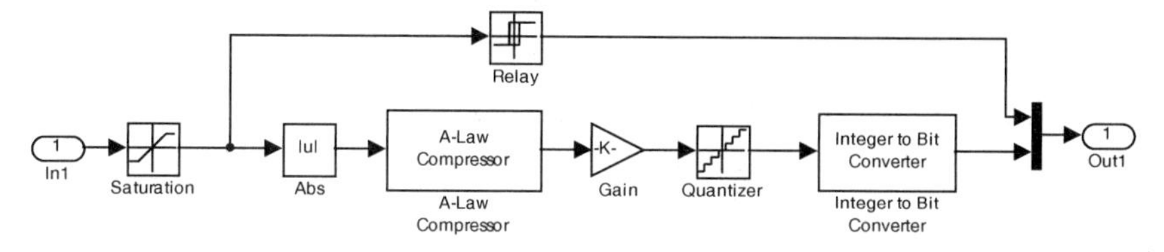

图 5.37　PCM 编码子模块

PCM 编码子模块首先根据输入信号的正、负做出极性判断，其次对绝对值进行 A 律扩张，最后经量化和编码后输出二进制数字信号。PCM 解码子模块主要是将数字比特信号转换成数值，然后进行 A 律压缩，最后根据极性输出离散信号。

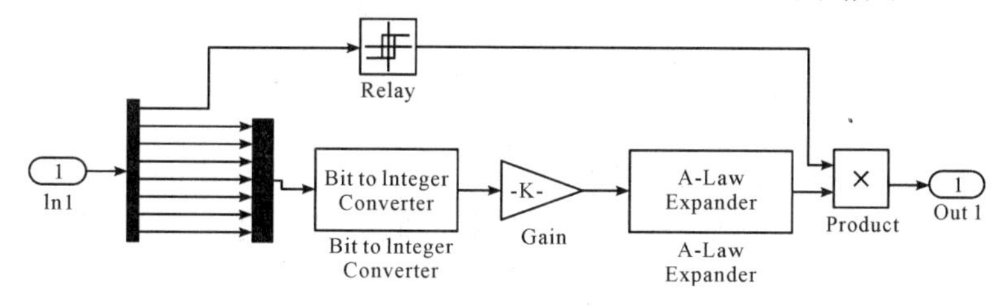

图 5.38　PCM 解码子模块

图 5.39 所示为 PCM 编码各点的输出波形，从波形中可以看到，通过 A 律压缩以后，小信号得到了放大，进而提高了其量化信噪比。

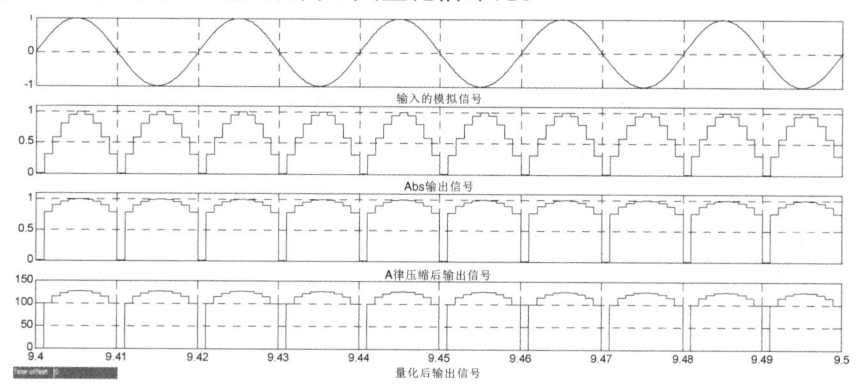

图 5.39　PCM 编码模型中各点的输出波形

图 5.40 为 PCM 编码后输出的数字信号。该信号进入 PCM 解码模块，解码模型中各点的输出波形如图 5.41 所示。

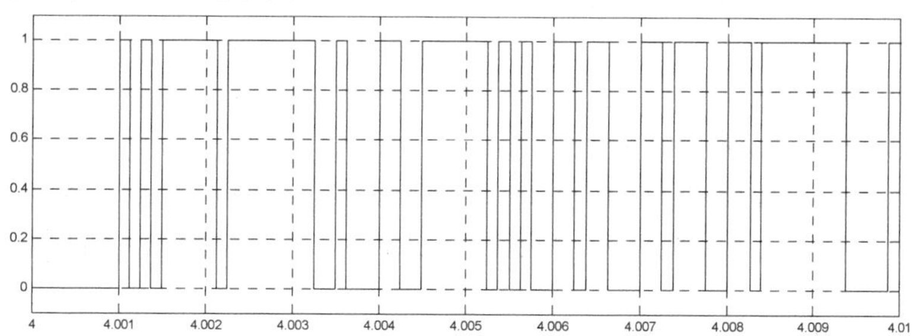

图 5.40　PCM 编码后输出的数字信号

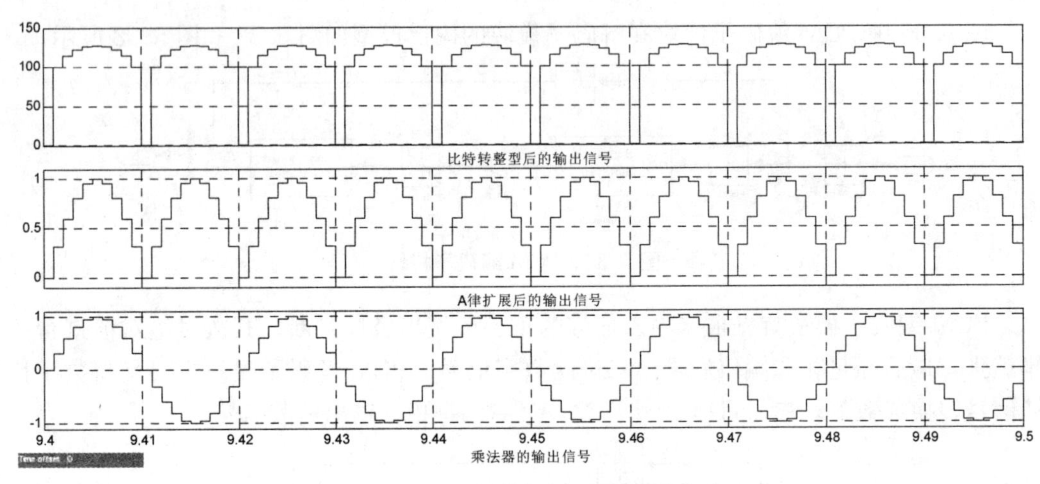

图 5.41 PCM 解码模型中各点的输出波形

从图 5.41 中可以看出，数字信号经过 Bit to integer converter 电路后变成量化波形，再经过 A 律扩展后将发送端进行 A 律压缩后的信号恢复，然后与极性码相乘得到解码输出波形。

PCM 解码输出波形经过低通滤波器平滑后输出如图 5.36 所示的波形(译码器的恢复信号)。

习题

1. 试比较理想抽样、自然抽样和平顶抽样的异同点。

2. 什么是均匀量化？对语音信号而言，它的主要缺点是什么？如何克服？

3. 什么是非均匀量化？在非均匀量化时，为什么要进行压缩和扩张？

4. 设信号频率范围为 0～4kHz，以奈奎斯特速率进行抽样。将所得的抽样值用 PAM 系统或 PCM 系统进行传输。

(1)计算 PAM 系统要求的最小信道带宽。

(2)在 PCM 系统中，抽样值按 256 个量化级进行二进制编码，计算 PCM 系统要求的最小信道带宽。

5. PCM 系统的输入信号的抽样值为 630Δ，求 A 律 13 折线编码输出的码组，以及译码输出和量化误差。

6. A 律 13 折线编码器输入的最大电压为 4096mV，已知一个抽样值为 798mV，试求：

(1)编码输出的码组 C；

(2)译码后的量化误差。

7. 已知信号 $x(t)$ 的振幅均匀分布在 0～2V 范围内，频带限制在 4kHz 内，以奈奎斯特速率进行抽样。这些抽样值采用均匀量化后进行二进制编码，若量化电平间隔为 1/32(V)，求：

(1)数字信号传输所需的带宽；

(2)量化信噪比。

8. 某模拟信号的最高频率为5kHz，现对其进行抽样、均匀量化和编码，要求PCM系统输出的量化信噪比不低于4096，试计算传输该PCM信号至少需要多少频带宽度？

9. 设语音信号频率范围为0～4kHz，幅值在－4.096～＋4.096V之间满足均匀分布。试求：

(1)若采用均匀量化编码，以PCM方式传送，量化间隔为2mV，用最小抽样速率进行抽样，求传送该PCM信号实际需要的最小带宽和量化信噪比。

(2)若采用A率13折线对该信号进行非均匀量化编码，这时最小量化间隔是多少？传送该数字信号实际需要的最小带宽和量化信噪比是多少？

10. PCM信号采用均匀量化，进行二进制编码，设最小的量化间隔为10mV，编码范围为0～2.56V，已知抽样脉冲值为0.6V，信号频率范围为0～4kHz。

(1)试求此时编码器输出的码组，并计算量化误差。

(2)用最小抽样速率进行抽样，求传送该PCM信号所需的最小带宽。

11. 什么是时分复用？它在数字电话中是如何应用的？

12. 如果有32路PCM信号，每路信号的最高频率为4kHz，按8bit进行编码，量化阶数为256，试求该PCM信号的传输速率。

科学名家：奈奎斯特

奈奎斯特(1889—1976)，是美国物理学家，1917 年获得耶鲁大学工学博士学位，曾在美国 AT&T 公司与贝尔实验室任职。奈奎斯特为近代信息理论的发展做出了突出贡献。

1927 年，奈奎斯特确定了如果对某一带宽的有限时间连续信号(模拟信号)进行抽样，且在抽样率达到一定数值时，根据这些抽样值可以在接收端准确地恢复原信号。为了不使原波形产生“半波损失”，抽样率至少应为信号最高频率的两倍，这就是著名的奈奎斯特抽样定理。奈奎斯特抽样定理是信息论，特别是通信与信号处理学科中的一个重要基本结论。

第 6 章　数字基带传输系统

在 PCM 通信系统中，模拟信号经过 A/D 变换后，成为数字信号(一种简单的单极性非归零码 NRZ)。这种码型的数字信号不能直接在传输线路上进行长距离传输，需要对其进行码型变换(又称为线路编码)。本章主要讲述线路编码的原则，如何设计数字基带传输系统函数以消除码间串扰，以及改善数字基带传输系统性能的措施。

6.1　数字基带信号的码型

6.1.1　码型设计原则

一个实用的数字传输系统，对信号源发送的数字信号(“0”码和“1”码)不应该有任何限制。也就是说，不管所传数据是什么样的比特组合，都应当能够在链路上传送，这就是数据传输的透明性。数字传输系统要做到这一点，并满足传输链路的其他性能要求，就需要选择合适的传输码型，即码型变换。为了无失真地传输数字基带信号，基带信号码型的设计必须满足下列准则：

(1)线路传输码型的频谱中应不含直流分量。

(2)基带信号中包含位定时信息。

(3)码型变换后，基带信号具有一定的检错能力。

(4)码型变换过程应具有透明性，即与信源的统计特性无关。

(5)尽量减少基带信号频谱中的高频分量，节省传输频带，提高信道的频谱利用率，并减少串扰。

6.1.2　各种传输码型

6.1.2.1　单极性非归零码 NRZ

编码原则：“1”为正电平，“0”为零电平；整个码元期间电平保持不变。

6.1.2.2　双极性非归零码 BNRZ

编码原则：“1”为正电平，“0”为负电平；整个码元期间电平保持不变。

6.1.2.3　单极性归零码 RZ

编码原则：发送“1”时，整个码元期间只维持一段时间的正电平，其余时间为零；发送“0”时，整个码元期间为零电平。

6.1.2.4 双极性归零码 BRZ

编码原则：发送“1”时，整个码元期间只维持一段时间的正电平，其余时间为零；发送“0”时，整个码元期间只维持一段时间的负电平，其余时间为零。

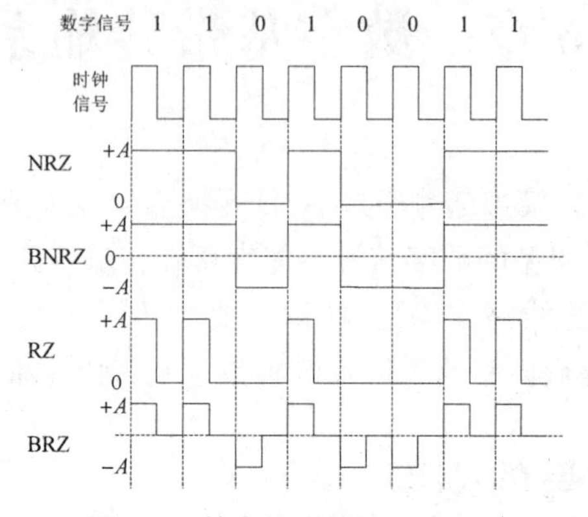

图 6.1 基本码型的编码波形图

上述四种简单的二元码的功率谱(如图 6.1 所示)中有丰富的低频分量，一般用于设备内部和近距离的信号传输，或用作过渡码型。当非归零码中出现连续“1”或连续“0”时，由于长期保持固定电平，因此会导致接收端无法提取到位同步信号。二元码中“1”或“0”分别对应某个电平，相邻电平不存在制约关系，没有纠错能力。

6.1.2.5 差分码

差分码也称为相对码，是利用电平跳变来分别表示“1”或“0”，可分为传号差分码和空号差分码。传号差分码：当输入数据为“1”时，编码输出波形相对于前一码元电平产生跳变；当输入数据为“0”时，编码输出波形不产生跳变。空号差分码：当输入数据为“0”时，编码输出波形相对于前一码元电平产生跳变；当输入数据为“1”时，编码输出波形不产生跳变。

6.1.2.6 曼彻斯特码

曼彻斯特码，又称为数字双相码或分相码。编码原则：利用一个占空比为 50%的对称方波(如 10)表示数据“1”，而其反相波(如 01)表示数据“0”。曼彻斯特码由于具有隐含时钟、去除零频率信号等特性，因此广泛应用于局域网传输(如以太网)。

6.1.2.7 密勒码

密勒码是数字双相码的差分形式。编码原则：用占空比为 50%的方波来表示数据“1”，初相与前一位码的相位有关。当前一位是“0”时，相位不变；当前一位是“1”时，相位翻转。用全占空比方波来表示数据“0”，当出现单个“0”时，电平保持不变；当出现连“0”时，第一位电平保持不变，其后的“0”码在码元边缘处交替翻转电平，如图 6.2 所示。

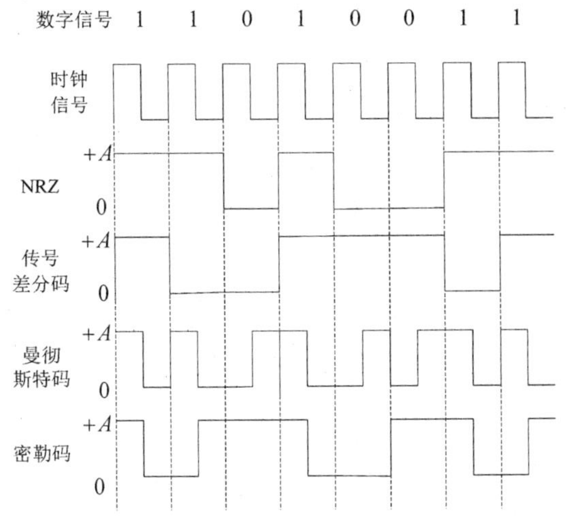

图 6.2　常用二元码型的编码波形图

在无源射频识别(Radio Frequency IDentification，RFID)中，为了实现射频卡和读写器之间的数据交换，都是采用负载调制方式完成的。进行负载调制时，需要选用一种编码去调制。密勒码因带有时钟信息，且具有较好的抗干扰能力，因而是非接触存储卡中优选使用的码型。

6.1.2.8　传号交替反转码

传号交替反转码(AMI 码)是三元码。编码原则：“0”码用三电平中的 0 电平表示，“1”码用“+1”和“−1”的归零码交替表示，如图 6.3 所示。AMI 码的特点如下：

(1)无直流分量，能量集中在 1/2 码速处，如图 6.4 所示。

(2)具检错能力，如果接收端信号“1”码电平的交替规律被破坏，则认为出现了差错。

(3)如果输入信号中连“0”过多，则接收端难以提取位定时信号。

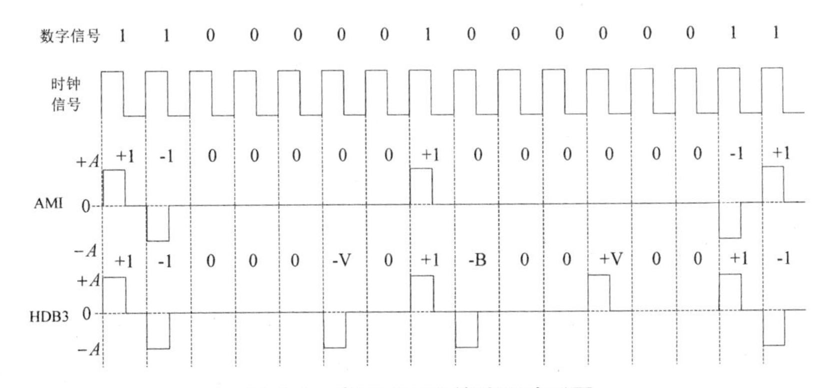

图 6.3　常用三元码的编码波形图

AMI 码被用于北美电话系统中时分复用基群的线路接口码型。

6.1.2.9 三阶高密度双极性码

三阶高密度双极性码(HDB3 码)同为三元码，其针对 AMI 码中出现连“0”过多而导致接收端无法提取位定时信息的缺点进行了改进，即信源数据中如果出现 4 连“0”，就用特定码组(取代节)来替代。HDB3 码有两种取代节，分别是 B00V 和 000V，其中 B 是符合交替规律的传号(“1”码)，V 是不符合交替规律的传号(破坏节)。HDB3 编码的取代法则(如图 6.3 所示)为：

(1)对于码组中出现 4 个及以上的连“0”时，对前 4 个连“0”用取代节 000V 进行替代。同时，必须保持破坏节 V 码之间极性的交替性。

(2)破坏节 V 码必须与前一个“1”码保持极性相同。

(3)如果法则(2)不能满足，则需将 4 个连“0”中的第 1 个“0”变换为 B 码，即变换为取代节 B00V，来满足法则(2)。

虽然 HDB3 的编码很复杂，但解码规则很简单，就是找到原来的取代节(4 个连“0”)即可，若 3 连“0”前后非零脉冲同极性，则将最后一个非零元素译为零，如＋1000＋1就应该译为“10000”，否则不用改动；若 2 连“0”前后非零脉冲极性相同，则两零前后都译为零，如－100－1 就应该译为 0000，否则也不用改动；再将所有的－1 变换为＋1 后，就可以得到原消息代码。

HDB3 码是为了克服 AMI 码的缺点而出现的，因 HDB3 码具有无直流成分、低频成分少和连“0”个数最多不超过 3 个(对定时信号的恢复十分有利)等特点，已成为 CCITT 协会推荐使用的基带传输码型之一。HDB3 码适用于 PCM 电缆传输信道，被推荐作为 30/32 路 PCM 基群、二次群、三次群设备的传输接口码型。

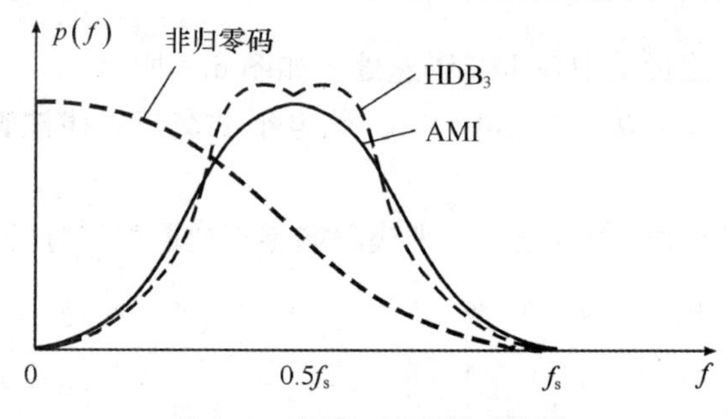

图 6.4 常用三元码的功率谱

6.2 数字基带信号的功率谱计算

在通信系统中，除特殊情况(如测试信号)外，数字基带信号通常是随机脉冲序列。因为若在数字通信系统中传输的数字序列不是随机的，而是确知的，则信号就不携带任何信息，通信过程就失去了意义。研究随机脉冲序列的频谱，要从统计分析的角度出发，研究其功率谱密度。

通过计算二进制数字基带信号的功率谱，可以确定二进制数字信号的频谱成分(直流、定时信息等)和传输所需的带宽。

设二进制随机序列为

$$g(t)=\sum g(t-nT_s) \tag{6.1}$$

其中 $g(t)=\begin{cases} g_1(t-nT_s), & P \quad “1” \\ g_0(t-nT_s), & 1-P \quad “0” \end{cases}$，$n$ 为自然整数，T_s 为码元周期。

对于任意随机序列，$g(t)$可分解为稳态分量 $a(t)$和周期信号 $u(t)$，利用数学分析可以得到二进制随机脉冲序列的功率谱为

$$\begin{aligned} p(f) &= p_a(f)+p_u(f) \\ &= \frac{1}{T_s^2}|PG_1(nf_s)+(1-P)G_0(nf_s)|^2\delta(f-nf_s) \\ &\quad +\frac{1}{T_s}P(1-P)|G_1(f)-G_0(f)|^2 \end{aligned} \tag{6.2}$$

其中 $f_s=\dfrac{1}{T_s}$为码元速率，$G_1(f)$为“1”码时域波形对应的频谱，$G_0(f)$为“0”码时域波形对应的频谱。当“0”码和“1”码等概率出现时，有

$$p(f)=\frac{1}{4T_s^2}|G_1(nf_s)+G_0(nf_s)|^2\delta(f-nf_s)+\frac{1}{4T_s}|G_1(f)-G_0(f)|^2 \tag{6.3}$$

讨论分析：

(1)二进制数字基带信号的功率谱中既包含了离散谱(第一部分)，也包含了连续谱(第二部分)。

(2)连续谱始终存在，频谱的形状取决于“1”码和“0”码的时域波形；根据连续谱可以确定二进制数字信号的频带宽度。

(3)离散谱是否存在，取决于“1”码和“0”码的时域波形及其出现的概率；根据离散谱可以确定二进制数字信号中是否含有直流成分和定时分量。

【例题 6.1】分析“1”码和“0”码等概率的单极性非归零码的功率谱。

解：根据 NRZ 码的编码原则可知：$g_1(t)=Ag(t)$，$g_0(t)=0$，其中 $g(t)$是脉冲宽度为 T_s 的门信号，波形如图 6.5 所示。

$g(t)$对应的频谱 $G(f)=T_sSa\left(\dfrac{\pi f}{f_s}\right)$。

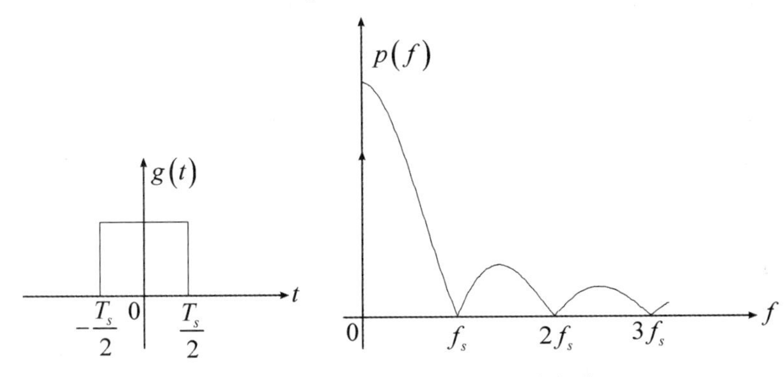

图 6.5　门信号波形图和 NRZ 功率谱

根据式(6.3)，单极性非归零码的功率谱(如图 6.5 所示)为

$$p(f)=\frac{1}{4T_s^2}|AG(nf_s)|^2\delta(f-nf_s)+\frac{1}{4T_s}|AG(f)|^2$$
$$=\frac{A^2}{4}Sa^2(n\pi)\delta(f-nf_s)+\frac{A^2T_s}{4}Sa^2\left(\frac{\pi f}{f_s}\right) \tag{6.4}$$

分析讨论：

(1)离散谱：当 $n=0$ 时，$G(nf_s)=T_sSa(0)\neq 0$，说明功率谱中含有直流分量；当 n 是不为零的整数时，$G(nf_s)=T_sSa(n\pi)=T_s\ \dfrac{\sin(n\pi)}{n\pi}=0$，说明功率谱中不包含定时信息。

(2)连续谱：$Sa\left(\dfrac{\pi f}{f_s}\right)$的第一个零点为 f_s，说明 NRZ 码的第一个零点带宽 $B=f_s$。

【例题 6.2】分析“1”码和“0”码等概率的单极性归零码的功率谱。

解：根据 RZ 码的编码原则可知：$g_1(t)=Ag(t)$，$g_0(t)=0$，其中 $g(t)$是脉冲宽度为 $T_s/2$ 的门信号。

$g(t)$对应的频谱 $G(f)=\dfrac{T_s}{2}Sa\left(\dfrac{\pi f}{2f_s}\right)$。

根据式(6.3)，单极性归零码的功率谱(如图 6.6 所示)为

$$p(f)=\frac{1}{4T_s^2}|AG(nf_s)|^2\delta(f-nf_s)+\frac{1}{4T_s}|AG(f)|^2$$
$$=\frac{A^2}{16}\sum_{n=-\infty}^{\infty}Sa^2\left(\frac{n\pi}{2}\right)\delta(f-nf_s)+\frac{A^2T_s}{16}Sa^2\left(\frac{\pi f}{2f_s}\right) \tag{6.5}$$

分析讨论：

(1)离散谱：当 $n=0$ 时，$G(nf_s)=\dfrac{T_s}{2}Sa(0)\neq 0$，说明功率谱中含有直流分量；当 n 是不为零的奇数 $2m+1$ 时，$G(nf_s)=\dfrac{T_s}{2}Sa\left(m\pi+\dfrac{\pi}{2}\right)\neq 0$；当 n 是不为零的偶数 $2m$ 时，$G(nf_s)=\dfrac{T_s}{2}Sa(m\pi)=0$。

也就是说，在奇数倍 f_s 处存在离散谱，即 RZ 码中包含定时信息。

(2)连续谱：$Sa\left(\dfrac{\pi f}{2f_s}\right)$的第一个零点为 $2f_s$，说明 RZ 码的第一个零点带宽 $B=2f_s$。

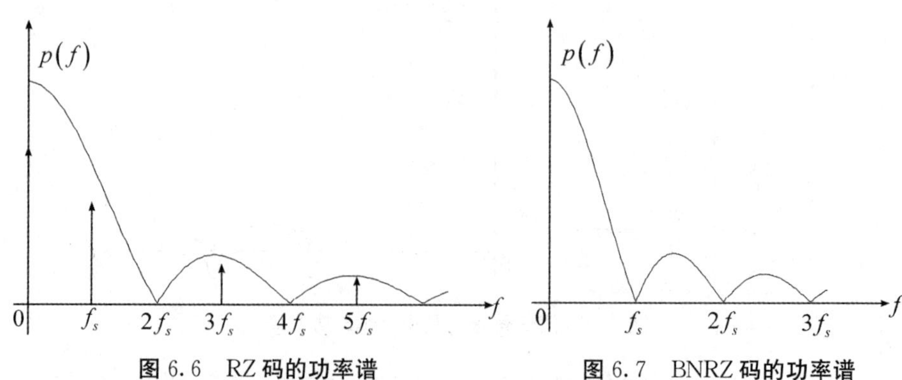

图 6.6 RZ 码的功率谱　　图 6.7 BNRZ 码的功率谱

【例题 6.3】分析“1”码和“0”码等概率的双极性非归零码的功率谱。

解：根据 BNRZ 码的编码原则可知：$g_1(t)=Ag(t)$，$g_0(t)=-Ag(t)$，其中 $g(t)$是脉冲宽度为 T_s 的门信号。$g(t)$对应的频谱 $G(f)=T_sSa\left(\frac{\pi f}{f_s}\right)$。

根据式(6.3)，双极性非归零码的功率谱(如图 6.7 所示)为

$$
\begin{aligned}
p(f)&=\frac{1}{4T_s^2}\left|G_1(nf_s)+G_0(nf_s)\right|^2\delta(f-nf_s)+\frac{1}{4T_s}\left|G_1(f)-G_0(f)\right|^2\\
&=\frac{1}{4T_s}\left|2AG(\omega)\right|^2\\
&=A^2T_sSa^2\left(\frac{\pi f}{f_s}\right)
\end{aligned}
\tag{6.6}
$$

分析讨论：

(1)离散谱：BNRZ 中由于 $g_1(t)=-g_0(t)$，因此不包含离散谱，即不包含定时信息。

(2)连续谱：$Sa\left(\frac{\pi f}{f_s}\right)$的第一个零点为 f_s，说明 BNRZ 码的第一个零点带宽$B=f_s$。

通过上述三个例题的讨论分析，对于二进制随机数字信号的功率谱可以得到以下几点结论：

(1)信号带宽主要取决于单个脉冲的频谱。NRZ 码的带宽为 f_s，RZ 码的带宽为 $2f_s$。其中，f_s 是位定时信息的频率，在数值上与码元速率 R_s 相等。

(2)单极性 RZ 码中既包含定时分量，也包含直流分量。

(3)双极性信号(BNRZ 或 BRZ)不包含离散谱，既没有直流分量，也没有定时分量。

对于那些不含有位定时信息的码型，设法将其变换成单极性归零码，便可获得位定时信息。以单极性非归零码为例，其变换过程如图 6.8 所示。

图 6.8　由 NRZ 到 RZ 的变换过程

从以上变换过程可知，非归零码的上、下跳变沿处含有定时信息。曼彻斯特码由于具有频繁的跳变沿而含有丰富的位定时信息。AMI 码和 HDB3 码的单个波形均为归

零码脉冲，经过简单的变换后即可提取位定时信息。

6.3 无码间串扰的模型

由信号的频域分析基本原理可知，任何信号的频域受限和时域受限不可能同时成立。在6.1节和6.2节讨论的各种码型所对应的时域波形都是矩形波(时域受限)，而矩形波在频域是无穷延伸的。但是信道的带宽是有限的，且系统的总传输特性不理想会导致接收端码元的响应波形畸变、展宽和拖尾，形成前后码元之间的串扰，即码间串扰(ISI)。如图6.9所示，对某个码元抽样时，得到的实际抽样值不仅有本码元的样值，还有其他码元在该码元抽样时刻上的串扰值(ISI)及噪声的样值。本节不讨论噪声对抽样判决的影响，仅讨论码间串扰对信号传输的影响，以及如何尽可能地消除码间串扰，进而达到无码间串扰传输。

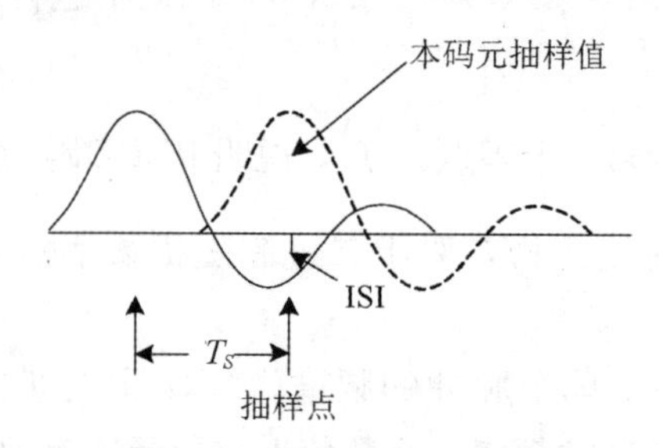

图6.9 码间串扰示意图

为了讨论基带传输的无码间串扰，首先需建立基带信号传输系统的典型模型。如图6.10所示，数字基带信号传输系统由发送滤波器、信道(加噪声)、接收滤波器组成。

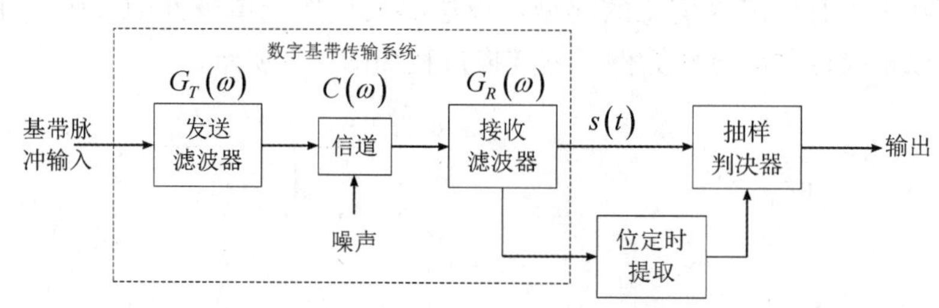

图6.10 基带信号传输系统模型

发送滤波器：将矩形脉冲变换成适合于信道传输的基带信号波形；信道：由噪声等因素的影响导致传输波形失真；接收滤波器：滤除带外噪声，并对接收到的失真波形进行平滑；抽样判决器：利用提取到的位定时信息对接收波形进行抽样判决，以恢复或再生基带信号。

设基带传输系统总的传递函数为$S(\omega)$，则

$$S(\omega)=G_T(\omega)\cdot C(\omega)\cdot G_R(\omega) \tag{6.7}$$

在后面的讨论中，将更多地使用传递函数和冲激响应来描述无码间串扰的频域和时域特性。

6.3.1　无码间串扰的条件

数字基带传输系统中，信号的传递过程如图 6.11 所示。

模拟信号经过 A/D 变换后是单极性非归零码[如图 6.11(a)所示]，经过信道编码变换成双极性归零码[如图 6.11(b)所示]，发送滤波器对其限带后的波形如图 6.11(c)所示，进入信道后，由于加性高斯白噪声的影响，波形如图 6.11(d)所示，利用提取的位定时信息[如图 6.11(f)所示]对接收滤波器处理以后的信号波形[如图 6.11(e)所示]进行判决抽样，然后整形为二进制数字信号，如图 6.11(g)所示。对比图 6.11(a)和图 6.11(g)后，发现最后一个比特产生了误判。产生误判的原因很多，其中最重要的因素是码间串扰和噪声干扰。关于噪声对误码的影响将在 6.5 节进行讨论。

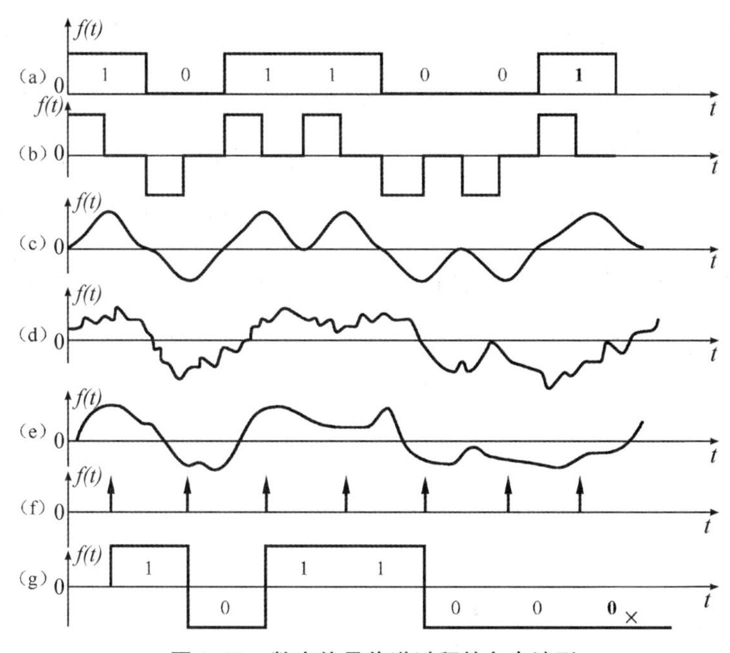

图 6.11　数字信号传递过程的各点波形

如图 6.11 中(e)和(f)所示，抽样判决的过程就是：对抽样点对应的样值进行判决，如果样值大于判决门限(在图 6.11 中为 0V)，则判为“1”码，否则判为“0”码。因此，对于数字基带传输系统，尽管信号经传输后整个波形发生了变化，但只要在特定点(抽样点)的抽样值能反映其所携带的幅度信息，那么再次抽样仍然可以准确无误地恢复原始信号。基于这个原因，抽样判决又称为再生判决。也就是说，只需研究特定时刻的抽样值是否满足无码间串扰即可，而波形是否在时间域被延伸无关紧要。

无码间串扰的时域充要条件是：接收波形 $s(t)$ 仅在本码元的抽样时刻有最大值，而在其他码元的抽样时刻 $t=nT$，$n=\pm1$，±2，…其值为 0。接收波形(图 6.12 所示)在数学上应该满足以下关系：

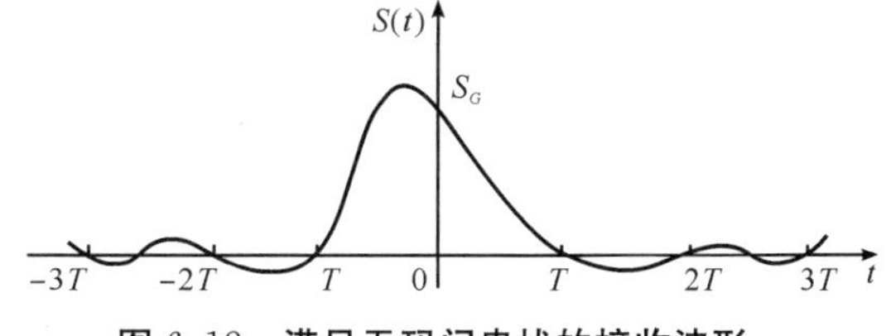

图 6.12　满足无码间串扰的接收波形

$$s(nT)=S_0\delta(t) \tag{6.8}$$

$$\delta(t)=\begin{cases}1, & t=0\\ 0, & t\neq 0\end{cases} \tag{6.9}$$

当波形信号 $s(nT)$满足式(6.8)时，抽样值无码间串扰。式(6.8)称为无码间串扰的时域条件。

$s(nT)$是波形信号 $s(t)$的特定值，而 $s(t)$是由基带传输系统形成的单位冲激响应。显然，要想满足无码间串扰，在频域上 $S(\omega)$也应该满足一定的条件。

已知 $S(\omega)$是时域信号 $s(t)$的傅立叶变换，则满足无码间串扰传输的频域条件为

$$\sum_{n=-\infty}^{\infty} S\left(\omega+\frac{2n\pi}{T}\right)=S_0 T \quad -\frac{\pi}{T}\leqslant\omega\leqslant\frac{\pi}{T} \tag{6.10}$$

式(6.10)称为奈奎斯特(Nyquist)第一准则，$B_{eq}=\dfrac{1}{2T}$(Hz)为奈奎斯特频率。该准则是设计或检验 $S(\omega)$能否消除码间串扰的理论依据。式(6.10)的物理意义：将传递函数 $S(\omega)$的特性曲线以$\dfrac{2\pi}{T}$为间隔分段，平移到$\left(-\dfrac{\pi}{T},\ \dfrac{\pi}{T}\right)$区间内进行叠加，其结果应为常数，即等效成一个理想低通滤波器。满足等效理想低通滤波器特性的传递函数很多，但是只要传输函数是实函数，且在 $\omega=\dfrac{\pi}{T}\left(f=\dfrac{1}{2T}\right)$处呈现互补奇对称，那么不管传递函数 $S(\omega)$的形式如何，系统都可以消除码间串扰，如图 6.13 所示。

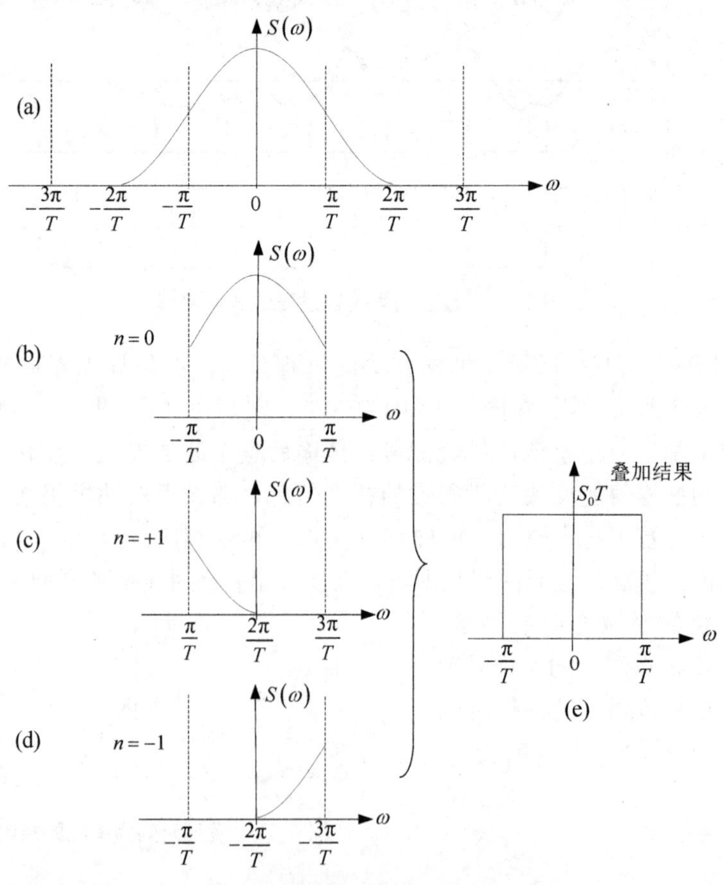

图 6.13 满足无码间串扰的传递函数

6.3.2　无码间串扰的传输波形

6.3.2.1　理想低通信号

如果数字基带传输系统的传递函数 $S(\omega)$ 不需要分割、叠加，而本身就是理想低通滤波器形式的传递函数，即

$$S(\omega)=\begin{cases}0, & |\omega|>\dfrac{\pi}{T}\\ S_0T, & |\omega|\leqslant\dfrac{\pi}{T}\end{cases}\tag{6.11}$$

那么对应的时域冲激响应为

$$s(t)=S_0Sa\left(\frac{\pi t}{T}\right)\tag{6.12}$$

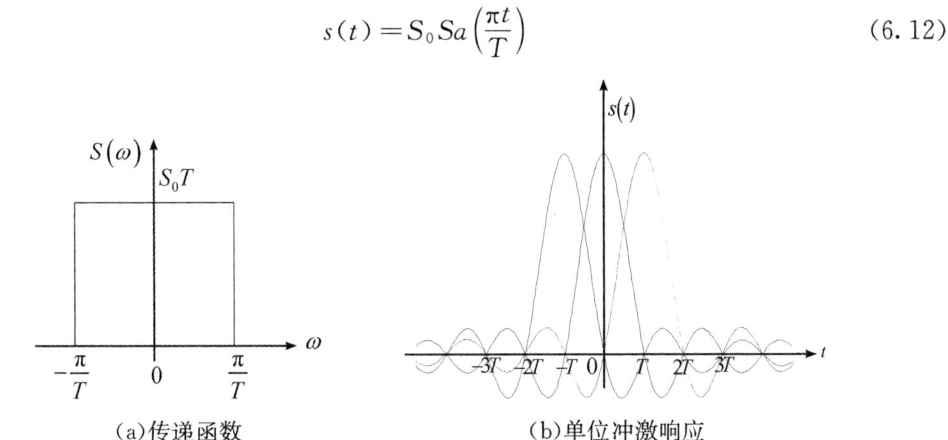

(a)传递函数　　(b)单位冲激响应

图 6.14　理想低通滤波器无码间串扰示意图

由图 6.14(b)可以看出，如果基带传输系统的传递函数为理想低通滤波器，则基带信号的传输不存在码间串扰。但是实际应用系统的传递函数不能达到理想低通滤波器的特性。即使可以获得这种传输特性，在抽样判决过程中还要求位定时信息必须准确无误，抽样时刻准确处于 $t=nT$ 点，否则依然无法实现无码间串扰。图 6.14 所示的传输系统给出了基带传输系统的最大传输能力。

对于带宽 $B=\dfrac{1}{2T}$ 且具有理想低通滤波器的传输特性的传递函数 $S(\omega)$ 如图 6.14(a)所示。若以 $R_s=\dfrac{1}{T}$ 的速率传输数据，则在抽样时刻上不存在码间串扰[如图 6.14(b)所示]；但若以高于 $\dfrac{1}{T}$ 的速率传输数据，则将存在码间串扰。这时基带传输系统所能提供的最高码元频带利用率为

$$\eta_s=\frac{R_s}{B}=\frac{1/T}{1/2T}=2(\text{baud/Hz})\tag{6.13}$$

式(6.13)说明，对于数字基带传输系统，单位频带内最多可传送 2 个码元，而不管这个码元是二元码还是多元码。某个数字基带传输系统的最大信息频带利用率可表

示为

$$\eta_b=\frac{R_b}{B}=\log_2 M\cdot\eta_s=2\log_2 M\ [\mathrm{bit/(s\cdot Hz)}] \tag{6.14}$$

式(6.14)说明，对于采用M元码的数字基带传输系统，传输系统能够达到的最大信息频带利用率为$2\log_2 M$[bit/(s·Hz)]，但是传输系统的最高码元频带利用率只能为2(baud/Hz)。

如果不特别说明，本书中系统频带利用率均指信息频带利用率。

6.3.2.2 升余弦滚降信号

理想低通系统的优点是频带利用率高，但是无法实现。此外，由于时域衰减比较慢，当位同步信号稍有偏差时就会引入较大的码间干扰，因此理想低通系统对位定时误差要求很严格。升余弦滚降系统则相反，它的频带利用率低，但可以实现，且对位定时误差要求不太严格。

升余弦滚降系统的传递函数为

$$S(\omega)=\begin{cases}\dfrac{S_0T}{2}\left\{1-\sin\left[\dfrac{T}{2a}\left(\omega-\dfrac{\pi}{T}\right)\right]\right\}, & \dfrac{\pi(1-a)}{T}\leqslant|\omega|\leqslant\dfrac{\pi(1+a)}{T}\\ S_0T, & 0\leqslant|\omega|\leqslant\dfrac{\pi(1-a)}{T}\\ 0, & \dfrac{\pi(1+a)}{T}\leqslant|\omega|\end{cases} \tag{6.15}$$

其对应的时域响应信号为

$$s(t)=S_0\frac{\sin\dfrac{\pi t}{T}}{\dfrac{\pi t}{T}}\frac{\cos\dfrac{a\pi t}{T}}{1-\dfrac{4a^2t^2}{T^2}} \tag{6.16}$$

这里a为滚降系数，取值范围为$0\leqslant a\leqslant 1$，实际应用中一般选取$0.2<a<1$。

$$a=\frac{\Delta f}{B_{eq}},\ B_{eq}=\frac{1}{T} \tag{6.17}$$

其中B_{eq}为等效理想低通滤波器的带宽，Δf为超出等效带宽的部分。

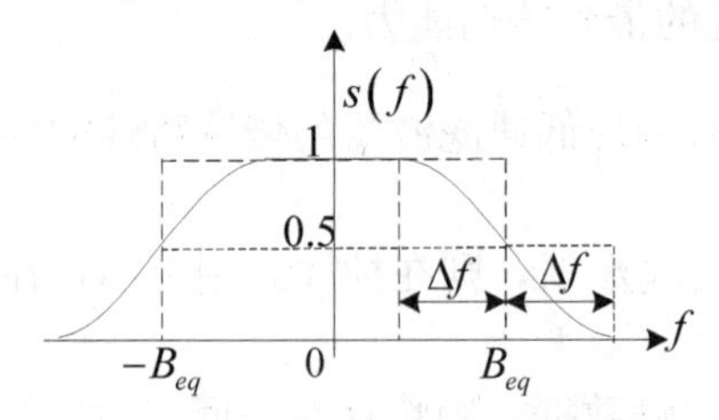

图 6.15 低通滤波器的等效带宽

图6.15分别给出了不同滚降系数下的传递函数和冲激响应的波形图。由图可知，不同滚降系数下的冲激响应均满足无码间串扰传输的时域条件；但是滚降系数越大，其时域响应波形的拖尾衰减速度越快，频域所占用的带宽越大(如图6.16所示)。

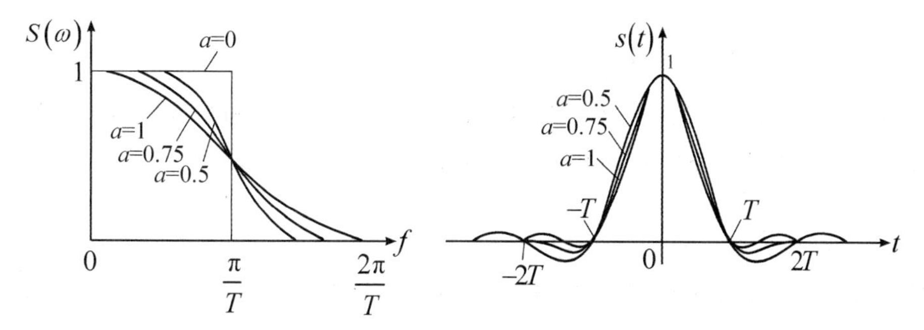

图 6.16 升余弦滚降系统

由式(6.17)可知，升余弦滚降系统的带宽为

$$B=\frac{1}{2\pi}\cdot\frac{\pi(1+a)}{T}=\frac{1+a}{2T}=\Delta f+B_{eq} \tag{6.18}$$

对于二进制编码，系统的信息频带利用率为

$$\eta_b=\frac{R_b}{B}=\frac{1/T}{(1+a)/2T}=\frac{2}{1+a} \tag{6.19}$$

【例题 6.4】某数字基带系统的传输特性如图 6.17 所示。试检验并计算：

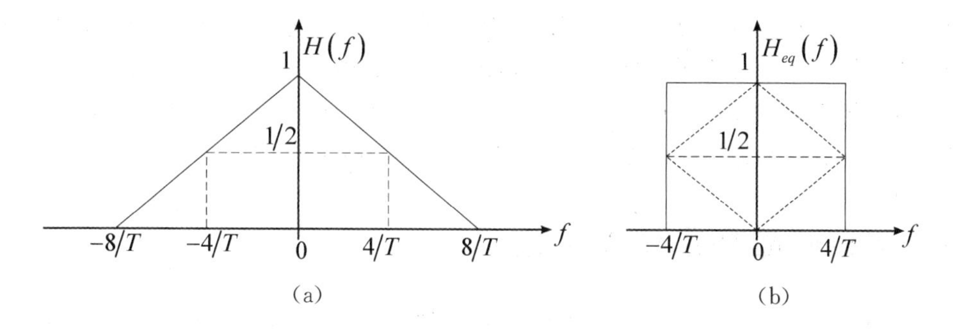

图 6.17 例题 6.4 中的传输特性

(1)该系统能否实现无码间串扰的传输；

(2)滚降系数和系统带宽；

(3)无码间串扰传输的最高码元速率和频带利用率。

解：(1)对图 6.17(a)所示系统函数 $H(f)$ 以 $\frac{8}{T}$ 为间隔进行分割，叠加后等效图形如图 6.17(b)所示，为理想低通滤波器。根据式(6.10)可知，该系统能够实现无码间串扰的传输。

(2)等效后的带宽 $B_{eq}=\frac{4}{T}$(Hz)，$a=\frac{\Delta f}{B_{eq}}=\frac{8/T-4/T}{4/T}=1$

根据式(6.18)可知，系统带宽为 $B=\Delta f+B_{eq}=\frac{8}{T}$(Hz)

(3)根据式(6.13)可知，无码间串扰的最大传输效率 $\eta_s=\frac{R_s}{B_{eq}}=2$(baud/Hz)

因此 $R_s=2B_{eq}$，即 $R_s=2B_{eq}=\frac{8}{T}$(baud)

$\eta_s=\frac{R_s}{B}=\frac{8/T}{8/T}=1(\text{baud/Hz})$

【例题 6.5】设基带系统的奈奎斯特频率为 3000Hz，当传输以下二电平信号时，求满足无码间串扰条件下系统的频带宽度、频带利用率和最高信息传输速率。

(1)理想低通信号。

(2)滚降系数为 0.4 的升余弦滚降信号。

解：(1)对于理想低通信号而言，系统带宽为奈奎斯特带宽，即 $B=B_{eq}=3000(\text{Hz})$。此时系统频带利用率达到极限值，即 $\eta_b=\eta_s=\frac{R_s}{B_{eq}}=2[\text{bit/(s·Hz)}]$

最高信息传输速率为：$R_b=\eta_b B_{eq}=2\times3000=6000(\text{bit/s})$

(2)根据式(6.18)可知，升余弦滚降信号的带宽为

$B=(1+a)B_{eq}=1.4\times3000=4200(\text{Hz})$

根据式(6.19)可得：$\eta_b=\frac{R_b}{B}=\frac{2}{1+0.4}=1.43[\text{bit/(s·Hz)}]$

最高信息传输速率为：$R_b=\eta_b B=1.43\times4200=6000(\text{bit/s})$

小结：从例题 6.5 可以看出，对于具有相同奈奎斯特带宽的传输系统，不论是理想低通信号还是升余弦滚降信号，其能够传输的最高信息速率是相同的。理想低通信号的系统频带利用率可达到基带系统的理论极限值 2(baud/Hz)，但无法实现。升余弦滚降特性的传递函数易于实现，但代价是频带利用率下降，不能适应高速信息传输的发展。能否把这两种系统的优点集于一身呢？解决的技术称为部分响应技术。

6.4 部分响应基带传输系统

部分响应基带传输系统的理论依据是奈奎斯特第二准则。该准则指出，通过人为引入有规律的码间串扰，可以达到压缩传输频带，使频带利用率提高到理论上的最大值(2baud/Hz)，并加速响应波形尾部衰减的目的。通常把这种波形称为部分响应波形，利用部分响应波形进行信号传输的系统称为部分响应系统。

6.4.1 部分响应信号的波形

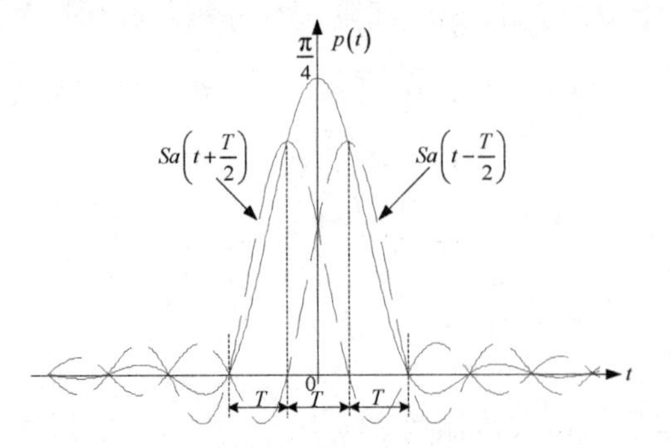

(a)相距一个码元宽度的两个 $Sa(t)$ 信号及其合成波形

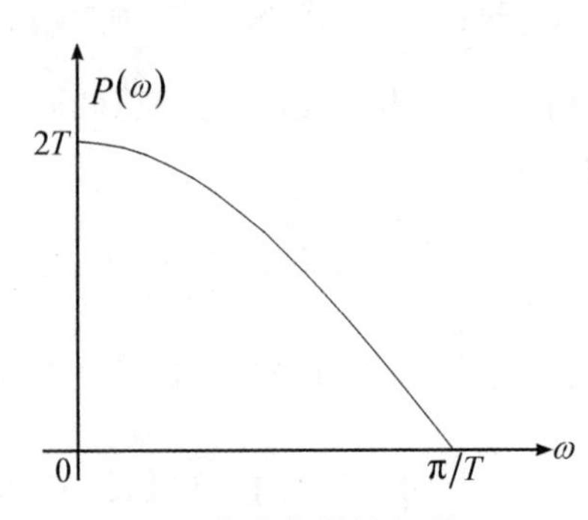

(b)合成信号的频谱

图 6.18 部分响应信号的波形和频谱

相距一个码元宽度 T 的两个理想低通信号 $Sa(t)$ 的拖尾刚好正负相反，如图 6.18(a)所示，叠加合成波形信号 $p(t)$ 的拖尾衰减速度明显加快。

合成波形 $p(t)$ 的表达式为

$$p(t)=\frac{\sin\frac{\pi}{T}\left(t+\frac{T}{2}\right)}{\frac{\pi}{T}\left(t+\frac{T}{2}\right)}+\frac{\sin\frac{\pi}{T}\left(t-\frac{T}{2}\right)}{\frac{\pi}{T}\left(t-\frac{T}{2}\right)}=Sa\left[\frac{\pi}{T}\left(t+\frac{T}{2}\right)\right]+Sa\left[\frac{\pi}{T}\left(t-\frac{T}{2}\right)\right]$$

$$=\frac{4}{\pi}\ \frac{\cos(\pi t/T)}{1-(4t^2/T^2)} \tag{6.20}$$

将相邻码元的取样时刻定在 $t=\pm T/2$，其余码元的取样时刻定在 $\pm 3T/2$，$\pm 5T/2$，…。合成信号 $p(t)$ 的频谱为

$$P(\omega)=\begin{cases} T(\mathrm{e}^{-\mathrm{j}\omega T/2}+\mathrm{e}^{-\mathrm{j}\omega T/2})=2T\cos\dfrac{\omega T}{2}, & |\omega|\leqslant\dfrac{\pi}{T} \\ 0, & |\omega|>\dfrac{\pi}{T} \end{cases} \tag{6.21}$$

如图 6.18(b)所示，频谱限制在$(0,\ \pi/T)$内，且呈缓变的半余弦滤波特性。这种特性与陡峭衰减的理想低通特性有明显的不同，大大降低了系统的实现难度。部分响应系统的频带带宽为 $B=\frac{1}{2\pi}\frac{\pi}{T}=\frac{1}{2T}$，系统的频带利用率为

$$\eta_s=\frac{R_s}{B}=\frac{1/T}{1/2T}=2(\mathrm{baud/Hz}) \tag{6.22}$$

因此，部分响应系统的频带利用率达到了数字基带传输系统的理论极限值。

下面对 $p(t)$ 的波形特点做进一步讨论。

(1)由式(6.20)可见，$p(t)$波形的拖尾幅度与 t^2 成反比，$Sa(t)$的波形幅度与 t 成反比，这说明 $p(t)$波形衰减大，收敛也快。

(2)若用 $p(t)$作为传送波形，且传送码元间隔为 T，则在抽样时刻上仅发生发送码元与其前后码元的相互干扰，而与其他码元不发生干扰，如图 6.19 所示。表面上看，由于前后码元的干扰很大，似乎无法按照 $1/T$ 的速率进行传送，但这种“干扰”是确定的，接收端可以消除掉，故仍可按照 $1/T$ 的传输速率传送码元。

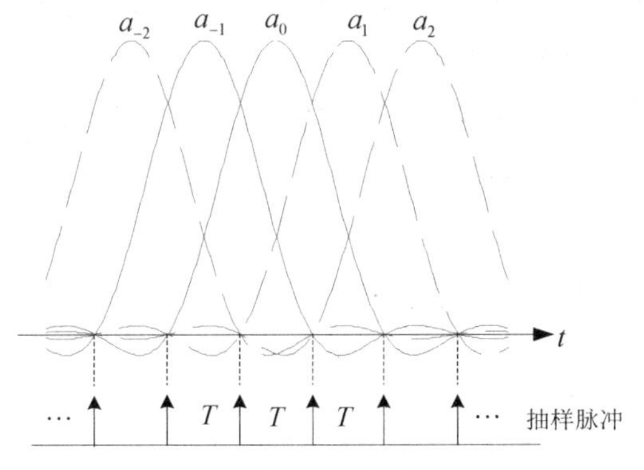

图 6.19 部分响应系统的传输波形

通过有控制地引入串扰，使原来相互独立的信源码元变成了相关码元，这种串扰对应的运算称为相关编码。设输入的二进制码元序列为 $\{a_k\}$，且 a_k 是双极性码，取值为 $+1$（“1”码）和 -1（“0”码），则当发送码元 a_k 时，接收波形 $p(t)$ 在抽样时刻的取值 c_k 可由下式确定：

$$c_k = a_k + a_{k-1} \tag{6.23}$$

式中，a_{k-1} 表示 a_k 的前一码元。显然，c_k 将有 -2，0，$+2$ 三种可能取值。在接收端，如果前一码元已经判定为 $\hat{a}_{k-1}$，则可由下式确定发送码元 a_k 的取值 $\hat{a}_k$：

$$\hat{a}_k = \hat{c}_k - \hat{a}_{k-1} \tag{6.24}$$

其中，$\hat{c}_k$ 为接收波形的抽样判决值。

通过下面的例子来说明相关编码的工作过程。

二进制序列	1	0	1	0	0	1	1	0	0	1	0
a_k	+1	−1	+1	−1	−1	+1	+1	−1	−1	+1	−1
a_{k-1}	+1	−1	+1	−1	−1	+1	+1	−1	−1	+1	−1
$c_k = a_k + a_{k-1}$	0	0	0	−2	0	+2	0	0	−2	0	0

从这个例子可以总结出，对于信源输入的二进制码元序列，首先完成极性转换，从单极性二元码序列转换为双极性二元码序列 $\{a_k\}$，然后根据相关的编码规则获得发送序列 $\{c_k\}$。值得注意的是，由式(6.24)进行判决的方法虽然在原理上是可行的，但可能会造成误码的传播，只要有一个码元发生错误，这种错误就会持续影响以后的码元，一直到再次出现传输错误时才可能被纠正过来。

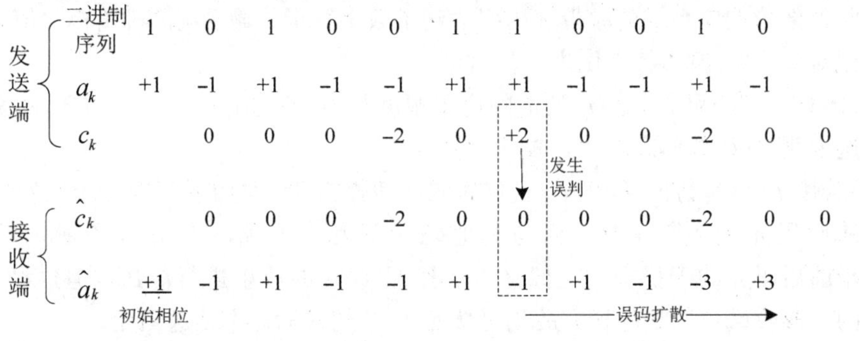

发送端	二进制序列	1	0	1	0	0	1	1	0	0	1	0
	a_k	+1	−1	+1	−1	−1	+1	+1	−1	−1	+1	−1
	c_k		0	0	0	−2	0	+2	0	0	−2	0	0
								发生误判				
接收端	$\hat{c}_k$		0	0	0	−2	0	0	0	0	−2	0	0
	$\hat{a}_k$	+1（初始相位）	−1	+1	−1	−1	+1	−1	+1	−1	−3	+3
								误码扩散→				

此外，接收端要想正确译码，还需要准确知道发送端编码的初始相位，这在通信系统实现中具有一定的难度和复杂性。

为了解决误码扩散问题，可在发送端的相关编码前进行预编码。设单极性二元码序列为 $\{a_k\}$，则预编码的规则是

$$b_k = a_k \oplus b_{k-1} \tag{6.25}$$

其中，$\oplus$ 表示按模 2 相加。b_k 为双极性二元码，然后进行相关编码，编码规则是

$$c_k = b_k \oplus b_{k-1} \tag{6.26}$$

在接收端的再生判决规则为

$$\hat{c}_k = \begin{cases} \pm 2，判“0” \\ 0，判“1” \end{cases} \tag{6.27}$$

发送端	a_k		1	0	1	0	0	1	1	0	0	1	0
	b_k	0（初始相位）	1	1	0	0	0	1	0	0	0	1	1
		−1	+1	+1	−1	−1	−1	+1	−1	−1	−1	+1	+1
	c_k		0	2	0	−2	−2	0	0	−2	−2	0	+2
接收端	$\hat{c}_k$		0	2	0	−2	−2	0	0	0（发生误判）	−2	0	+2
	$\hat{a}_k$		1	0	1	0	0	1	1	1	0	1	0

通过上面的例子我们看到，当发送序列中某个码元在传输过程中发生错误时，这个错误仅仅影响该码元，不会对其他码元的抽样判决产生影响，即解决了相关编码的误码扩散问题。同时，在接收端译码时，不需要初始相位，解决了相关编码中的相位反转问题。

图 6.20 给出了预编码实现的框图。

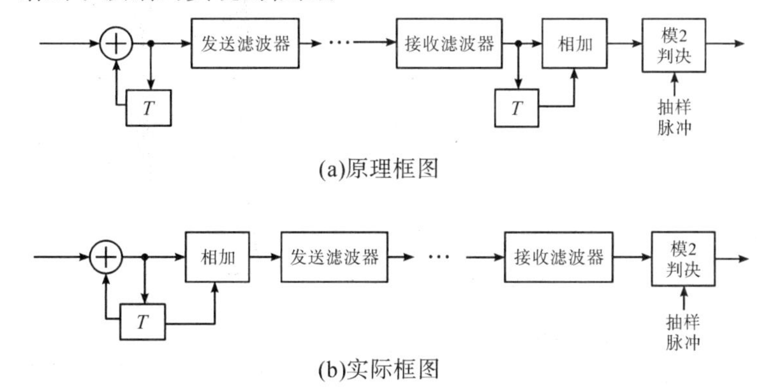

图 6.20　预编码实现框图

6.4.2　部分响应系统的一般形式

上述讨论可以推广到一般部分响应系统中去。部分响应波形的一般形式为

$$p(t)=r_1\frac{\sin\frac{\pi}{T}t}{\frac{\pi}{T}t}+r_2\frac{\sin\frac{\pi}{T}(t-T)}{\frac{\pi}{T}(t-T)}+\cdots+r_N\frac{\sin\frac{\pi}{T}[t-(N-1)T]}{\frac{\pi}{T}[t-(N-1)T]}\tag{6.28}$$

其中加权系数 $r_i(i\in[1,N])$ 为整数。式(6.28)对应的部分响应系统的频谱函数为

$$P(\omega)=\begin{cases}T\sum_{k=1}^{N}r_k\mathrm{e}^{-\mathrm{j}\omega T(k-1)}, & |\omega|\leqslant\frac{\pi}{T}\\ 0, & |\omega|>\frac{\pi}{T}\end{cases}\tag{6.29}$$

显然，不同的加权系数 $r_i(i\in[1,N])$ 将构成不同的部分响应系统（如表 6.1 所示），相应地有不同的相关编码方式。若设输入序列为 $\{a_k\}$，相应的相关编码输出序列为 $\{c_k\}$，则

$$c_k = r_1 a_k + r_2 a_{k-1} + \cdots + r_N a_{k-(N-1)} \tag{6.30}$$

解码原则：

$$a_k = \frac{1}{r_1}\left[c_k - \sum_{i=1}^{N-1} a_{k-i} r_{i+1}\right] \tag{6.31}$$

表 6.1　部分响应信号

类别	R_1	R_2	R_3	R_4	R_5	$g(t)$	$\lvert G(\omega)\rvert$，$\lvert\omega\rvert = \frac{\pi}{T_s}$	二进制输入时 c_k 的电平数
0	1							2
Ⅰ	1	1					$2T_s\cos\frac{\omega T_s}{2}$	3
Ⅱ	1	2	1				$4T_s\cos^2\frac{\omega T_s}{2}$	5
Ⅲ	2	1	−1				$2T_s\cos\frac{\omega T_s}{2}\sqrt{5-4\cos\omega T_s}$	5
Ⅳ	1	0	−1				$2T_s\sin\omega T_s$	3
Ⅴ	−1	0	2	0	−1		$4T_s\sin^2\omega T_s$	5

从表中可以看出，各类部分响应信号波形的频谱宽度均不超过理想低通的频带宽度，且频率截止缓慢，所以采用部分响应波形能实现 2baud/Hz 的极限频带利用率，而且“尾巴”衰减大、收敛快。此外，部分响应系统还可实现基带频谱结构的变化。部分响应系统的缺点是当输入数据为 L 进制时，部分响应信号波形的相关编码电平数会超过 L 个电平，这样在输入信噪比相同的条件下，部分响应信号系统的抗噪性能要比

零类响应系统差。这表明，为了获得部分响应系统的优点，就需要付出一定代价。

从前面的讨论过程可知，相关编码存在初始相位同步和误码扩散问题，为了避免这些问题，应在相关编码之前进行预编码，预编码的准则为

$$c_k = r_1 b_k + r_2 b_{k-1} + \cdots + r_N b_{k-(N-1)} \tag{6.32}$$

$$a_k = r_1 b_k + r_2 b_{k-1} + \cdots + r_N b_{k-(N-1)} (\bmod M)$$

解码准则为：$a_k = c_k (\bmod M)$

式(6.32)对应的实现网络为 N 抽头的延迟网络，每个抽头的系数分别对应 $r_i (i \in [1, N])$，相邻两个抽头之间的延迟为一个码元宽度 T，这种网络又称为具有 N 抽头的横向滤波器，其结构如图 6.21 所示。

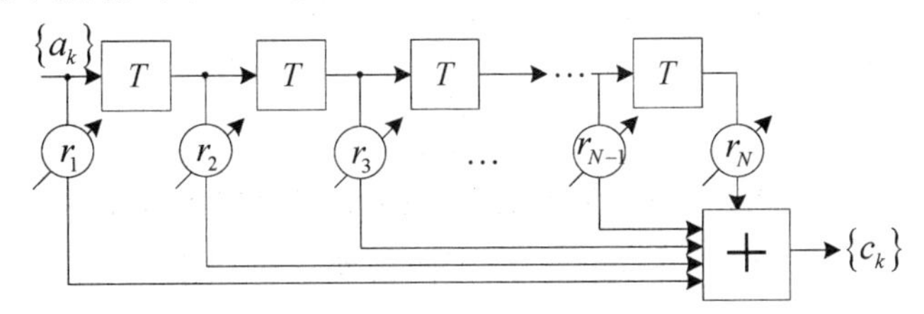

图 6.21　N 抽头横向滤波器

6.5　数字信号基带传输的误码率

通信系统的主要性能指标为有效性和可靠性。对于数字通信系统，有效性主要是指频带利用率，这一点在前面章节已经讨论过。本节主要讨论数字通信系统的可靠性——误码率。

分析数字基带传输系统的抗噪声性能时，设系统无码间串扰，噪声是均值 $a=0$ 且方差为 σ^2 的高斯白噪声，位同步信号无抖动。本节仅考虑噪声对系统误码率的影响。

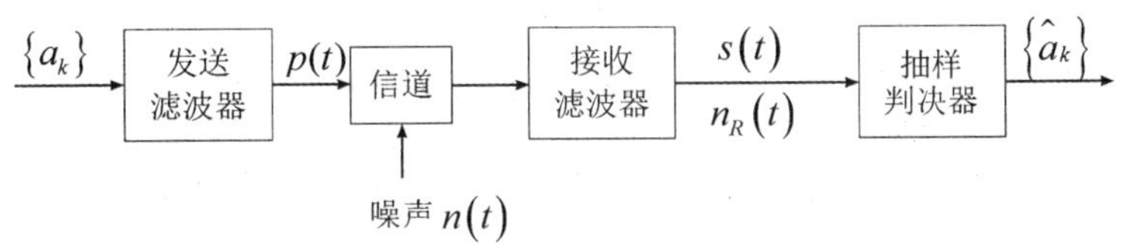

图 6.22　数字基带传输模型

由图 6.22 可知，抽样判决的输入信号为

$$r(t) = s(t) + n_R(t) \tag{6.33}$$

6.5.1　二元码的误码率

设信源发送的信号为单极性非归零码，且信号在传输过程中没有损耗。根据抽样判决的工作原理可知，对于输入信号 $r(t)$ 只需考虑抽样点的样值，即

$$r(kT) = \begin{cases} A + n_R(kT), & \text{“1”} \\ n_R(t), & \text{“0”} \end{cases} \tag{6.34}$$

判决准则为

$$\begin{cases} r(kT) > V_d\text{，判“1”} \\ r(kT) \leqslant V_d\text{，判“0”} \end{cases} \tag{6.35}$$

其中 V_d 为判决门限。已知通信系统的噪声为满足高斯分布的平稳随机过程，而数字信号为确定性信号，所以它们的合成信号 $r(t)$ 依然满足高斯分布。

$$p(x) = \frac{1}{\sqrt{2\pi}\,\sigma} \mathrm{e}^{-\frac{(x-a)^2}{2\sigma^2}} \tag{6.36}$$

发送“0”码时，信号的一维概率密度函数为

$$p_0(r) = \frac{1}{\sqrt{2\pi}\,\sigma} \mathrm{e}^{-\frac{r^2}{2\sigma^2}} \tag{6.37}$$

发送“1”码时，信号的一维概率密度函数为

$$p_1(r) = \frac{1}{\sqrt{2\pi}\,\sigma} \mathrm{e}^{-\frac{(r-A)^2}{2\sigma^2}} \tag{6.38}$$

在二进制数字基带信号的传输过程中，由于噪声干扰引起的误码有两种形式。一种是：发送的是“0”，而接收端误判为“1”，出现这种可能的概率记为 p_{01}；另一种是：发送的是“1”，而接收端误判为“0”，出现这种可能的概率记为 p_{10}。系统的总误码率为

$$P_b = P_0 P_{01} + P_1 P_{10} \tag{6.39}$$

其中，P_{01} 和 P_{10} 分别为

$$P_{01} = \int_{V_d}^{\infty} p_0(r)\mathrm{d}r \qquad P_{10} = \int_{-\infty}^{V_d} p_1(r)\mathrm{d}r \tag{6.40}$$

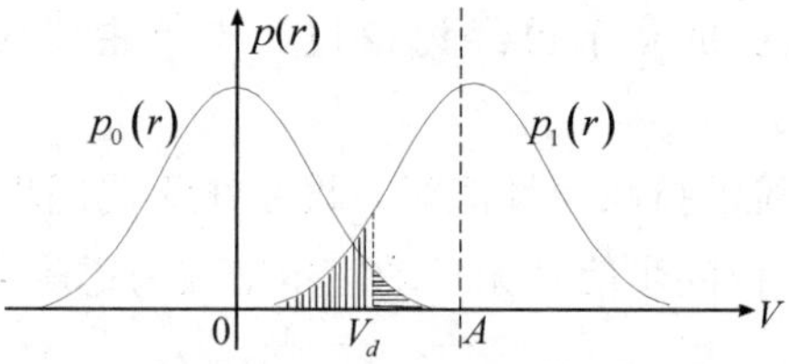

图 6.23　叠加噪声后二元码的概率密度函数

从图 6.23 可以看出，判决门限 V_d 的取值大小将影响误码率的大小，当“0”和“1”等概率出现时，最佳判决门限为 $V_d = \frac{A}{2}$。此时两个阴影面积之和最小，如图 6.24 所示。

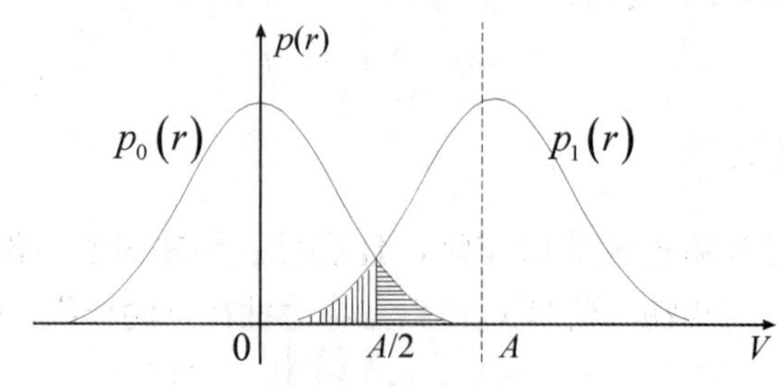

图 6.24　等概率二元码的最佳判决门限

系统误码率为

$$P_b=\frac{1}{2}(P_{01}+P_{10})=\int_{V_d}^{\infty}\frac{1}{\sqrt{2\pi}\sigma}e^{-\frac{r^2}{2\sigma^2}}dr \tag{6.41}$$

对上式进行变量置换，得

$$P_b=\int_{\frac{V_d}{\sigma}}^{\infty}\frac{1}{\sqrt{2\pi}}e^{-\frac{x^2}{2}}dx \tag{6.42}$$

式(6.42)用 Q 函数可表示为

$$P_b=Q\left(\frac{V_d}{\sigma}\right)=Q\left(\frac{A}{2\sigma}\right) \tag{6.43}$$

下面讨论图6.25中，当“0”码和“1”码等概率时，不同极性的二元码的误码率。

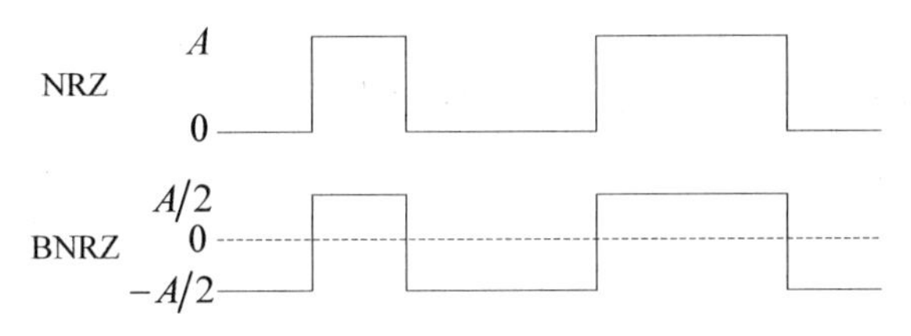

图6.25 NRZ和BNRZ的编码波形图

(1)单极性非归零码。

如图6.25所示，NRZ码的信号平均功率为 $S=\frac{1}{2}(A^2+0)=\frac{A^2}{2}$，对应的信噪比为 $\frac{S}{N}=\frac{A^2}{2\sigma^2}$，带入式(6.43)有

$$P_b=Q\left(\sqrt{\frac{S}{2N}}\right) \tag{6.44}$$

(2)双极性非归零码。

如图6.25所示，BNRZ码的信号平均功率为 $S=\frac{1}{2}\left[\left(\frac{A}{2}\right)^2+\left(-\frac{A}{2}\right)^2\right]=\frac{A^2}{4}$，对应的信噪比为 $\frac{S}{N}=\frac{A^2}{4\sigma^2}$，带入式(6.43)有

$$P_b=Q\left(\sqrt{\frac{S}{N}}\right) \tag{6.45}$$

对比式(6.44)和式(6.45)可知，在相同信噪比的情况下，双极性码的误码率要低于单极性码的误码率。此外，双极性码的最佳判决电平为0V，该电平极易获得且很稳定。因此，在实际应用系统中，双极性码获得了更加广泛的应用。

【例题6.6】设某数字基带传输系统中信源产生速率为2400bit/s的单极性非归零码，噪声的单边功率谱密度为 $n_0=4\times10^{-10}$ W/Hz。

(1)当误码率每秒不大于1bit时，求信噪比。

(2)当接收端的信噪比为30dB时，求误码率。

解：(1)根据题意可知：$P_b\leqslant\frac{1}{2400}=4.17\times10^{-4}$

由式(6.44)可得：$P_b=Q\left(\sqrt{\frac{S}{2N}}\right)\leqslant 4.17\times10^{-4}$

查 Q 函数表(附录 2)可知，当$\sqrt{\frac{S}{2N}}=3.35$ 时，$P_b=4.04\times10^{-4}$，满足本题要求。此时，信噪比$\frac{S}{N}=22.45$。

(2)当$\frac{S}{N}=30$ 时，$P_b=Q\left(\sqrt{\frac{S}{2N}}\right)=Q(\sqrt{15})=Q(3.87)$

查 Q 函数表(附录 2)可知：$P_b\approx5.91\times10^{-5}$

6.5.2 多元码的误码率

多元码具有 M 种幅度取值可能，幅度间隔相等，均值为 0。若各个码元符号相互独立，出现概率相等，则系统的最佳判决门限为 0，对应的误码率为

$$P_b=\frac{2(M-1)}{M}Q\left[\sqrt{\frac{3}{M^2-1}\left(\frac{S}{N}\right)}\right] \tag{6.46}$$

多元码与二元码之间有着密切的联系，多元码的每个码元可以表示为一个 $\log_2 M$ 位二进制码组，一个 n 位二进制码组可以用 $M=2^n$ 元码来传输。

根据式(6.46)绘制出的多元码的误码率如图 6.26 所示。

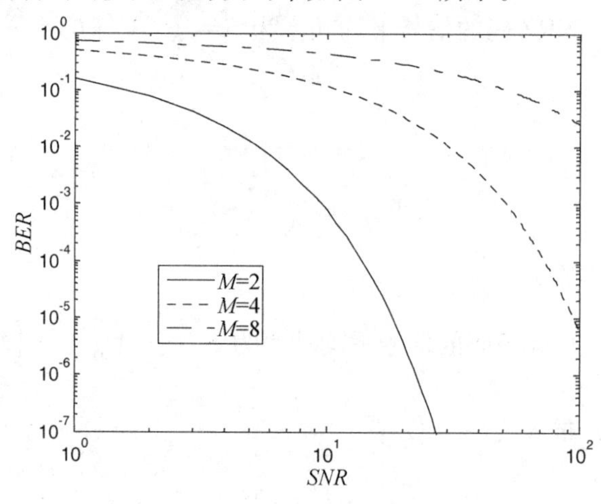

图 6.26 M 进制码的抗噪性能

从图 6.26 可以看出，随着进制 M 的增大，系统的误码率逐渐增大，同时系统的信息频带利用率 $\eta_b=\eta_s\log_2 M$ 也会增大。也就是说，多进制可以获得较高的频带利用率，但是要牺牲系统的误码率。

6.6 眼图分析法

在实际数字互联系统中，完全消除码间串扰是十分困难的，而关于码间串扰对误码率的影响目前尚未找到数学上便于处理的统计规律，还不能进行准确计算。为了衡量基带传输系统的性能优劣，在实验室中，通常利用示波器观察接收信号波形的方法

来分析码间串扰和噪声对系统性能的影响，这就是眼图分析法。

6.6.1　观察方法

用一个示波器跨接在抽样判决器的输入端，然后调整示波器水平扫描周期，使其与接收码元的周期同步。在无码间串扰和噪声的理想情况下，波形无失真，每个码元将重叠在一起，最终在示波器上看到的是迹线又细又清晰的、类似人眼睛的波形[如图6.27(b)所示]，所以称为眼图。

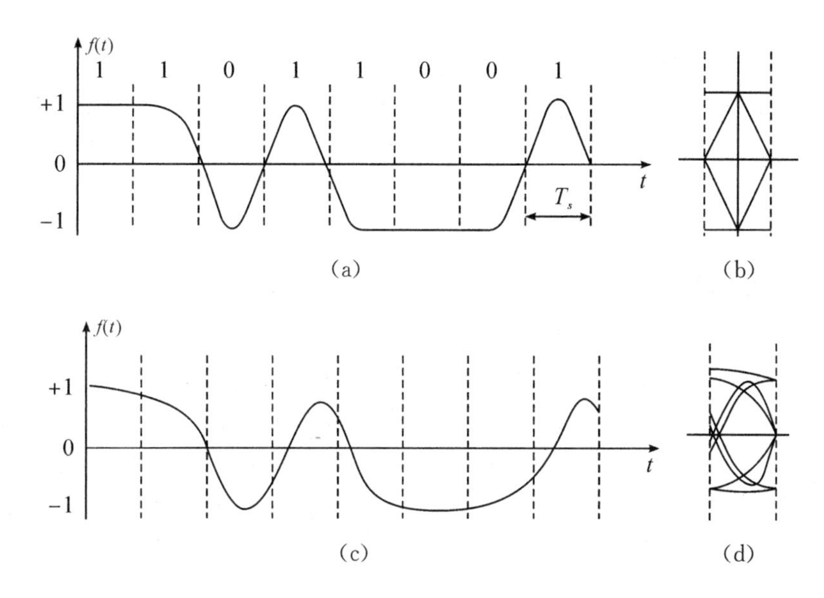

图 6.27　眼图的形成

当有码间串扰时，波形失真，码元不完全重合，眼图的迹线就会不清晰，引起“眼睛”部分闭合。若再加上噪声的影响，则使眼图的线条变得模糊，“眼睛”开启得更小。因此，“眼睛”张开的大小表示了系统失真的程度，反映了码间串扰的强弱。由此可知，眼图能直观地表明码间串扰和噪声的影响，可评价一个基带传输系统性能的优劣。此外，也可以利用此图形对接收滤波器的特性加以调整，以减小码间串扰和改善系统的传输性能。

6.6.2　眼图模型

通常眼图可以用如图6.28所示的模型来描述。

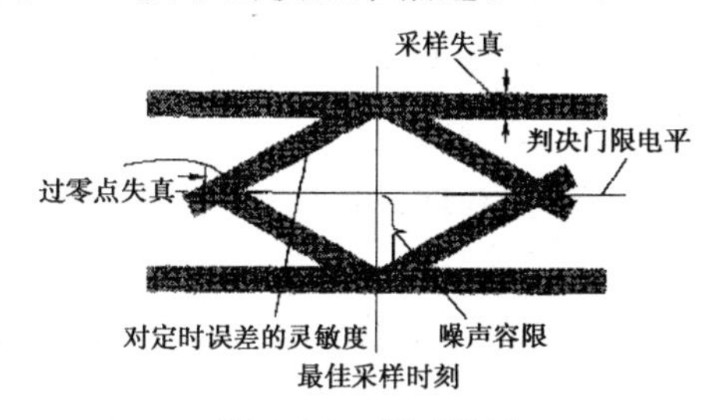

图 6.28　眼图模型

由此模型可以看出：

(1)眼图张开的宽度决定了接收波形可以不受串扰影响而抽样再生的时间间隔。显然，最佳抽样时刻应选在“眼睛”张开最大的时刻。

(2)眼图斜边的斜率表示系统对定时抖动(或误差)的灵敏度，斜率越大，系统对定时抖动越敏感。

(3)眼图左(右)角阴影部分的水平宽度表示信号零点的变化范围，称为零点失真量。在许多接收设备中，定时信息是由信号零点位置来提取的，对于这种设备，零点失真量很重要。

(4)在抽样时刻，阴影区的垂直宽度表示最大信号失真量。

(5)在抽样时刻上、下两阴影区间隔的一半是最小噪声容限，噪声瞬时值超过它就有可能发生错误判决。

(6)横轴对应判决门限电平。

6.7 均衡技术

实际的基带传输系统不可能完全满足无码间串扰的传输条件，码间串扰是不可避免的。当串扰严重时，必须对系统的传输函数 $H(\omega)$进行校正，使其达到或接近无码间串扰要求的特性。理论和实践表明，在基带传输系统中插入一种可调(或不可调)滤波器就可以补偿整个系统的幅频和相频特性，从而减小码间串扰的影响。这个对系统校正的过程称为均衡，实现均衡功能的滤波器称为均衡器。

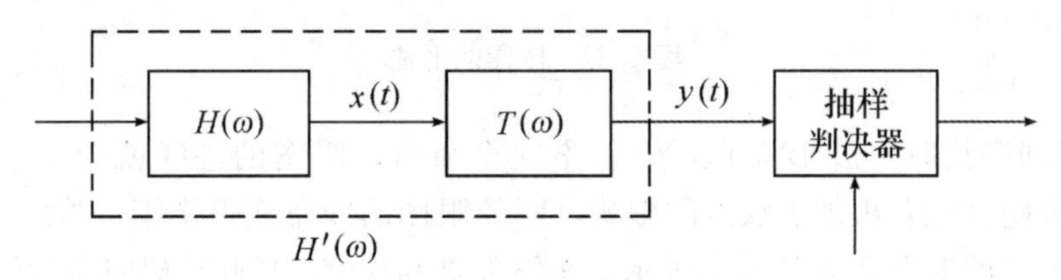

图 6.29 均衡系统

如图 6.29 所示，由于 $H(\omega)$不能满足无码间串扰传输，输出信号 $x(t)$将存在码间串扰。为此，在 $H(\omega)$后面插入一个称为横向滤波器的可调滤波器 $T(\omega)$(即均衡器)，形成一个新的总传输函数，即

$$H'(\omega)=H(\omega)\cdot T(\omega) \tag{6.47}$$

显然，只要 $H'(\omega)$满足无码间串扰传输的条件即可。

均衡分为频域均衡和时域均衡。频域均衡是从频率响应角度考虑，使包括均衡器在内的整个系统的总传输函数 $H'(\omega)$满足无失真传输条件(式 6.10)。时域均衡是直接从时间响应角度考虑，使包括均衡器在内的整个系统的冲激响应 $h'(t)$满足无码间串扰条件(式 6.8)。

频域均衡在信道特性不变且传输低速率数据时是适用的，而时域均衡可以根据信道特性的变化进行调整，能够有效地减小码间串扰，故在高速数据传输中得以广泛应用。

6.7.1　时域均衡的基本原理

采用线性横向滤波器可以实现时域均衡，它是均衡方案中最简单的形式，其原理框图如图 6.30 所示。该滤波器是由无限多的按横向排列的延迟单元及抽头系数组成。横向滤波器的特性完全取决于各抽头系数 C_n，只要用无限长的横向滤波器，在理论上就可以做到消除码间串扰。

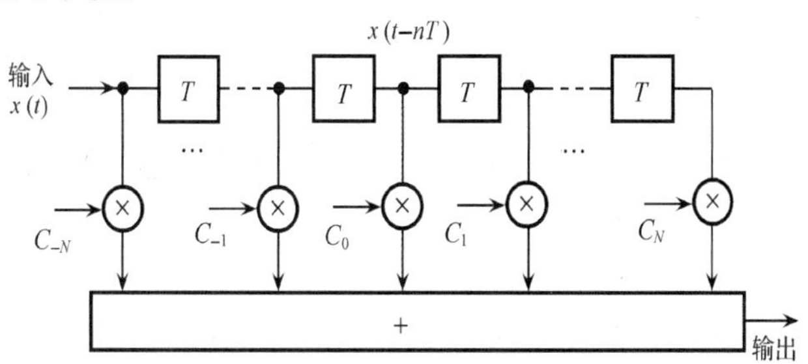

图 6.30　线性横向滤波器原理框图

如果抽头系数 C_n 可调，那么图 6.30 所示的均衡器是通用的，特别是当 C_n 为自动调整时，则它能够适应信道特性的变化，可以动态校正系统的时域响应。下面进一步讨论抽头系数 C_n 的调整问题。

滤波器的输出信号为

$$y(t)=\sum_{n=-N}^{N}C_nx(t-nT) \tag{6.48}$$

在抽样时刻 $t=kT$ 的样值为

$$y(kT)=\sum_{n=-N}^{N}C_nx[(k-n)T] \tag{6.49}$$

将其化简为

$$v_k=\sum_{n=-N}^{N}C_nx_{k-n} \tag{6.50}$$

式(6.50)表明，均衡在第 k 个抽样点的样值由 $2N+1$ 个 C_n 和 x_{k-n} 的乘积之和来确定。显然，除了 y_0 以外的所有 y_k 都会引起码间串扰。当输入信号 $x(t)$ 确定以后，可以通过调整抽头系数 C_n 输出信号 y_k 的某些特定值为 0，如图 6.31 所示。但是，要求所有的 $y_k(k\neq0)$ 都为 0 却是很难做到的。

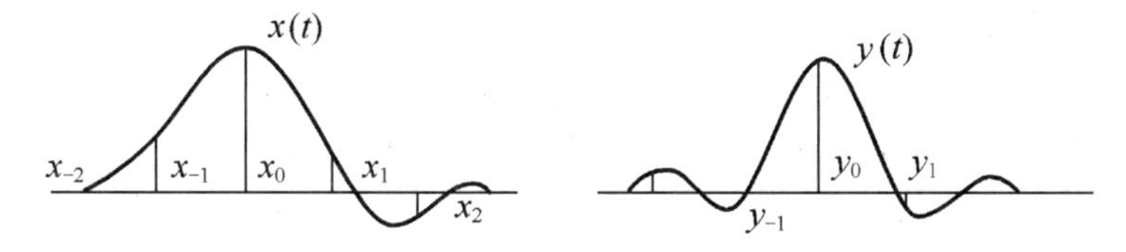

图 6.31　均衡器的输入/输出波形

有限长的均衡器不能完全实现无码间串扰，其均衡输出将存在一定的剩余失真。为了表征均衡效果，需要建立一个标准来度量失真的大小。通常用峰值失真和均方失真作为度量标准。

峰值失真的定义为

$$D=\frac{1}{y_0}\sum_{\substack{k=-\infty\\k\neq 0}}^{\infty}|y_k| \tag{6.51}$$

同样，也可以用输入峰值表示非均衡输入信号的失真度，即

$$D_0=\frac{1}{x_0}\sum_{\substack{k=-\infty\\k\neq 0}}^{\infty}|x_k| \tag{6.52}$$

均方失真定义为

$$e^2=\frac{1}{y_0^2}\sum_{\substack{k=-\infty\\k\neq 0}}^{\infty}y_k^2 \tag{6.53}$$

使式(6.53)中 $y_k=0(k\neq 0$，且 $|k|\leqslant N)$的算法称为迫零算法，该算法对应的均衡器称为迫零均衡器。迫零均衡器的输出为

$$y_k=\begin{cases}1, & k=0\\0, & k=\pm 1,\ \pm 2,\ \cdots,\ \pm(N-1),\ \pm N\end{cases} \tag{6.54}$$

根据式(6.50)和(6.54)可列出 $2N+1$ 个联立方程，解出 $2N+1$ 个抽头系数。将联立方程组用矩阵形式表现为

$$\begin{bmatrix} x_0 & x_{-1} & \cdots & x_{-2N+1} & x_{-2N}\\ x_1 & x_0 & \cdots & x_{-2N+2} & x_{-2N+1}\\ \vdots & \vdots & & \vdots & \vdots\\ x_N & x_{N-1} & \cdots & x_{-N+1} & x_{-N}\\ \vdots & \vdots & & \vdots & \vdots\\ x_{2N-1} & x_{2N-1} & \cdots & x_{-2} & x_{-1}\\ x_{2N} & x_{2N-1} & \cdots & x_1 & x_0 \end{bmatrix}\times\begin{bmatrix} C_{-N}\\ C_{-N+1}\\ \vdots\\ C_N\\ \vdots\\ C_{N-1}\\ C_N \end{bmatrix}=\begin{bmatrix}0\\ \vdots\\ 0\\ 1\\ 0\\ \vdots\\ 0\end{bmatrix} \tag{6.55}$$

当知道了输入信号$[x_{-2N},\ x_{2N}]$后，通过对上式中的矩阵进行求解可得到 $2N+1$ 个抽头系数。此时的输出峰值失真达到最小值，均衡器达到最佳状态。

线性横向均衡器最大的优点就在于其结构非常简单，容易实现，因此在各种数字通信系统中得到了广泛应用。

6.7.2 自适应均衡器

自适应均衡器是按照某种准则和算法对其系数进行调整，最终使自适应均衡器的

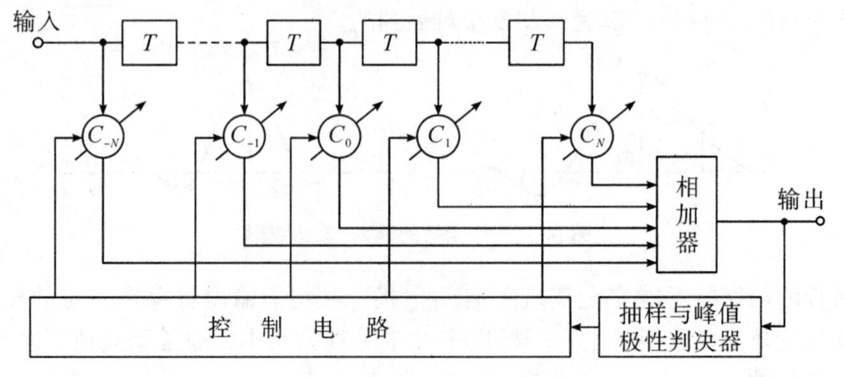

图 6.32 预置式自适应均衡器

代价(目标)函数最小化，以达到最佳均衡的目的(如图 6.32 所示)。各种调整系数的算法称为自适应算法，它是根据某个最优准则来设计的。最常用的自适应算法有迫零算法、最陡下降算法、LMS 算法、LS 算法、RLS 算法以及各种盲均衡算法等。其中，最小均方(LMS)算法和最小二乘(LS)算法是目前最为流行的自适应算法。由于采用的最优准则不同，因此 LMS 算法和 RLS 算法在性能、复杂度等方面均有许多差别。

在信息日益膨胀的数字化、信息化时代，通信系统担负了重大的任务，这要求通信系统向着高速率、高可靠性的方向发展。信道均衡是通信系统中一项重要的技术，它能够很好地补偿信道的非理想特性，从而减轻信号的畸变，降低误码率。在高速通信、无线通信领域，信道中信号的畸变将更加严重，因此信道均衡技术是不可或缺的。自适应均衡能够自动调节相关系数从而跟踪信道，已成为通信系统中一项关键的技术。

6.8　数字基带传输系统的建模与仿真

关于眼图的详细介绍见本章 6.6 节。由于眼图能够完整地表征数字信号整体的特征，因此成为衡量信号质量的重要工具。如图 6.33 所示，基于 Simulink 搭建了一个数字基带传输系统仿真平台，利用眼图观测数字基带传输系统中一些关键参数的改变对传输性能的影响。

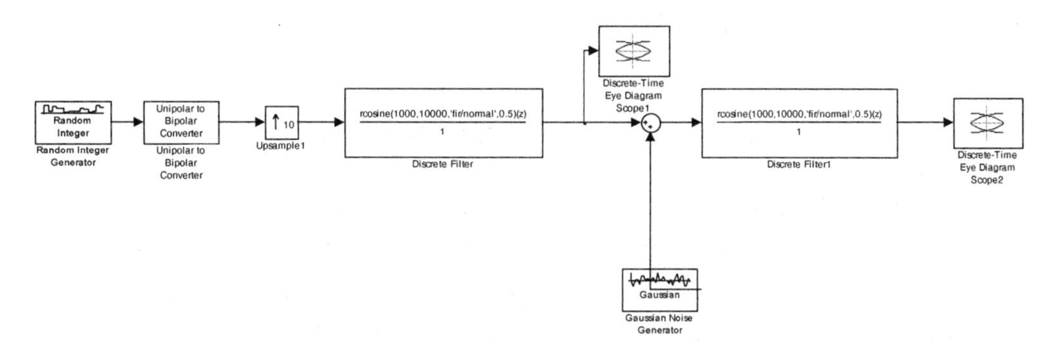

图 6.33　数字基带传输系统仿真平台

数字基带传输系统模型中包含的主要模块有数字信号源、升余弦滤波器、高斯噪声和眼图。其中，发送滤波器和接收滤波器采用升余弦波形，在 MATLAB 中可利用函数 rcosine 产生。

用法：[num，den] =rcosine(Fd，Fs，type _ flag，r，delay)。本书中 Discrete Filter 中的分母利用函数 rcosine 产生：

rcosine(1000，10000,'fir/normal'，0.5)，其中 0.5 为滤波器的滚降系数 a。

Fd：进入滤波器数字信号的频率，等于数字信号源的频率(100)乘以 Upsample 中的系数(10)。

Fs：滤波器的抽样频率(应满足低通抽样定理，大于或等于 2000)。

图 6.34 给出了噪声强度和升余弦滤波器滚降系数 a 对数字基带传输系统的影响。

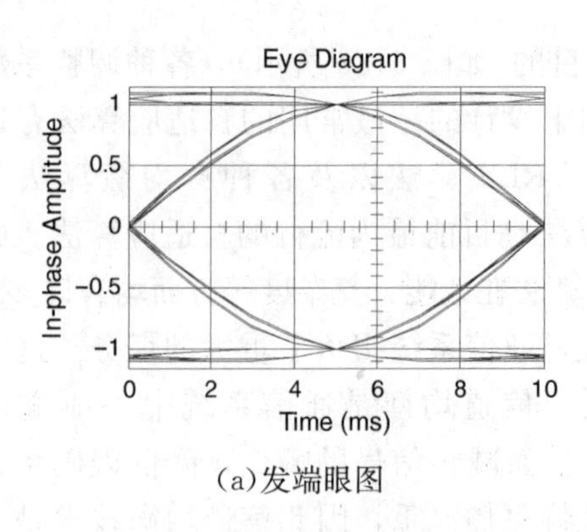

(a)发端眼图

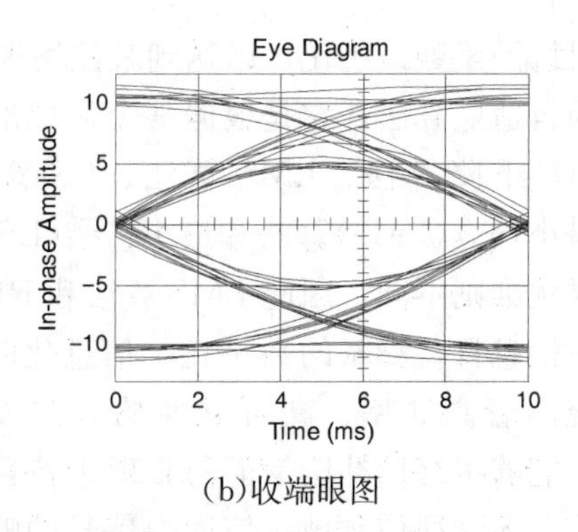

(b)收端眼图

图 6.34 噪声方差为 0.05，滚降系数为 0.9 的眼图

从图 6.34 可以看出，噪声导致接收端的波形失真，码元不完全重合，引起眼图的线条变得模糊，“眼睛”开启变小了。

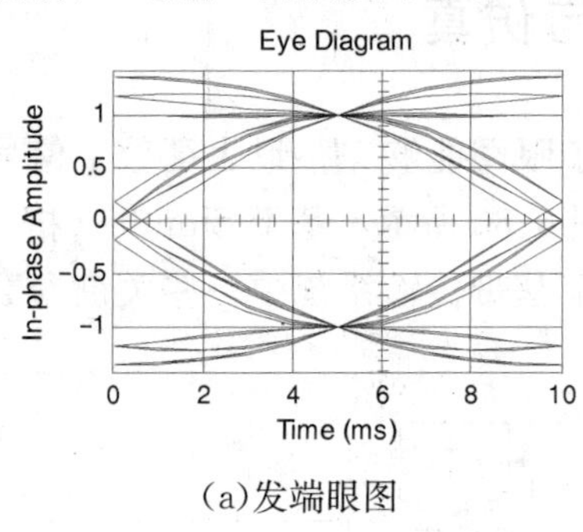

(a)发端眼图

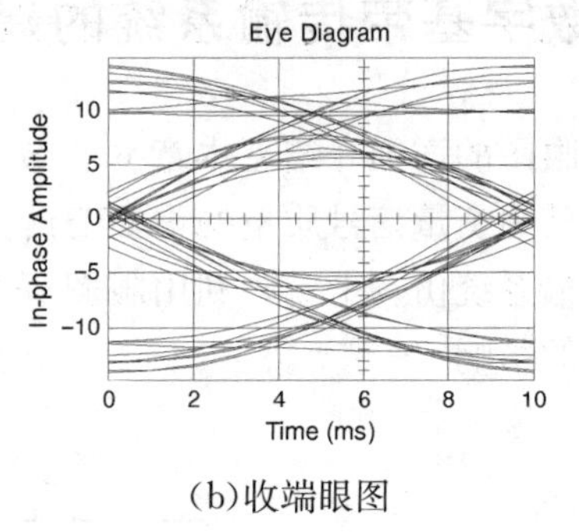

(b)收端眼图

图 6.35 噪声方差为 0.05，滚降系数为 0.6 的眼图

从图 6.35 可以看出，升余弦滤波器滚降系数 a 降低以后，信号高频部分由于被抑制而使失真增加，导致发端眼图相对于图 6.34 中的发端眼图，线条变得模糊，“眼睛”开启变小了，进而导致接收端眼图失真增加。

小结：噪声强度越大，信号的失真度越大，眼图越模糊；滚降系数 a 越大(滤波器通带越宽)，信号失真度越小(高频分量通过越多)，眼图越清晰。

6.9 LMS 技术的应用仿真

最小均方算法(Least Mean Square，LMS)是一种简单、应用广泛的自适应滤波算法，最早是由 Widrow 和 Hoff 提出来的。该算法不需要已知输入信号和期望信号的统计特征，“当前时刻”的权系数是通过“上一时刻”的权系数再加上一个负均方误差梯度的比例项求得。这种算法也称为 Widrow—Hoff LMS 算法。LMS 技术在自适应滤波器(均衡技术)中得到广泛应用，具有原理简单、参数少、收敛速度较快且易于实现等优点。

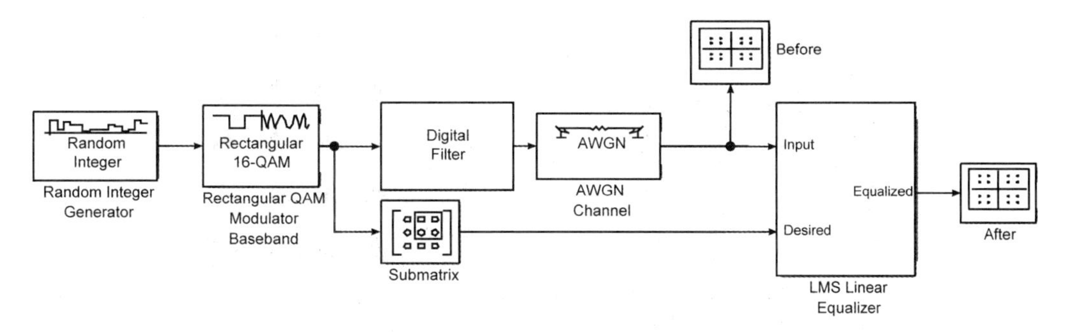

图 6.36　LMS 技术仿真模型

在 Simulink 软件中搭建一个基于 QAM 技术的通信系统模型(图 6.36)，并在接收端采用 LMS 均衡技术。其中，主要模块 LMS Linear Equalizer 参数设置如图 6.37 所示。

Number of taps：抽头个数(滤波器的阶数)，数值越大，均衡效果越明显。

Signal constellation：这个参数要与 Rectangular QAM Modulator Baseband 星座图中的参数一致。

Step size：取值为 0.01。

其他参数采用默认值。

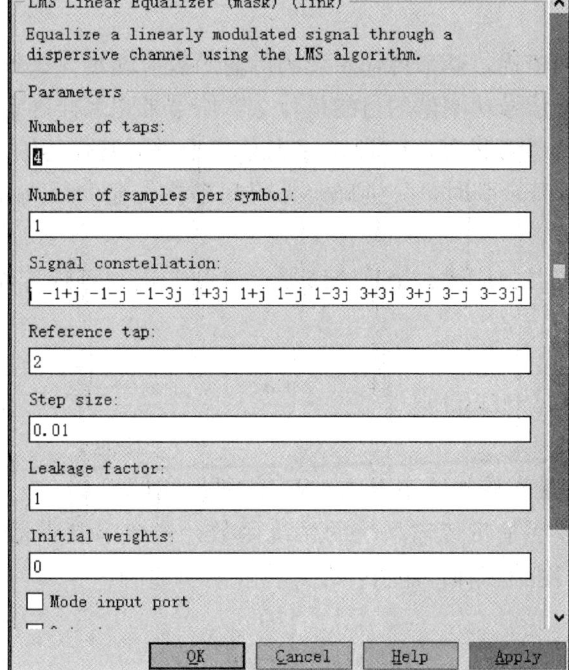

图 6.37　LMS Linear Equalizer 模块参数设置

通过仿真，接收端均衡滤波器前后星座图如图 6.38 和图 6.39 所示。

对比均衡前后接收信号星座图的变化，发现在接收端使用均衡技术，可以很好地改善整个通信系统的性能，提高系统的传输质量。

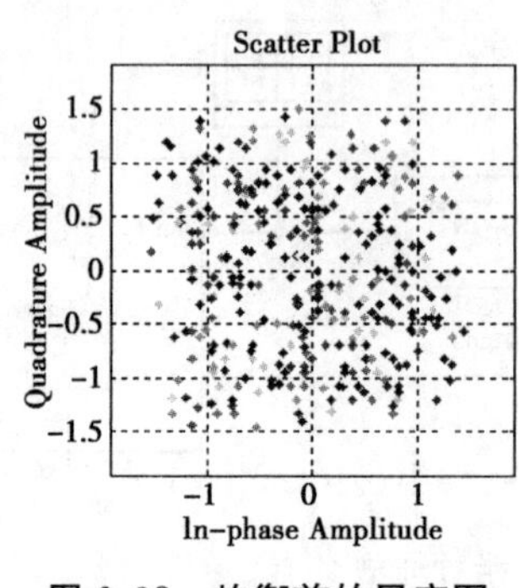

图 6.38 均衡前的星座图

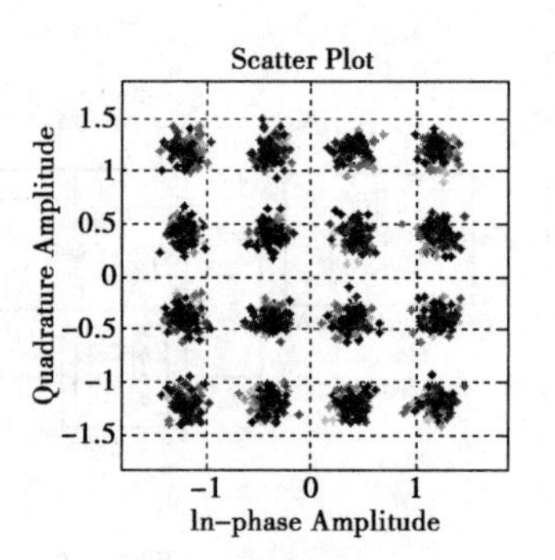

图 6.39 均衡后的星座图

习题

1. 什么是数字基带信号？数字基带信号有哪些常用码型？它们各有什么特点？

2. 设二进制符号序列为 0111001101，试以矩形脉冲为例，分别画出相应的单极性码波形、双极性码波形、单极性归零码波形、双极性归零码波形、二进制差分码波形。

3. 设信息序列为 00010 01000 00000 01011 10000 00000，试编写 AMI 码、HDB3 码，并画出对应的波形。

4. 已知 HDB3 码为 0+100−1000−1+1000+1−1+1−100−1+100−1，试译出原信息代码。

5. 为了消除码间串扰，基带传输系统的传输函数应满足什么条件？

6. 研究数字基带信号功率谱的目的是什么？信号带宽怎样确定？

7. 某给定低通信道带宽为 3000Hz，在此信道上进行基带传输，当数字基带传输系统为理想低通或 50%升余弦时，分别确定无码间串扰传输的最高速率以及相应的频带利用率。

8. 设由发送滤波器、信道、接收滤波器组成的二进制基带传输系统的总传输特性 $H(\omega)$ 为

$$H(\omega)=\begin{cases}\tau(1+\cos\omega\tau), & |\omega|\leqslant\dfrac{\pi}{\tau}\\ 0, & \text{其他}\end{cases}$$

试确定该系统的最高传输速率 R_s 及相应的码元间隔 T_s。

9. 题图 6.1 为数字基带传输系统的系统函数，若数字基带信号的码元速率 $R_s=1\times10^3$ baud，试问下图中哪种传输特性较好？并说明理由。

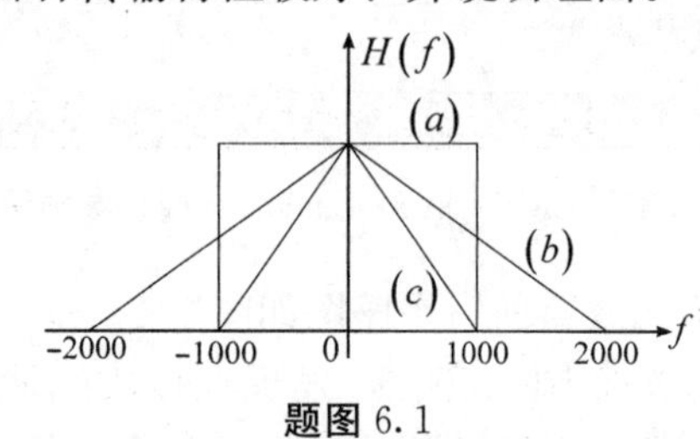

题图 6.1

10. 部分响应技术解决了什么问题？

11. 设某相关编码系统如题图 6.2 所示。理想低通滤波器的截止频率为$\frac{1}{2T_b}$。试求该系统的频率特性和单位冲激响应。

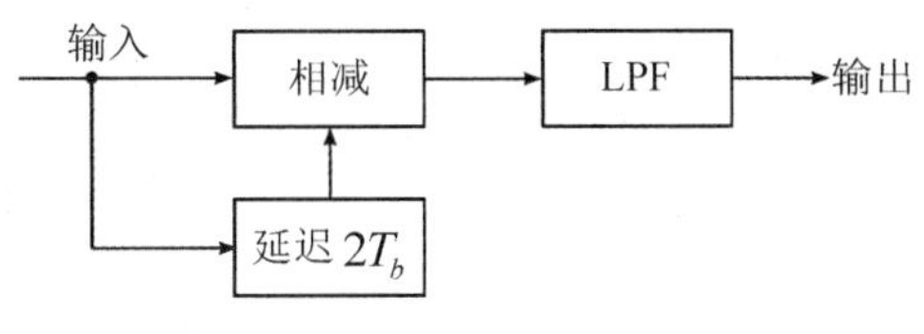

题图 6.2

12. 某二进制数字基带传输系统所传送的是单极性基带信号，且数字信息“1”和“0”出现的概率相等。

(1)若数字信息为“1”时，接收滤波器输出信号在抽样判决时刻的值 $A=1\text{V}$，且接收滤波器输出噪声是均值为 0 且均方根值为 0.1 的高斯噪声，试求这时的误码率。

(2)若要求误码率不大于 10^{-5}，试确定 A 至少应该是多少？

13. 什么是眼图？它有什么用处？

14. 设有 6 路 PCM 话音和 1 路 128kbps 数据以 TDM 方式构成基本传输信号，以 512kbps 速率进行传输，每话路按 8kHz 采样，为使通信实现无码间串扰，采用 $a=0.75$ 的余弦滚降滤波器。

(1)画出 $H(f)$的特性曲线，并求出频带利用率。

(2)计算每路话音模拟频带的最高频率及 A/D 转换的量化级数。

(3)求每话路的平均信噪比。

15. 设有一个三抽头的时域均衡器，如题图 6.3 所示。其中 $C_{-1}=-\frac{1}{3}$，$C_0=1$，$C_1=-\frac{1}{4}x(t)$。各抽样点的值依次为 $x_{-2}=\frac{1}{8}$，$x_{-1}=\frac{1}{3}$，$x_0=1$，$x_1=\frac{1}{4}$，$x_2=\frac{1}{16}$(其他抽样点均为零)。试求输入波形 $x(t)$的峰值畸变值以及时域均衡器输出波形 $y(t)$的峰值畸变值。

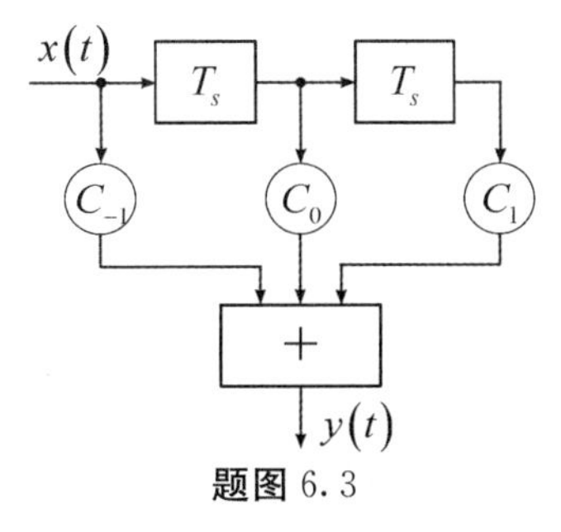

题图 6.3

16. 对模拟信号 $f(t)$进行线性 PCM 编码，量化电平数为 64，PCM 信号先通过滚降系数 $a=1$ 且截止频率为 10kHz 的升余弦滚降滤波器，然后进行传输。试求：

(1)二进制基带信号无码间串扰传输时的最高信息速率。

(2)可允许 $f(t)$的最高频率 f_H。

科学名家：马可尼

伽利尔摩·马可尼(1874—1937)，意大利无线电工程师，企业家，实用无线电报通信的创始人，1897年在伦敦成立“马可尼无线电报公司”。1909年，他与布劳恩一起获得诺贝尔物理学奖，被称作“无线电之父”。

1894年，年满20岁的马可尼了解到海因利希·赫兹几年前所做的实验，这些实验清楚地表明了不可见的电磁波是存在的，这种电磁波以光速在空中传播。马可尼就想到利用这种波向远距离发送信号而又不需要线路。马可尼经过一年的努力，于1895年成功地发明了一种工作装置，1896年他在英国做了该装置的演示试验，首次获得了这项发明的专利权。1898年，马可尼第一次发射了无线电，翌年他发送的无线电信号穿过了英吉利海峡。1901年，他发射的无线电信息成功地穿越大西洋，从英格兰传到加拿大的纽芬兰省。

现在，无线电技术已经渗透到政治、军事、工业、农业、交通、文化、科技、教育和人们日常生活的各个领域，是一个国家综合国力和发展水平的重要标志。

第 7 章　基本数字调制技术

通信的目的是长距离传递信息。虽然数字基带信号可以在短距离内直接进行传输，但是如果要进行长距离传输，特别是在无线信道中，数字基带信号就必须经过调制，将基带信号的频谱搬移到高频上，以便于完成长距离传输。

数字信号的调制技术与模拟信号的调制技术的基本原理相同，载波信号依然为连续的高频正(余)弦波，但是调制信号变为数字基带信号。由于数字调制过程就像利用数字信息去控制开关的通断，因此数字调制技术也称为数字键控技术。基本的数字调制技术包括幅度键控(ASK)、频移键控(FSK)和相位键控(PSK)三大类。

7.1　二进制数字调制

二进制数字调制技术是其他现代数字调制技术的基础，也是数字调制技术中最简单的一种。在二进制数字调制技术中，数字信号只有两种状态："0" 和 "1"，相应的载波参数的变化也只有两种状态。

7.1.1　二进制幅度键控

二进制幅度键控(2ASK)利用载波的幅度变化来传递数字信息 "0" 和 "1"，而载波的频率和初始相位保持不变。2ASK 信号又称为 OOK(On-Off Keying)信号。2ASK 的时域表达式为

$$s_{2ASK}(t)=\left[\sum_{n}a_{n}g(t-nT_{s})\right]\cos\omega_{C}t \tag{7.1}$$

其中 $\cos\omega_C t$ 为载波信号，$\sum\limits_{n}a_{n}g(t-nT_{s})$ 为数字调制信号 $B(t)$，$g(t)$ 为单个码元的波形信号，T_s 为码元持续时间(码元宽度)，a_n 为第 n 个码元的取值，可表示为

$$a_{n}=\begin{cases}1, & P\\ 0, & 1-P\end{cases} \tag{7.2}$$

2ASK 调制过程的波形图如图 7.1 所示。

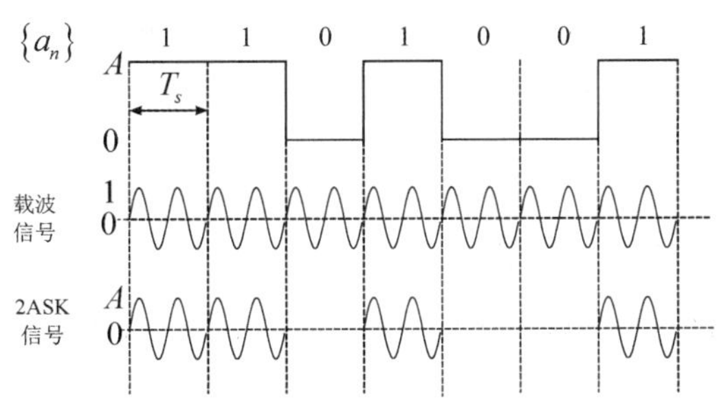

图 7.1　2ASK 调制过程的波形图

7.1.1.1 2ASK 调制的频谱分析

数字调制信号 $B(t)$是具有一定波形形状的随机二进制脉冲序列，对于这种信号只能用功率谱来表征其频域特性。若二进制脉冲序列的功率谱记为 $P_B(\omega)$，2ASK 的功率谱记为 $P_{2ASK}(\omega)$，则其数学表达式为

$$P_{2ASK}(\omega)=\frac{1}{4}[P_B(\omega+\omega_C)+P_B(\omega-\omega_C)] \tag{7.3}$$

在第 6 章，已经分析过二进制基带信号的功率谱，详见式(6.1)。设数字调制信号 $B(t)$为等概率的二进制单极性非归零码(NRZ)，则其频谱如图 7.2(a)所示。已调信号的频谱如图 7.2(b)所示，其中 $f_s=\frac{1}{T_s}$。

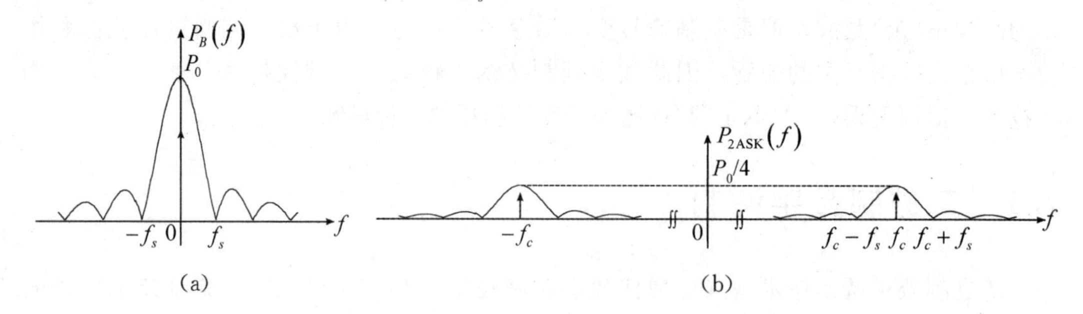

图 7.2 2ASK 信号的频谱

从图 7.2 可以看出，数字基带信号的频谱对应的理论带宽应为无穷大，无法在信道(带宽为有限值)中传输，因此基带信号在调制前应通过低通滤波器进行限带，如图 7.3(a)所示。数字基带信号的限带带宽一般定义为第一个零点带宽，即 $B_B=f_s$。

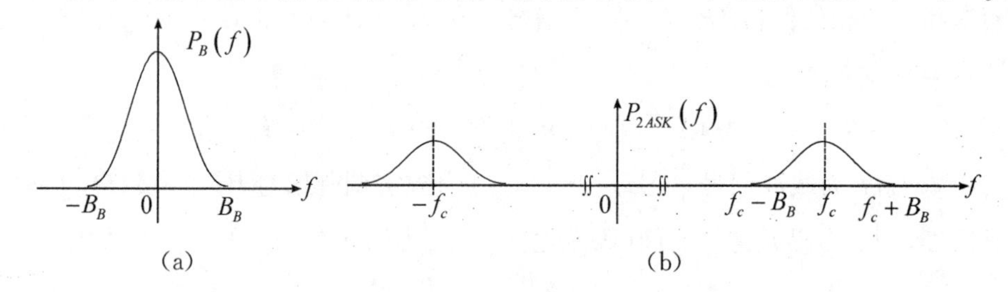

图 7.3 限带后的 2ASK 频谱

2ASK 信号的频谱是基带信号频谱的复制搬移，其带宽是基带信号带宽的两倍，即 $2B_B$，如图 7.3(b)所示。

$$B_{2ASK}=2B_B=2f_s \tag{7.4}$$

7.1.1.2 2ASK 的调制与解调

2ASK 的调制器可以用乘法器实现，也可以用数控开关电路来代替乘法器，如图 7.4 所示。

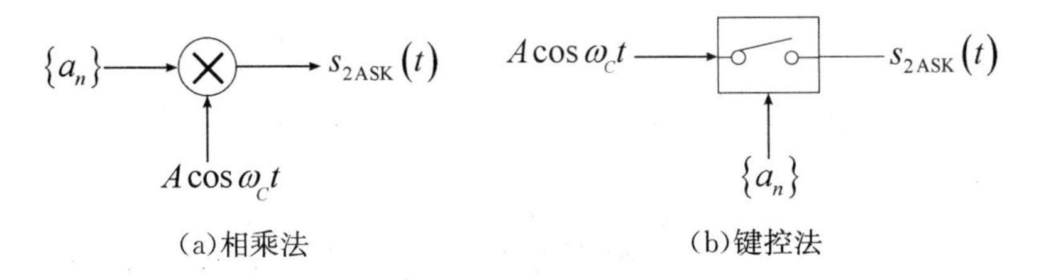

图 7.4　2ASK 的实现原理框图

与模拟已调信号的解调方式相同，数字已调信号的解调方式也有两种：相干解调和非相干解调。其中非相干解调采用包络检波器，其工作原理如图 7.5 所示。

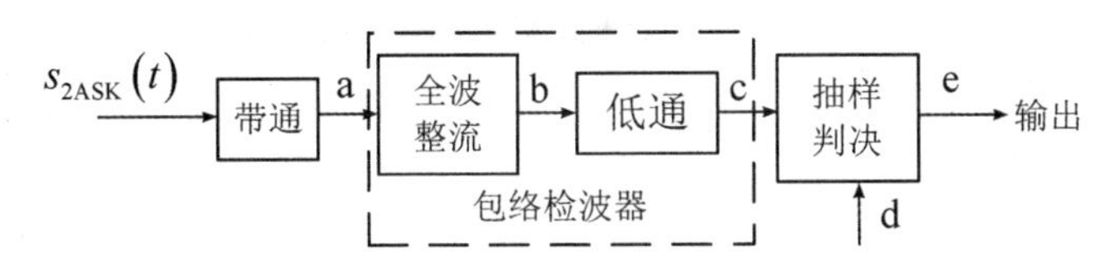

图 7.5　2ASK 信号的非相干解调原理

非相干解调工作过程中，各点的波形如图 7.6 所示。由于被传输的是数字信号，因此低通滤波器的输出信号还要经过抽样判决电路，即在每个码元中间做一次抽样判决，其作用是对恢复的模拟基带信号进行整形，最终输出规整的数字信号。

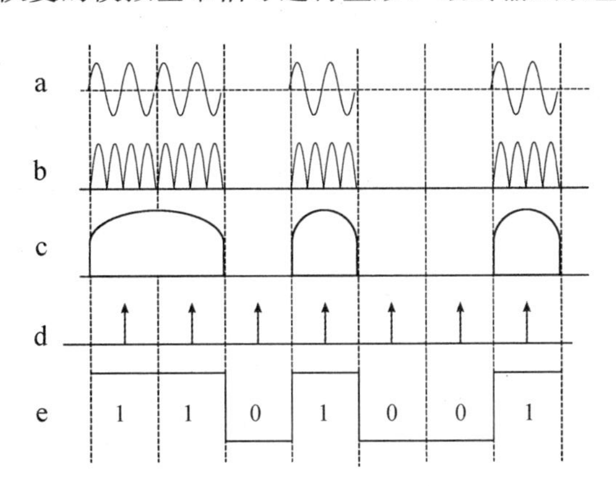

图 7.6　非相干解调的各点波形

2ASK 也可以采用相干解调，其工作过程如图 7.7 所示。对应的各点输出波形如图 7.8 所示。相干解调中的本地载波需要在接收信号中提取恢复，由于相干解调对本地载波的要求比较高(同频同相)，实现设备复杂，因此很少在 ASK 系统中使用相干解调。

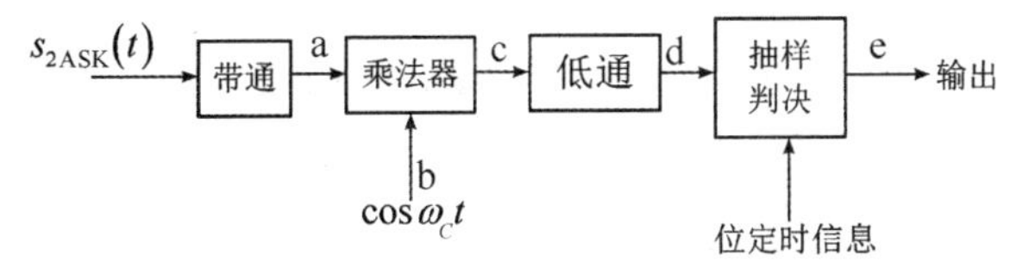

图 7.7　相干解调

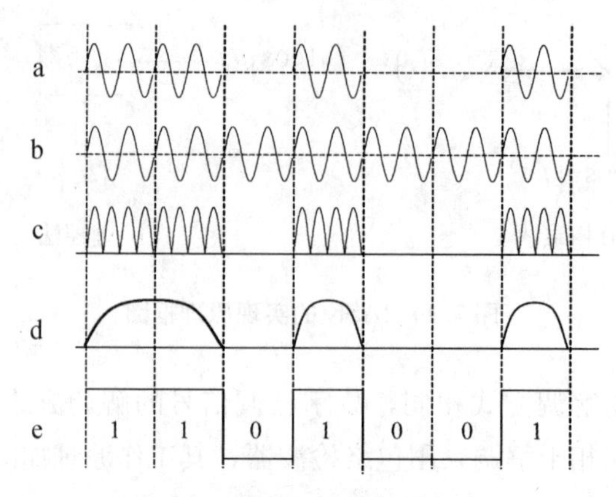

图 7.8 相干解调的各点波形

7.1.2 二进制频移键控

二进制频移键控(2FSK)利用载波的频率变化来传递数字信息“0”和“1”，而载波的幅度和初始相位保持不变。2FSK 用两种频率 f_1 和 f_2 的载波信号分别表达“0”和“1”。其时域表达式为

$$s_{2FSK}(t)=\left[\sum_n a_n g(t-nT_s)\right]\cos\omega_1 t+\left[\sum_n \overline{a_n} g(t-nT_s)\right]\cos\omega_2 t \tag{7.5}$$

其中

$$a_n=\begin{cases}1, & P\\0, & 1-P\end{cases}\qquad \overline{a_n}=\begin{cases}1, & P\\0, & 1-P\end{cases} \tag{7.6}$$

2FSK 信号可以看作两个不同载频的幅度键控信号之和。2FSK 的典型调制波形如图 7.9 所示。

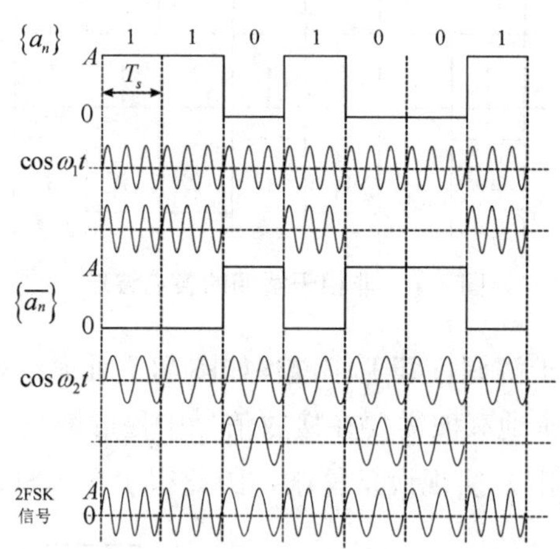

图 7.9 2FSK 的典型调制波形

7.1.2.1 2FSK 信号的功率谱

从式(7.5)可知，2FSK 信号的频谱等于数字基带信号频谱进行两次复制搬移之和，中心频率分别是 f_1 和 f_2，如图 7.10 所示。

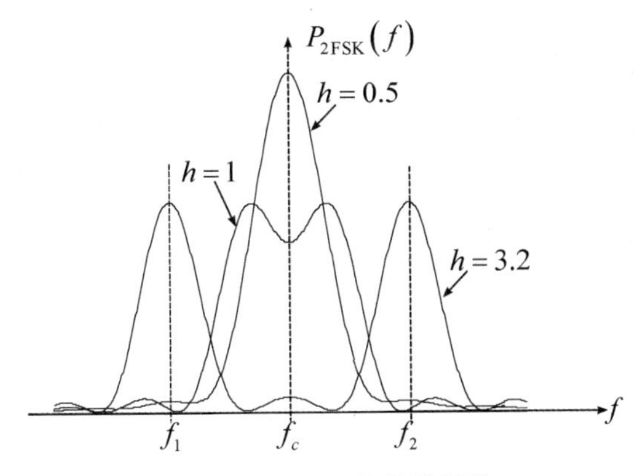

图 7.10　2FSK 信号的频谱

频谱的中心频率为

$$f_C=\frac{1}{2}(f_1+f_2) \tag{7.7}$$

设两个载波频率之差为 Δf，定义调制指数 h 为

$$h=\frac{\Delta f}{R_s}=\frac{f_2-f_1}{R_s} \tag{7.8}$$

其中 R_s 为数字基带信号的码元速率。图 7.10 给出了在不同调制指数下的 2FSK 信号频谱。从图中可以看出，2FSK 信号的带宽为

$$B_{2FSK}=2B_B+|f_2-f_1| \tag{7.9}$$

7.1.2.2　2FSK 信号的调制与解调

2FSK 的实现：用数字基带信号及其反相信号分别与两个独立的载波相乘，使其在一个码元期间输出两个载波之一，如图 7.11 所示。

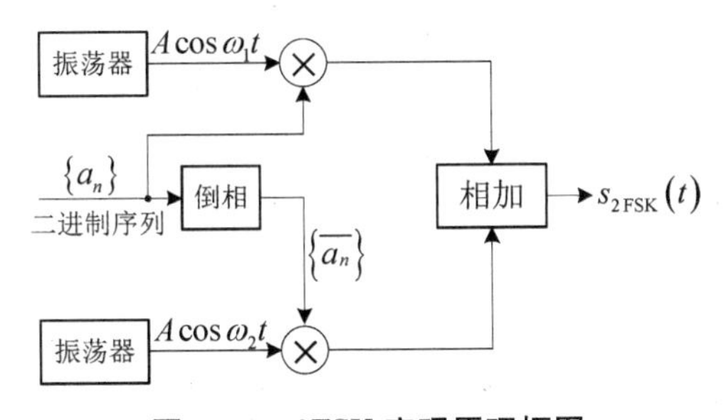

图 7.11　2FSK 实现原理框图

同 2ASK 的实现方法相同，2FSK 调制也可以用数控开关取代乘法器。这种键控法的特点是转换速度快，电路简单，产生的波形好，频率稳定度高，因此被广泛采用。

2FSK 的解调原理是将 2FSK 信号分解为两路 2ASK 信号分别进行解调，然后进行抽样判决。其工作原理如图 7.12 和图 7.13 所示。

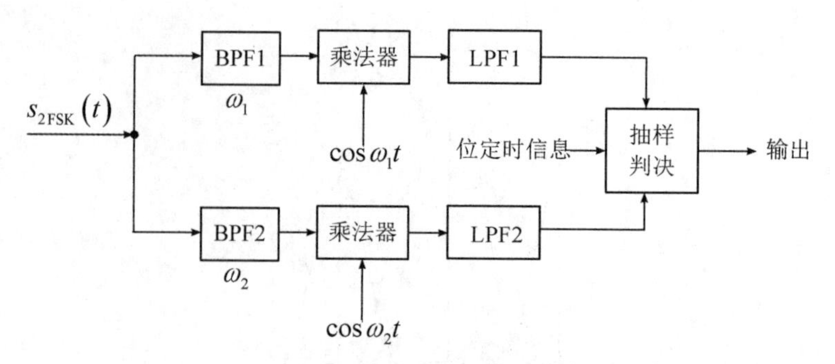

图 7.12 2FSK 的相干解调

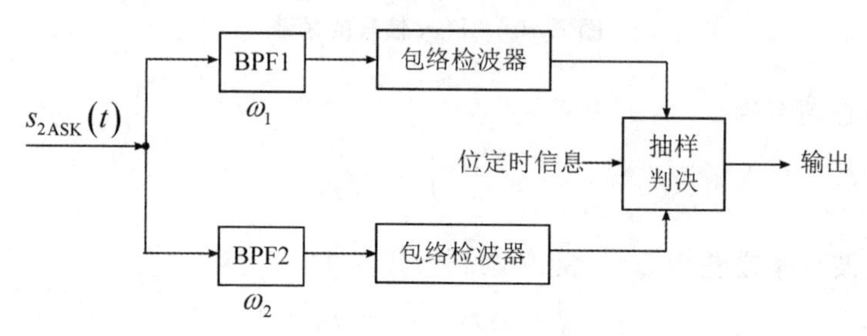

图 7.13 2FSK 的非相干解调

此外，2FSK 信号还有其他解调方法，比如鉴频法、差分检测法、过零检测法等。图 7.14 所示为过零检测法的工作原理框图和各点波形。

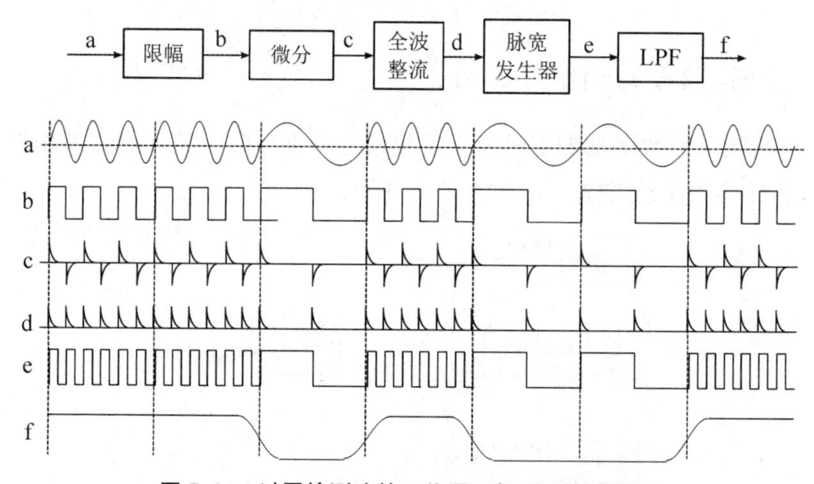

图 7.14 过零检测法的工作原理框图和各点波形

FSK 调制技术在数字通信中应用较为广泛，尤其适用于衰落信道（如短波无线电信道）的场合。国际电信联盟（ITU）建议在数据传输速率低于 1200bit/s 时采用 2FSK 调制技术。

7.1.3 二进制相位键控

二进制相位键控（2PSK）利用载波的相位变化来传递数字信息“0”和“1”，而载波的频率和幅度保持不变。2PSK 的时域表达式为

$$s_{2PSK}(t)=\left[\sum_{n}a_{n}g(t-nT_{s})\right]\cos\omega_{C}t \tag{7.10}$$

其中第 n 个码元的取值表示为

$$a_{n}=\begin{cases}+1, & P\\ -1, & 1-P\end{cases} \tag{7.11}$$

式(7.11)所表示的数字信号为双极性码。2PSK 的典型调制波形如图 7.15 所示。

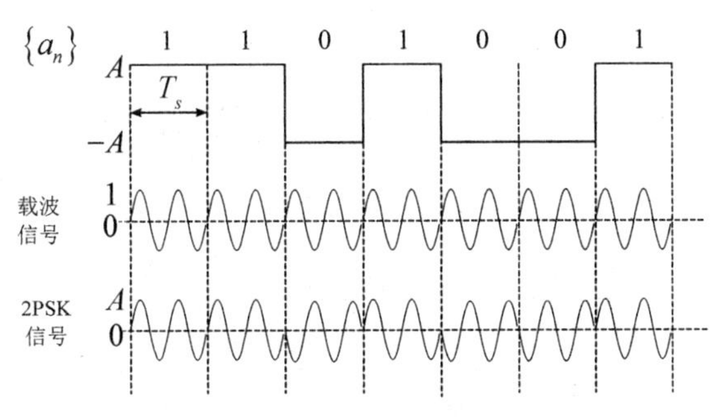

图 7.15　2PSK 的典型调制波形

7.1.3.1　2PSK 信号的频谱

2PSK 信号可以看作一个双极性码的调幅，当“0”和“1”概率相同时，双极性码的直流成分为 0，相当于抑制载波的双边带调幅。因此，2PSK 信号的频谱中只有连续谱，没有离散谱，如图 7.16 所示。

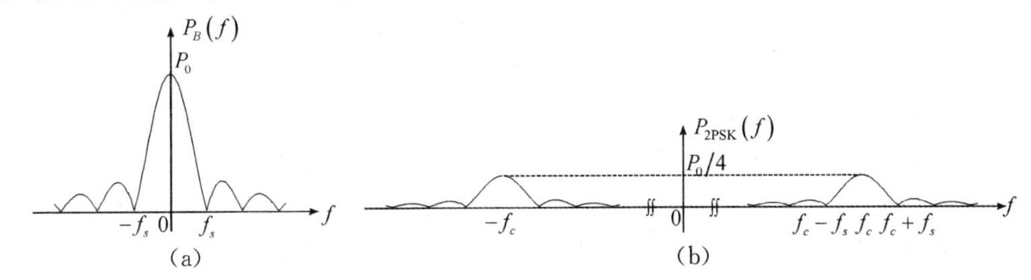

图 7.16　2PSK 信号的频谱

如图 7.16 所示，2PSK 信号的带宽为

$$B_{2PSK}=2B_{B} \tag{7.12}$$

7.1.3.2　2PSK 信号的调制与解调

2PSK 信号的调制方式有相乘法和相位选择法，如图 7.17 所示。

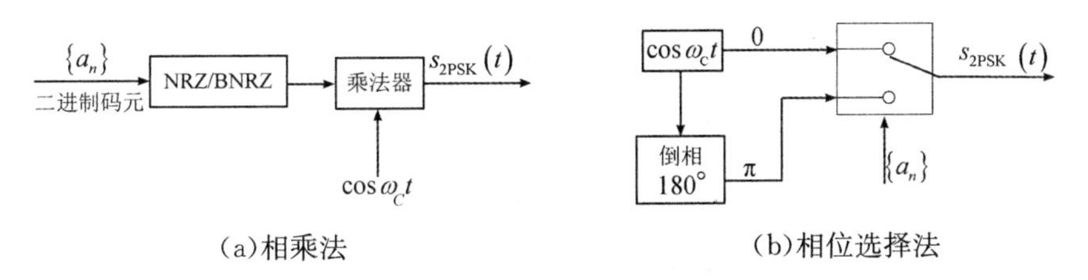

图 7.17　2PSK 信号的调制方式

2PSK 信号的解调必须采用相干解调，如图 7.18 所示。

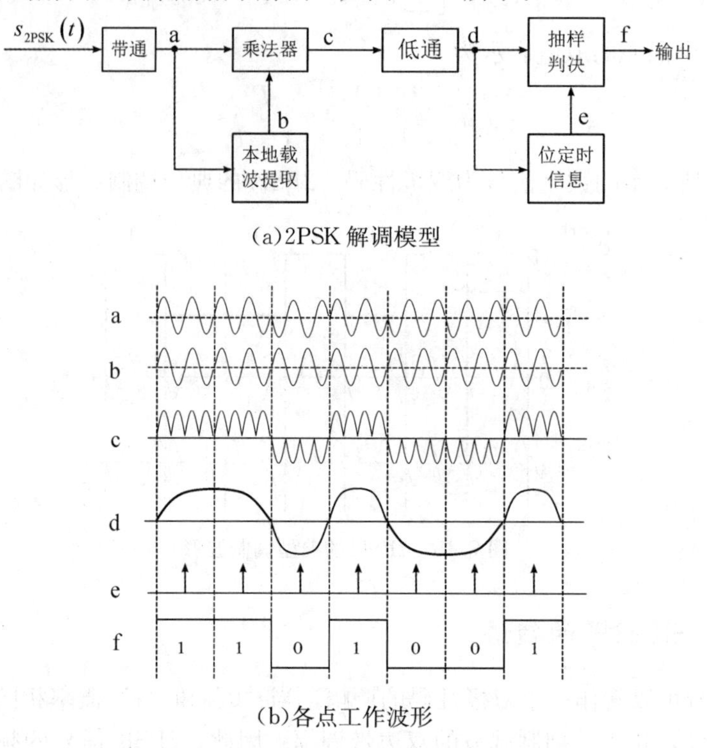

图 7.18　2PSK 信号的解调

7.1.3.3　二进制差分相移键控

从 2PSK 信号中提取的相干载波存在两种可能的相位(0 或 π)，即存在相干载波的相位模糊现象。由于 2PSK 系统存在相位模糊问题，因此在实际工程中无法应用。

二进制差分相移键控(2DPSK)利用相邻码元载波相位的相对变化传递数字信息，所以又被称为相对相移键控。2DPSK 信号的时域表达式、频谱和零点带宽与 2PSK 相同。区别仅仅在于调制前对数字基带信号进行差分编码。其编码原则为

$$b_n = a_n \oplus b_{n-1} \tag{7.13}$$

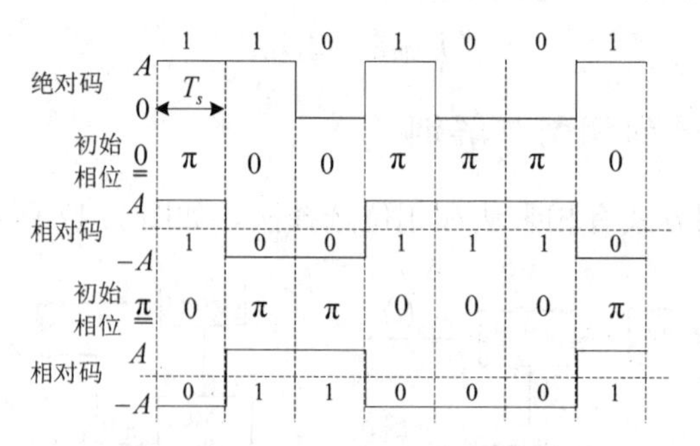

图 7.19　2DPSK 信号的编码原则

从图 7.19 可以看出，当绝对码为 0 时，相对码电平与前一位码电平一致；当绝对码为 1 时，相对码电平与前一位码电平相反。若初始参考相位不同，则 2DPSK 信号的

相位也不同，对应的波形也不同。这说明，2DPSK 信号的相位并不直接代表信息，而相邻码元载波相位的相对变化才是唯一决定数字信号的因素。

2DPSK 信号的调制模型如图 7.20 所示，对应的典型调制波形如图 7.21 所示。

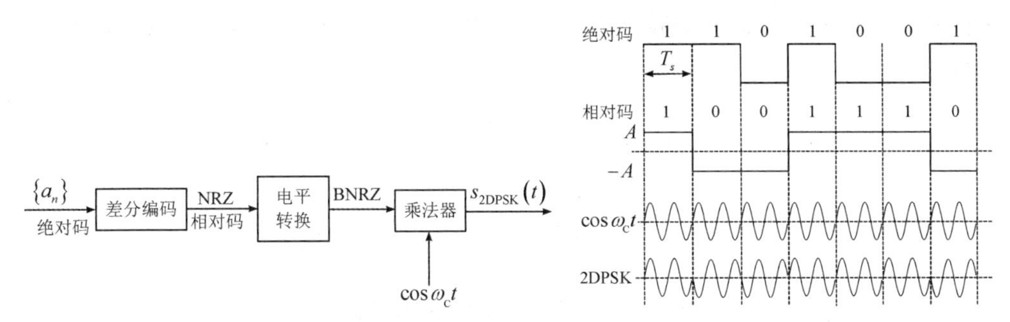

图 7.20　2DPSK 信号的调制模型　　　图 7.21　2DPSK 信号的典型调制波形

2DPSK 信号波形的特点：当绝对码为 0 时，载波相位与前一位码时同相；当绝对码为 1 时，载波相位与前一位码时反相。

2DPSK 信号的相干解调方式的工作原理框图和各点波形如图 7.22 所示。

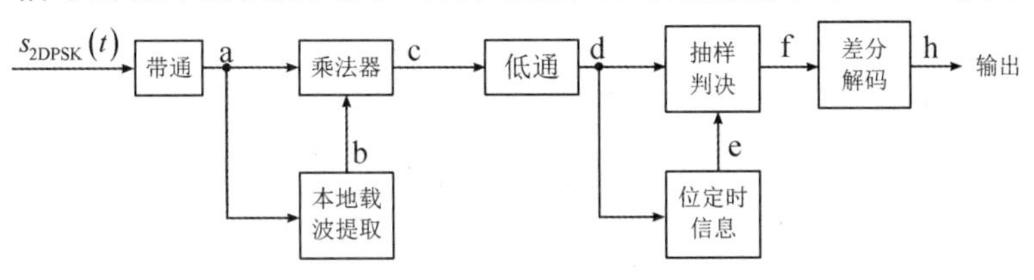

(a)工作原理框图

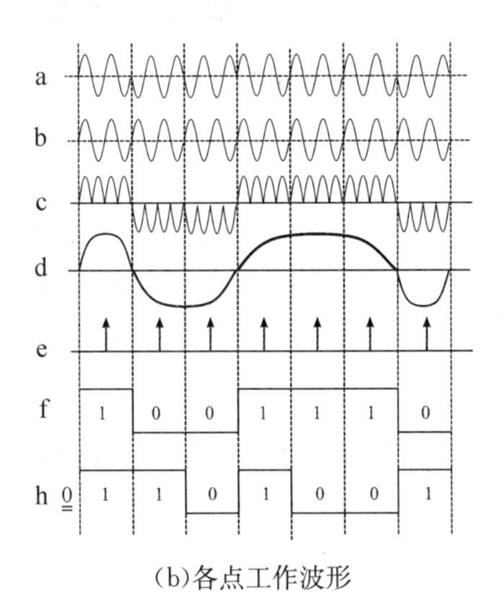

(b)各点工作波形

图 7.22　2DPSK 信号的相干解调

其中，差分解码的解码原则是

$$a_n = b_n \oplus b_{n-1} \tag{7.14}$$

2DPSK 信号的相干解调中依然存在相位模糊问题，但绝对码判“0”或判“1”取决于相对码的前位与后位之间的关系，消除了 0—π 模糊的问题。但是，2DPSK 要求初始相位与发送端保持同步；同时，本地载波也需要与发送端载波保持同步。

对 2DPSK 信号的解调可以采用差分相干解调，其工作原理框图如图 7.23 所示。图 7.24 所示为差分相干解调的各点波形。用这种方法解调时不需要恢复载波，只需要将 2DPSK 信号延时一个码元间隔 T_s，然后与 2DPSK 信号本身相乘。相乘后的结果能够反映前后码元的相对相位关系。

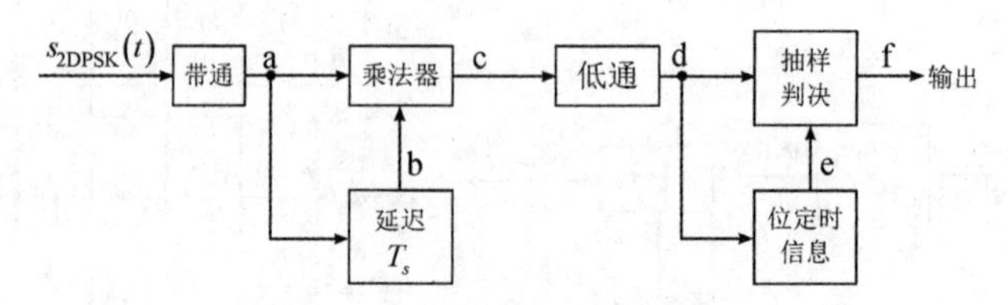

图 7.23　差分相干解调原理框图

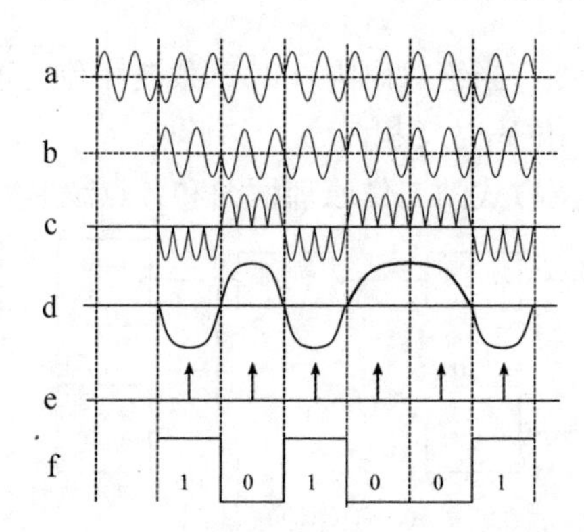

图 7.24　差分相干解调的各点波形

【例题 7.1】设信源发送的二进制信息为 10101，码元速率为 200baud。

(1)当载波频率为 400Hz 时，试分别画出 2ASK(OOK)、2PSK 和 2DPSK 信号的波形。

(2)当 2FSK 的两个载波频率分别为 200Hz 和 400Hz 时，画出其信号波形。

(3)计算 2ASK、2PSK、2DPSK 和 2FSK 信号的带宽和频带利用率。

解：(1)根据二进制数字调制的基本原理，2ASK、2PSK 和 2DPSK 的波形如下：

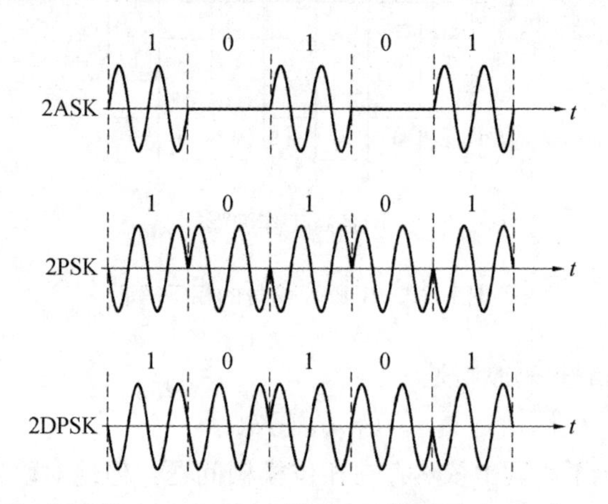

(2)设“1”码的载波频率为 200Hz，“0”码的载波频率为 400Hz，则 2FSK 的波

形为

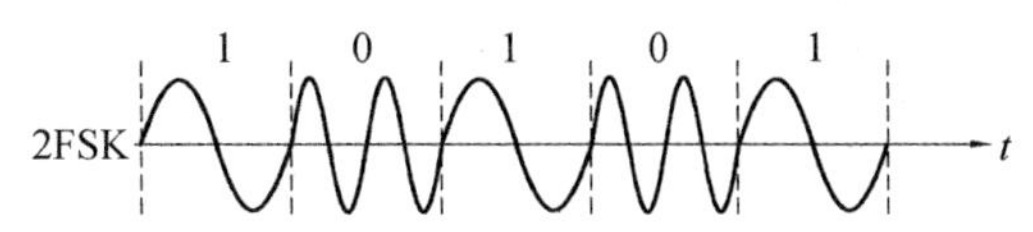

(3)2ASK、2PSK 和 2DPSK 的带宽和频带利用率为

$$B_{2PSK}=B_{2DPSK}=B_{2ASK}=2f_s=\frac{2}{T_s}=2\times200=400(\text{Hz})$$

$$\eta_b=\eta_s=\frac{R_s}{B}=\frac{200}{400}=0.5[\text{bit}/(\text{s}\cdot\text{Hz})]$$

2FSK 信号的带宽和频带利用率为

$$B_{2FSK}=2f_s+|f_2-f_1|=2\times200+|400-200|=600(\text{Hz})$$

$$\eta_b=\eta_s=\frac{R_s}{B}=\frac{200}{600}=0.33[\text{bit}/(\text{s}\cdot\text{Hz})]$$

小结：

(1)2ASK、2PSK 和 2DPSK 具有相同的第一零点带宽：$B=2f_s=\frac{2}{T_s}=2R_s$。

(2)2FSK 信号的第一零点带宽不仅与基带信号零点带宽有关，而且与信号的两个载频之差有关：$B=2f_s+|f_2-f_1|$。

(3)在码元速率相同的情况下，2FSK 系统的频带利用率最低，有效性最差。

7.2　二进制数字调制的抗噪性能

对于二进制数字调制系统的抗噪性能的分析与数字基带系统的抗噪性能分析的思路相同。下面仅通过对 2ASK 抗噪性能的分析来说明数字调制系统抗噪性能的分析步骤。

2ASK 的抗噪性能分析模型如图 7.25 所示。

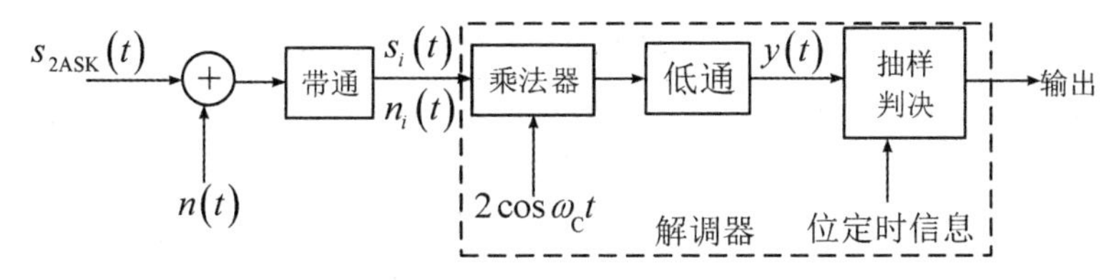

图 7.25　2ASK 的抗噪性能分析模型

由于二进制数字信号只有“0”码和“1”码，因此已调信号的表达式为

$$s_{2ASK}(t)=s_i(t)=\begin{cases}A\cos\omega_C t, & a_n=\text{“1”}\\ 0, & a_n=\text{“0”}\end{cases} \tag{7.15}$$

信道中叠加的高斯白噪声通过 BPF 限带后为

$$n_i(t)=n_I(t)\cos\omega_C t-n_Q(t)\sin\omega_C t \tag{7.16}$$

则相干解调器的输入为

$$y(t)=\{[s_{2ASK}(t)+n_i(t)]\times2\cos\omega_C t\}_{LPF}=\begin{cases}A+n_I(t), & \text{“1”}\\ n_I(t), & \text{“0”}\end{cases} \tag{7.17}$$

信号 $y(t)$ 的一维概率密度函数如图 7.26 所示。

当发送“1”码时，输入抽样判决模块的信号 $y(t)=A+n_I(t)$ 的一维概率密度函数为

$$p_1(y)=\frac{1}{\sqrt{2\pi}\sigma}e^{-(y-A)^2/2\sigma^2} \tag{7.18}$$

当发送“0”码时，输入抽样判决模块的信号 $y(t)=n_I(t)$ 的一维概率密度函数为

$$p_0(y)=\frac{1}{\sqrt{2\pi}\sigma}e^{-y^2/2\sigma^2} \tag{7.19}$$

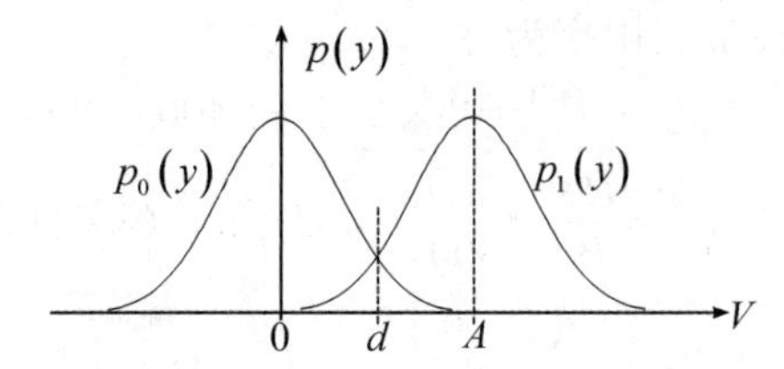

图 7.26　信号 $y(t)$ 的一维概率密度函数

当“1”和“0”出现的概率相等时，最佳判决门限 $d=\frac{A}{2}$。此时，总的误码率应为

$$p_b=\int_{\frac{d}{\sigma}}^{\infty}\frac{1}{\sqrt{2\pi}}e^{-\frac{x^2}{2}}dx=Q\left(\frac{d}{\sigma}\right)=Q\left(\frac{A}{2\sigma}\right)=Q\left(\sqrt{\frac{r}{2}}\right) \tag{7.20}$$

其中 $r=\frac{A^2}{2\sigma^2}$，为解调器输入的峰值信噪比。同理可得，2FSK 和 2PSK 的误码率分别为 $Q(\sqrt{r})$ 和 $Q(\sqrt{2r})$。

对于二进制数字调制系统的非相干解调的抗噪性能，这里不进行详细的理论分析，直接给出各种调制系统的误码率，见表 7.1。

表 7.1　二进制数字调制系统的抗噪性能

调制方式	相干解调	非相干解调	零点带宽
2ASK	$Q\left(\sqrt{\frac{r}{2}}\right)$	$\frac{1}{2}\exp\left(-\frac{r}{4}\right)$	$B_{2ASK}=2f_s=2R_s$
2FSK	$Q(\sqrt{r})$	$\frac{1}{2}\exp\left(-\frac{r}{2}\right)$	$B_{2FSK}=2f_s+\lvert f_2-f_1\rvert$
2PSK 2DPSK	$Q(\sqrt{2r})$	$\frac{1}{2}\exp(-r)$	$B_{2PSK}=2f_s=2R_s$

从表 7.1 可以得出以下几点结论：

(1)对于相同的调制方式，相干解调的误码率优于非相干解调的误码率，但随着信噪比的增大，两者性能相差不大。

(2)采用相同的解调方式(相干解调)时，抗高斯白噪声性能从优到劣的顺序是：2PSK→2DPSK→2FSK→2ASK，如图 7.27 所示。

(3)随机二进制数字信号在等概率条件下，2ASK信号的判决门限易受信道参数变化的影响，不适于在变参信道(移动信道)中传输；而2PSK和2FSK信号的判决门限对信道的变化不敏感，适于在变参信道中传输。

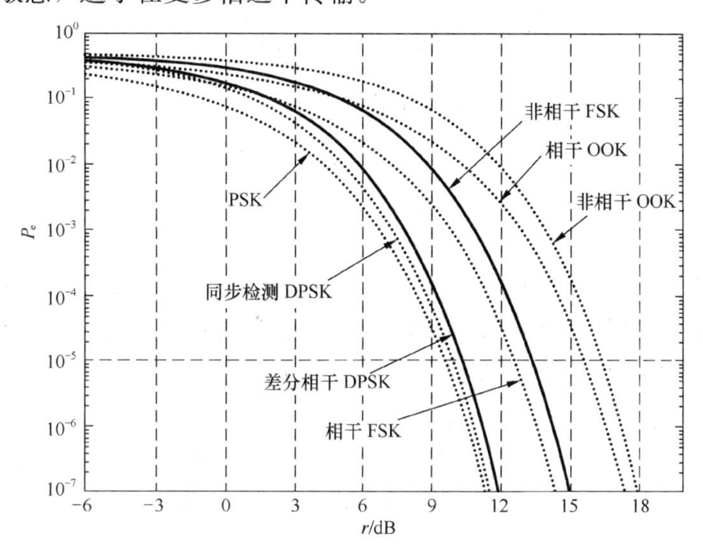

图7.27　数字调制系统的抗噪性能

7.3　数字信号的最佳接收

由于通信信息的未知性和随机噪声的影响，接收端无法完全准确无误地接收信息，存在一定的误码率。如何在相同的信道条件下，使得正确接收信号的概率达到最大，而错误接收信号的概率降到最小，这就是数字信号的最佳接收需要研究的问题。

7.3.1　具有匹配滤波器的最佳接收机

一个数字通信系统的可靠性在很大程度上取决于接收系统的性能。这是因为，影响系统可靠传输的不利因素(噪声)直接作用到接收端(如图7.28所示)，影响接收信号的恢复。

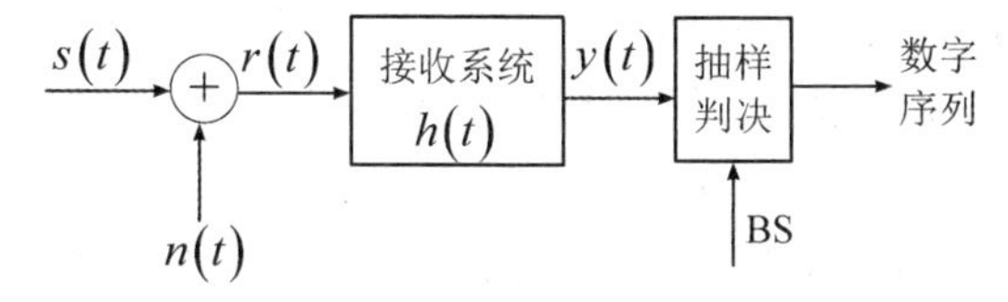

图7.28　接收机原理框图

设接收机的输入信号为$r(t)$，它可以是数字基带信号，也可以是数字调制信号；信道叠加的高斯白噪声为$n(t)$，接收系统的单位冲激响应为$h(t)$，则接收系统的输出为

$$y(t)=r(t)*h(t)=[s(t)+n(t)]*h(t) \tag{7.21}$$

其中，接收系统输出信号中的有用信号为

$$y_s(t)=s(t)*h(t)=\int_{-\infty}^{\infty}S(f)H(f)e^{j2\pi ft_m}df \tag{7.22}$$

接收系统输出信号中的噪声功率为

$$N_o=\int_{-\infty}^{\infty}\frac{n_0}{2}|H(f)|^2df=\frac{n_0}{2}\int_{-\infty}^{\infty}|H(f)|^2df \tag{7.23}$$

在 $t=t_m$ 时，接收系统的输出信噪比为

$$SNR=\frac{\left|\int_{-\infty}^{\infty}S(f)H(f)e^{j2\pi ft_m}df\right|^2}{\frac{n_0}{2}\int_{-\infty}^{\infty}|H(f)|^2df} \tag{7.24}$$

通信系统的误码率取决于接收系统的输出信噪比。接收系统只要能够在抽样时刻具有最大信噪比，就可以得到整个通信系统的最低误码率，即式(7.24)具有最大值。利用施瓦兹不等式可以求得式(7.24)的最大值，即

$$SNR\leqslant\frac{\int_{-\infty}^{\infty}|S(f)|^2df\int_{-\infty}^{\infty}|H(f)|^2df}{\frac{n_0}{2}\int_{-\infty}^{\infty}|H(f)|^2df}\leqslant\frac{2}{n_0}\int_{-\infty}^{\infty}|S(f)|^2df \tag{7.25}$$

当式(7.25)取等号时，信噪比 SNR 最大，此时必须满足

$$H(f)=KS^*(f)e^{-j2\pi ft_m} \tag{7.26}$$

根据傅立叶变换可知

$$h(t)=\int_{-\infty}^{\infty}H(f)e^{-j2\pi ft}df \tag{7.27}$$

将式(7.26)带入式(7.27)得

$$h(t)=\int_{-\infty}^{\infty}KS^*(f)e^{-j2\pi ft_m}e^{-j2\pi ft}df=\int_{-\infty}^{\infty}KS^*(f)e^{-j2\pi f(t_m-t)}df \tag{7.28}$$

当输入信号为实函数时，有 $S(f)=S^*(f)$，带入式(7.28)得

$$h(t)=\int_{-\infty}^{\infty}KS(-f)e^{-j2\pi f(t_m-t)}df=Ks(t_m-t) \tag{7.29}$$

对于一个实用的通信系统而言，一定是因果系统，所以输入信号应该满足

$$s(t_m-t)=0,\ t<0\text{ 或 }t>t_m \tag{7.30}$$

接收系统输出的信号要经过抽样判决模块，而抽样判决模块只关心抽样时刻对应的信噪比，也就是说，只要满足在抽样时刻 t_m 具有最大信噪比即可，并不需要关心输入信号的波形和其他时刻的取值。令抽样时刻 $t_m=T$，带入式(7.29)得

$$h(t)=Ks(T-t) \tag{7.31}$$

当 $h(t)$ 与输入信号 $s(t)$ 满足式(7.31)时才会获得最大信噪比，此时对应的系统又称为匹配滤波器。具有匹配滤波器的最佳接收系统的框图如图 7.29 所示。

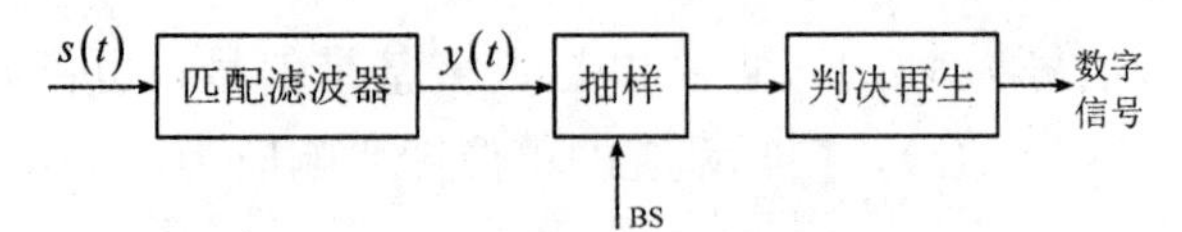

图 7.29 具有匹配滤波器的最佳接收机

此时，匹配滤波器的输出为

$$y_s(t)=s(t)*h(t) \tag{7.32}$$

将式(7.31)带入式(7.32)有

$$y_s(t)=\int_{-\infty}^{\infty}s(t-\tau)h(\tau)\mathrm{d}\tau=K\int_{-\infty}^{\infty}s(t-\tau)s(T-\tau)\mathrm{d}\tau \tag{7.33}$$

根据自相关函数的定义有

$$y_s(t)=KR_s(t-T) \tag{7.34}$$

当 $t=T$ 时，有

$$y_s(T)=KR_s(0)=KE_s \tag{7.35}$$

其中 E_s 为输入信号 $s(t)$ 所携带的能量。式(7.35)说明，匹配滤波器输出的最大信噪比只与输入信号的能量有关，与波形形状无关。根据帕塞瓦尔定理可知，输入信号 $s(t)$ 的能量还可以表示为

$$E_s=\int_{-\infty}^{\infty}s^2(t)\mathrm{d}t=\int_{-\infty}^{\infty}|s(f)|^2\mathrm{d}f \tag{7.36}$$

将式(7.36)带入式(7.25)可得匹配滤波器的最大输出信噪比为

$$[SNR]_{\max}=\frac{2}{n_0}\int_{-\infty}^{\infty}|S(f)|^2\mathrm{d}f=\frac{2E_s}{n_0} \tag{7.37}$$

【例题 7.2】 已知矩形脉冲信号为 $p(t)=A\ [u(t)-u(t-T)]$，$u(t)$ 为单位阶跃信号。试求：

(1)匹配滤波器的冲激响应。

(2)匹配滤波器的输出波形。

(3)在什么时刻输出可以达到最大值？并求最大值。

解：(1)根据匹配滤波器的工作原理，其冲激响应应该满足

$$h(t)=Ks(T-t)=Kp(T-t)$$

矩形脉冲信号的波形如图 7.30(a)所示，$p(T-t)$ 信号的波形如图 7.30(c)所示。从图 7.30 可知：

$$h(t)=p(t)=A[u(t)-u(t-T)]$$

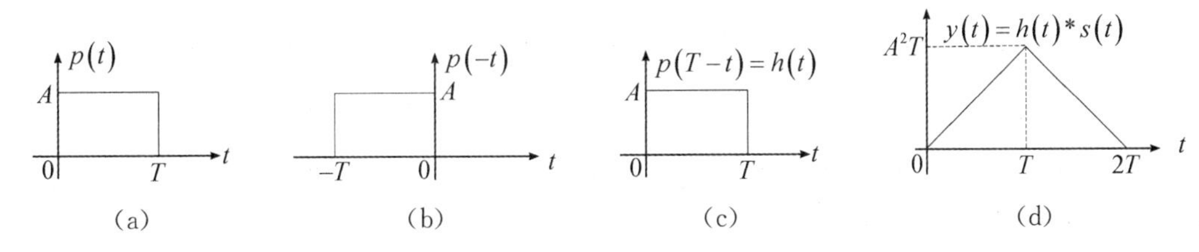

图 7.30　例题 7.2 中信号的波形

(2)已知匹配滤波器的输出信号 $y(t)=s(t)*h(t)$，其中输入信号 $s(t)=p(t)$，则输出信号的波形如图 7.30(d)所示。

(3)从图 7.30 可以看出，输出达到最大值的时刻为 $t=T$，对应的输出最大值为 A^2T。

对于二进制信号，使用匹配滤波器构成的接收系统的框图如图 7.31 所示。图中有两个匹配滤波器，分别与两种信号 $s_0(t)$ 和 $s_1(t)$ 相匹配。$s_0(t)$ 和 $s_1(t)$ 分别代表接收机收到“0”和“1”的波形信号。

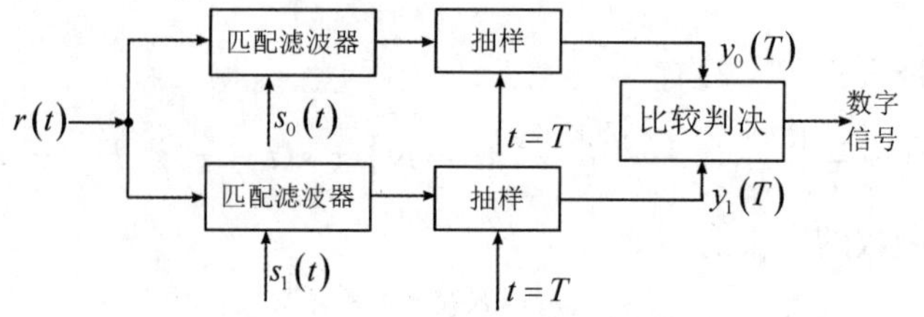

图 7.31　二进制匹配滤波器的构成

图 7.31 中比较判决模块的作用是对上、下两个支路的抽样值进行比较，若 $y_1(T)>y_0(T)$，则判决输出信号为 $s_1(t)$所代表的“1”码；反之，为 $s_0(t)$所代表的“0”码。

7.3.2　相关接收机

最佳接收机设计的前提条件是接收机对所接收的几种信号的波形是已知的。但在实际工程中，即使知道了信号波形，信号在传输过程中也会发生形变，因此严格意义上的匹配滤波器是不存在的。由匹配滤波器可推导出另一种形式的最佳接收机。

式(7.31)给出了匹配滤波器的单位冲激响应：$h(t)=Ks(T-t)$。

匹配滤波器的输入信号除了 $s(t)$，应该还有信号噪声，即 $r(t)=s(t)+n(t)$。

设输入信号 $s(t)$限定在$(0, T)$内，在此区间外为 0。可实现的系统都是因果系统，所以有

$$h(t)=0,\ t<0$$

因此，匹配滤波器的输出信号为

$$\begin{aligned} y(t) &= r(t) * h(t) \\ &= \int_{-\infty}^{\infty} r(\tau)h(t-\tau)\mathrm{d}\tau \\ &= \int_{t-T}^{t} r(\tau)h(t-\tau)\mathrm{d}\tau \end{aligned}$$

考虑数字接收系统只关心 $t=T$ 时刻的抽样值，则有

$$y(T)=\int_0^T r(\tau)h(T-\tau)\mathrm{d}\tau=\int_0^T r(\tau)s(\tau)\mathrm{d}\tau \tag{7.38}$$

式(7.38)称为两个函数的相关运算。利用该式实现的接收系统称为相关接收机，其构成如图 7.32 所示。

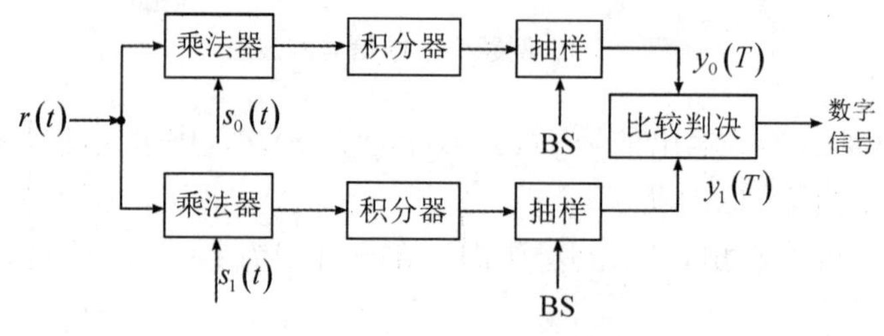

图 7.32　二进制相关接收机框图

其中 $y_1(T)=\int_0^T x(\tau)s_1(\tau)\mathrm{d}\tau$，$y_0(T)=\int_0^T x(\tau)s_0(\tau)\mathrm{d}\tau$。比较判决模块根据下式

做出判决：

$$\begin{cases} y_0(T) > y_1(T), & \text{判为收到 } s_0(t) \\ y_0(T) < y_1(T), & \text{判为收到 } s_1(t) \end{cases} \tag{7.39}$$

相关接收机和匹配滤波器接收机的接收效果是完全等效的。

7.3.3 最佳接收机的性能

如图7.33所示，最佳接收机主要包括匹配滤波器、抽样和判决再生器。从信道接收到的信号 $x(t)$，首先经过匹配滤波器匹配，进而获得最大信噪比；然后经过抽样、判决和再生成为数字信号。

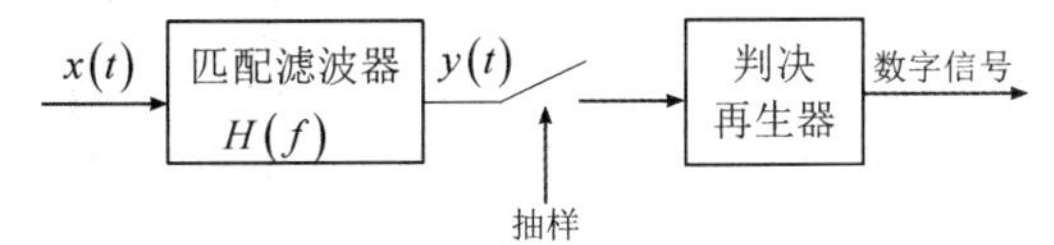

图7.33 最佳接收机框图

其中，匹配滤波器的输入信号为 $x(t)=s_i(t)+n(t)$，对应的输出信号为

$$\begin{aligned} y(t) &= x(t) * h(t) = \int_0^{\infty} h(\tau)x(t-\tau)\mathrm{d}\tau \\ &= \int_0^{\infty} h(\tau)s_i(t-\tau)\mathrm{d}\tau + \int_0^{\infty} h(\tau)n(t-\tau)\mathrm{d}\tau \end{aligned} \tag{7.40}$$

在 $t=T$ 时刻，输出抽样值为

$$y(T) = \int_0^{T} h(\tau)s_i(T-\tau)\mathrm{d}\tau + \int_0^{T} h(\tau)n(T-\tau)\mathrm{d}\tau \tag{7.41}$$

由于 $h(t)$ 和 $s_i(t)$ 是取值区间为(0, T)的确定性信号，因此式(7.41)中第一项积分为常数；由于 $n(t)$ 为随机高斯白噪声，因此式(7.41)中第二项积分为满足高斯分布的随机信号。二者之和 $y(T)$ 为随机信号，其中第一项积分为均值，第二项积分决定噪声功率的大小。

设对应于二进制数字信号，式(7.41)中第一项积分常数分别是

$$m_1 = \int_0^{T} h(\tau)s_1(T-\tau)\mathrm{d}\tau,\quad m_0 = \int_0^{T} h(\tau)s_0(T-\tau)\mathrm{d}\tau \tag{7.42}$$

无论接收到的信号 $s_i(t)$ 是 $s_0(t)$ 还是 $s_1(t)$，噪声的功率都是相同的，即

$$\sigma_y^2 = \int_{-\infty}^{\infty} \frac{n_0}{2} \mid H(f) \mid^2 \mathrm{d}f \tag{7.43}$$

因此，匹配滤波器收到信号 $s_0(t)$ 时，输出 $y(T)$ 的一维概率密度函数应该为

$$f_0(y) = \frac{1}{\sqrt{2\pi}\sigma_y} \exp\left\{-\frac{[y(T)-m_0]^2}{2\sigma_y^2}\right\} \tag{7.44}$$

匹配滤波器收到信号 $s_1(t)$ 时，输出 $y(T)$ 的一维概率密度函数应该为

$$f_1(y) = \frac{1}{\sqrt{2\pi}\sigma_y} \exp\left\{-\frac{[y(T)-m_1]^2}{2\sigma_y^2}\right\} \tag{7.45}$$

设 $m_1 > m_0$，则概率密度函数曲线如图7.34所示。从图中可以看出，此时最佳判决门限应该为 $V_d = \dfrac{m_2 + m_1}{2}$。

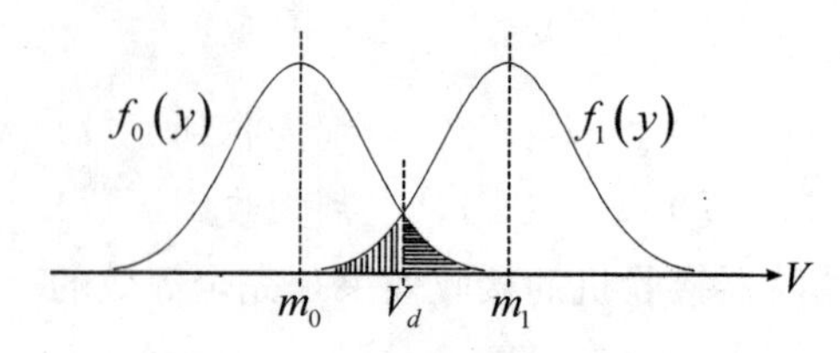

图 7.34 一维概率密度函数曲线

最佳接收机输出信号的误码率为

$$P_b = P_1P_{10} + P_0P_{01} = \frac{1}{2}\left[\int_{-\infty}^{V_T} f_0(y)\mathrm{d}y + \int_{V_T}^{\infty} f_1(y)\mathrm{d}y\right] = \int_{V_T}^{\infty} f_1(y)\mathrm{d}y \tag{7.46}$$

在式(7.46)中，P_0 和 P_1 为二进制数字信号“0”码和“1”码的概率，P_{01}是“0”误判为“1”的概率，P_{10}是“1”误判为“0”的概率。利用 Q 函数的性质可得

$$P_b = Q[d] = Q\left[\frac{|m_2 - m_1|}{2\sigma_y}\right] \tag{7.47}$$

将式(7.42)带入并计算得

$$d^2 = \frac{\left|\int_0^T h(\tau)[s_1(T-\tau) - s_0(T-\tau)]\mathrm{d}\tau\right|^2}{2n_0\int_{-\infty}^{\infty} |h(t)|^2\mathrm{d}t} \tag{7.48}$$

利用施瓦兹不等式可知，当 $h(t)=s_1(T-t)-s_0(T-t)$时，式(7.48)存在最大值，即

$$d_{\max}^2 = \frac{\int_0^T [s_1(T-\tau) - s_0(T-\tau)]^2\mathrm{d}\tau}{2n_0} \tag{7.49}$$

将式(7.49)中的分子部分展开为

$$\begin{aligned}&\int_0^T [s_1(T-\tau) - s_0(T-\tau)]^2\mathrm{d}\tau \\ =&\int_0^T [s_1^2(T-\tau) + s_0^2(T-\tau) - 2s_1(T-\tau)s_0(T-\tau)]\mathrm{d}\tau \\ =&E_{s1} + E_{s0} - 2\rho\sqrt{E_{s1}E_{s0}}\end{aligned} \tag{7.50}$$

其中：

$E_{s0} = \int_0^T s_0^2(T-\tau)\mathrm{d}\tau = \int_0^T s_0^2(t)\mathrm{d}t$，为信号 $s_0(t)$在一个码元周期内所具有的能量；

$E_{s1} = \int_0^T s_1^2(T-\tau)\mathrm{d}\tau = \int_0^T s_1^2(t)\mathrm{d}t$，为信号 $s_1(t)$在一个码元周期内所具有的能量；

$\rho = \dfrac{\int_0^T s_0(t)s_1(t)\mathrm{d}t}{\sqrt{E_{s0}E_{s1}}}$，为 $s_0(t)$和 $s_1(t)$的相关系数。

将式(7.50)带入式(7.47)，有

$$P_b = Q\left\{\left[\frac{E_{s2} + E_{s1} - 2\rho\sqrt{E_{s2}E_{s1}}}{2n_0}\right]^{\frac{1}{2}}\right\} \tag{7.51}$$

如果两种信号具有相同的能量，即 $E_{s2}=E_{s1}=E_b$，那么上式可化简为

$$P_b=Q\left[\sqrt{\frac{E_b}{n_0}}(1-\rho)\right] \tag{7.52}$$

其中 E_b 为一个码元内数字信号所携带的平均功率。

下面通过分析 2ASK 信号经过最佳接收系统后的抗噪性能来说明匹配滤波器对接收机性能的影响。

根据 2ASK 的调制原理有：$\begin{cases} s_0(t)=0, & \text{“0”} \\ s_1(t)=A\cos\omega_C t, & \text{“1”} \end{cases}$

则信号的能量 $E_b=\frac{1}{2}(E_{s1}+E_{s0})=\frac{A^2T}{4}$，相关系数 $\rho=0$。将 E_b 带入式(7.52)有

$$P_{b,\ 2ASK}=Q\left(\sqrt{\frac{E_b}{n_0}}\right) \tag{7.53}$$

同理可推得 2FSK 和 2PSK 系统的误码率，见表 7.2。

表 7.2　最佳接收系统的抗噪性能

调制方式	相干解调	非相干解调	说明
2ASK	$Q\left(\sqrt{\frac{E_b}{n_0}}\right)$	$\frac{1}{2}\exp\left(-\frac{E_b}{2n_0}\right)$	$E_b=\frac{E_s}{2}$
2FSK	$Q\left(\sqrt{\frac{E_b}{n_0}}\right)$	$\frac{1}{2}\exp\left(-\frac{E_b}{2n_0}\right)$	$E_b=E_s=\frac{A^2T}{2}$
2PSK	$Q\left(\sqrt{\frac{2E_b}{n_0}}\right)$	$\frac{1}{2}\exp\left(-\frac{E_b}{n_0}\right)$	$E_b=E_s=\frac{A^2T}{2}$

表 7.2 给出了最佳接收系统在相干解调和非相干解调下的误码率，其中 E_s 为单个码元所携带的能量，A 为已调信号的波形峰值，T 为码元周期。

【例题 7.3】设 2PSK 的最佳接收机与相干接收机具有相同的输入信噪比 $E_b/n_0=$ 10dB。试求：

(1)若通信系统的频带利用率为$\frac{2}{3}$[bit/(s・Hz)]，两种接收机的误码率。

(2)两种接收机的误码率能否相等？相等的条件是什么？

解：(1)最佳接收机的误码率为

$$P_{b,\ 2PSK}=Q\left(\sqrt{\frac{2E_b}{n_0}}\right)=Q(\sqrt{20})=Q(4.47)\approx 3.40\times 10^{-6}$$

相干接收机的误码率为 $P_{b,2PSK}=Q(\sqrt{2r})$，其中

$$r=\frac{S}{N}=\frac{E_b/T_s}{n_0B_c}=\frac{E_b}{n_0}\cdot\frac{1/T_s}{B_c}=\frac{E_b}{n_0}\cdot\frac{R_s}{B_c}=\frac{E_b}{n_0}\cdot\eta_b \tag{7.54}$$

其中，B_c 为 2PSK 信号所占用的信道带宽，将上式带入误码率计算公式有

$$P_{b,\ 2PSK}=Q(\sqrt{2r})=Q\left(\sqrt{2\times 10\times\frac{2}{3}}\right)=Q(3.65)\approx 1.31\times 10^{-4}$$

(2)要使两种接收机的误码率相等，即 $Q\left(\sqrt{\frac{2E_b}{n_0}}\right)=Q(\sqrt{2r})$，必须满足：

$$\frac{E_0}{n_0}=r=\frac{E_b}{n_0}\cdot\eta_b \tag{7.55}$$

即 $\eta_b=\frac{R_b}{B_c}=1[\mathrm{bit/(s\cdot Hz)}]$，进而推得

$$B_c=R_b=\frac{1}{T_s} \tag{7.56}$$

然而对于码元周期为 T_s 的二进制数字调制信号，其带宽绝不可能满足式(7.56)的条件。就 2PSK 调制传输系统而言，若带宽取频谱的第一零点带宽，则 $B_{2PSK}=2f_s=\frac{2}{T_s}$。其对应的系统最大频带利用率为

$$\eta_b=\frac{R_b}{B_{2ASK}}=\frac{R_s}{B_{2ASK}}=0.5[\mathrm{bit/(s\cdot Hz)}]$$

也就是说，2PSK 调制传输系统的频带利用率 η_b 只能小于 1，相干解调接收机的误码率不可能低于最佳接收机的误码率。

若想提高通信系统的频带利用率，可以采用多进制调制技术。

7.4 多进制调制技术

二进制调制是一种最基本的数字调制方式，具有较好的抗干扰能力。但是，二进制的每个码元只携带 1bit 信息，因此频带利用率不高。为了提高信道的频带利用率，可采用多进制数字调制方式。M 进制的每个码元携带的信息量为 $\log_2 M$。

$$R_b=R_B\log_2 M \tag{7.57}$$

(1)在信息传输速率 R_b 一定时，通过增大进制数 M，可以降低码元速率 R_B，从而减小信号带宽，节约频带资源。

(2)在码元速率 R_B 一定时，通过增大进制数 M，可以增大信息传输速率 R_b，从而在相同的带宽中传输更多比特的信息，提高频带利用率。

7.4.1 多进制振幅键控

多进制振幅键控(MASK)可以看成是二进制振幅键控(2ASK)的推广。M 进制幅度调制信号的载波振幅有 M 种取值，在一个码元期间 T_s 内，发送其中一种幅度的载波信号。MASK 已调信号的表示式为

$$s_{\mathrm{MASK}}(t)=\left[\sum_n a_n g(t-nT_s)\right]\cos\omega_C t \tag{7.58}$$

其中，a_n 为第 n 个码元的取值，取值有 M 种可能，可表示为

$$a_n=\begin{cases}0 & P_0\\ 1 & P_1\\ 2 & P_2\\ \vdots & \vdots\\ M-2 & P_{M-2}\\ M-1 & P_{M-1}\end{cases}，且\sum_{i=0}^{M-1}P_i=1 \tag{7.59}$$

例如4ASK信号的振幅有4种可能的取值，每个码元含有2bit信息，故四进制码元又称为双比特码元。4ASK调制波形如图7.35所示。

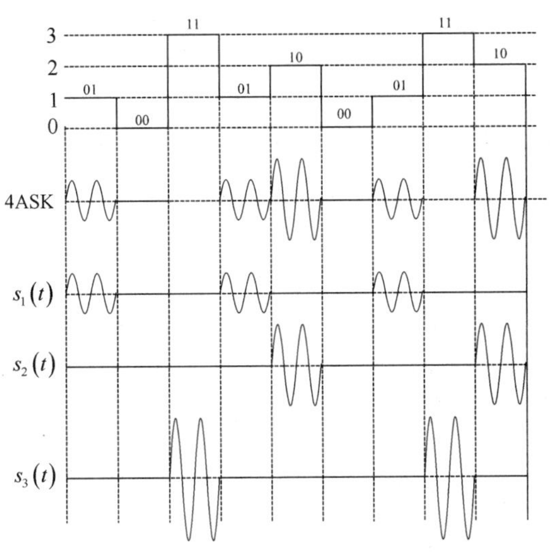

图7.35 4ASK**调制波形**

从图7.35可以看出，4ASK调制可以看作3个2ASK信号的叠加。因此，4ASK信号与2ASK信号具有相同的零点带宽。由此推广可得：MASK信号可以看作$M-1$个2ASK信号的叠加。MASK信号的产生方法也与2ASK信号相似，区别在于发送端输入的二进制数字基带信号需要先经过电平变换器转换为M电平的基带脉冲，再去调制。MASK信号的解调也与2ASK信号相似，有相干解调和非相干解调两种(图7.36)。

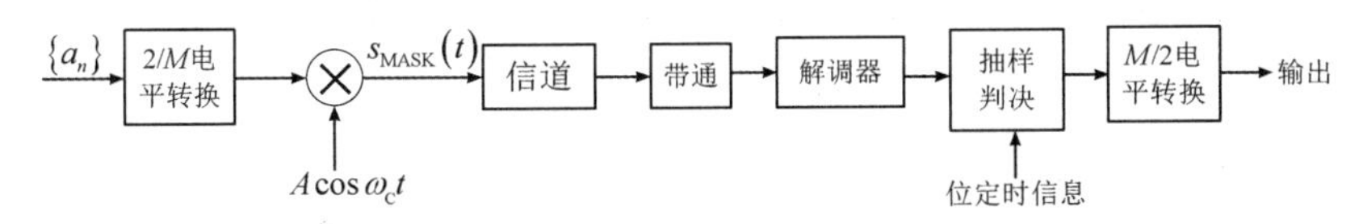

图7.36 MASK**调制与解调框图**

MASK的抗噪性能差，现代通信系统几乎不采用单一的MASK调制技术，往往是将MASK技术与其他调制技术相结合，如QAM调制技术。

7.4.2 多进制频移键控

多进制频移键控(MFSK)可看作二进制频移键控(2FSK)的推广。M进制频率调制信号的载波频率有M种取值，在一个码元期间T_s内，发送其中某个频率的载波信号。例如4FSK采用4种不同的频率分别表示双比特码元，如图7.37所示。

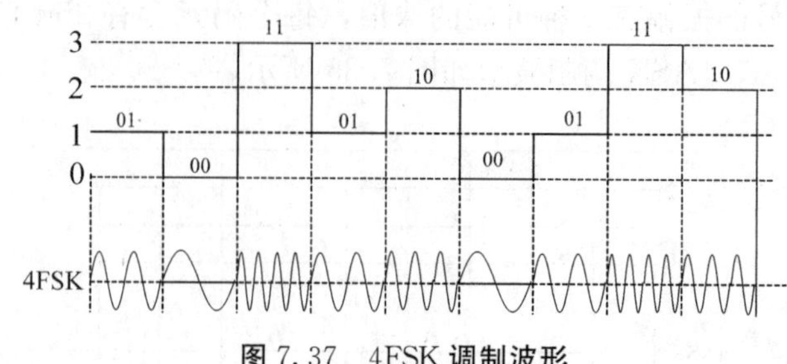

图 7.37 4FSK 调制波形

MFSK 信号的产生方法主要有载波调频法和频率选择法。载波调频法利用调制信号控制振荡器中参数的改变，产生不同频率的载波信号。载波调频法的缺点是频率稳定度不高，同时频率转换速度不能做得太快。其优点是实现方法简单，且 MFSK 信号在相邻码元之间的相位是连续的。频率选择法具有 M 个独立振荡器，产生 M 个独立的载波信号，利用输入的调制信号去控制键控开关某时刻的输出频率。频率选择法产生的 MFSK 信号频率稳定度高且没有过渡频率，转换速度快，波形好，但是存在相位不连续问题。频率选择法 MFSK 信号的调制与解调框图如图 7.38 所示。

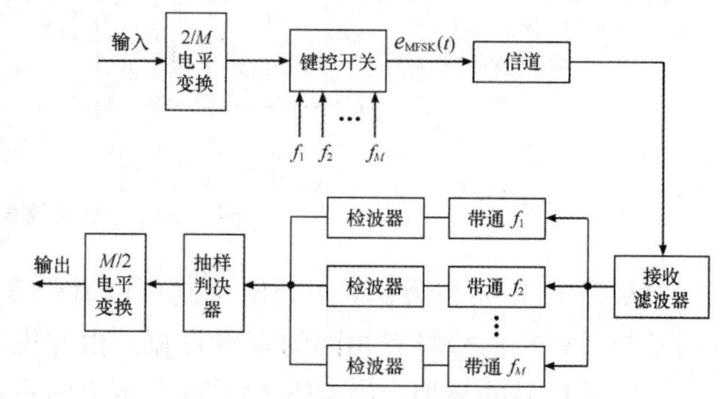

图 7.38 频率选择法的调制与解调框图

对于 MFSK 信号的载波，要求不同载频之间的距离足够大，以便用 BPF 滤波器分离不同频率的信号频谱。因此，MFSK 信号需占用较宽的频带，信道频带利用率不高。MFSK 一般用于调制速率不高的场合。

7.4.3 多进制相移键控

多进制相移键控(MPSK)可看成二进制相位键控(2PSK)的推广。M 进制相位调制信号的载波相位有 M 种取值，比如 4PSK 中，每一种载波相位代表两个比特信息，将组成双比特码元的前一信息比特用 a 代表，将后一信息比特用 b 代表。双比特码元中两个信息比特 ab 通常是按格雷码排列的，它与载波相位的关系如表 7.3 所示。

表 7.3 4PSK 的相位表

双比特码元		载波相位 (φ_n)	
a	b	A 方式	B 方式
0(−1)	0(−1)	0°	225°
1(+1)	0(−1)	90°	315°
1(+1)	1(+1)	180°	45°
0(−1)	1(+1)	270°	135°

从表 7.3 可以看出，4PSK 信号的相位可以有两种组合方式：A 方式和 B 方式。以 A 方式为例，图 7.39 所示为 4PSK 调制的波形图。

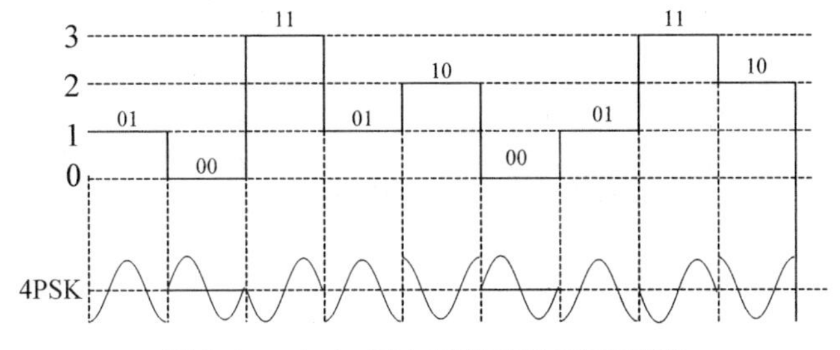

图 7.39　A 方式下 4PSK 调制的波形图

从图 7.39 可以看出，MPSK 信号是相位不同的等幅、等频信号，这种信号可以用矢量图进行表示。矢量图也称为星座图，对于判断调制方式的误码率等有很直观的效用。在矢量图中，以 0 相位作为参考相位，图 7.40 给出了 4PSK 和 8PSK 信号的矢量图。

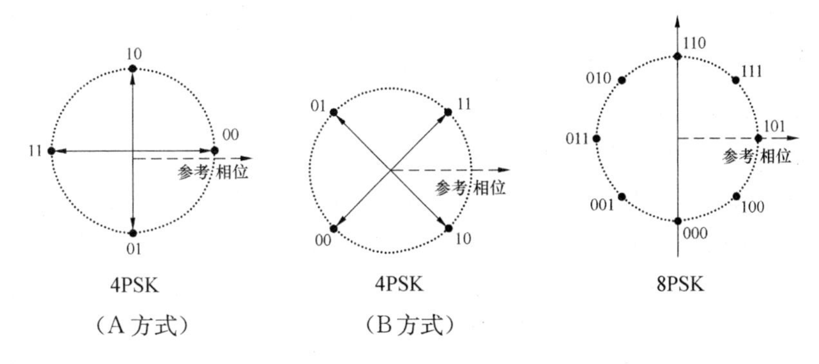

图7.40　矢量图(星座图)

随着进制数 M 的增大，MPSK 可以在相同的带宽中传输更多比特的信息，从而提高频带利用率。但是，随着进制数 M 的增大，矢量图上相邻信号点的距离会逐渐减小(如图 7.40 所示)，导致抗噪性能下降，设备也变得相对复杂。

目前，3G 移动通信系统采用的就是 4PSK 调制方式，4PSK 也称正交相移键控(QPSK)。QPSK 的产生方式同 2PSK 的产生方式相同，也有两种，即相乘法和相位选择法。图 7.41 给出了两种方法的实现框图。

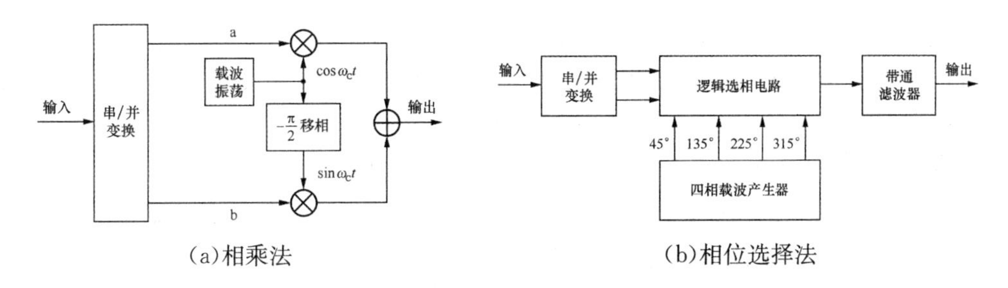

图 7.41　QPSK 调制的实现框图

由于 QPSK 可以看作两个正交 2PSK 信号的合成，因此它可以采用与 2PSK 信号类似的解调方法进行解调，即由两个 2PSK 信号相干解调器实现，其原理框图如图 7.42 所示。

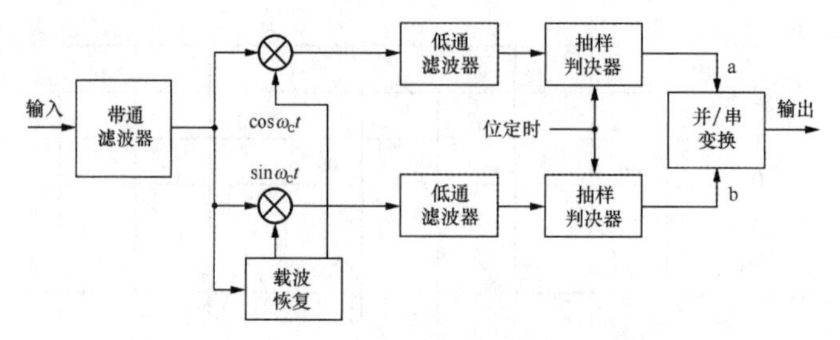

图 7.42 QPSK 解调的实现框图

QPSK 的解调依然存在相位模糊问题。解决方案是采用四相相对相位调制，即 4DPSK 方式。同时，如图 7.39 所示，QPSK 信号在调制过程中会产生 $\pm\pi$ 的相位跳变，所以 QPSK 信号的限带会导致信号包络经过零点，对 QPSK 的硬限幅或非线性放大会再生出严重的频带扩展。QPSK 的改进调制方式将在第 8 章中给出详细讨论。

【例题 7.4】将一个 6MHz 的视频信号输入调制器，调制器的载频 $f_C=$ 500MHz，请计算下列各调制信号的传输带宽：

(1)调制方式为 AM。

(2)调制方式为 FM，频偏为 12MHz。

(3)对视频信号进行抽样，抽样速率是 14MHz/s，每个样值量化后(有 16 个量化电平)再编码为二进制码，然后通过升余弦滤波(滚降系数 $a=0.2$)进行 2PSK 调制。

(4)若视频信号的幅度加倍，请再分别计算(1)(2)(3)三种情况下的带宽。

解：(1)$B_{\text{AM}}=2f_m=2\times6=12(\text{MHz})$。

(2)$B_{\text{FM}}=2f_m+2\Delta f_{\max}=2\times6+2\times12=36(\text{MHz})$。

(3)编码输出的信息速率为 $R_b=nf_s=\log_2 M\cdot f_s=4\times14=56(\text{Mbit/s})$。

通过升余弦滤波后的带宽为 $B_B=\dfrac{R_b}{\eta}=\dfrac{1+a}{2}R_b=\dfrac{3}{5}R_b$。

2PSK 调制后信号的带宽为 $B_{\text{2PSK}}=2B_B=\dfrac{6}{5}R_b=67.2(\text{MHz})$。

(4)视频信号的幅度加倍后，对 AM 信号的带宽没有影响，但是要影响 FM 信号的带宽。因为 $\beta_{\text{FM}}=\dfrac{A_m K_{\text{FM}}}{\omega_m}=\dfrac{\Delta f_{\max}}{f_m}$，所以当视频信号的幅度加倍后，调频指数 β_{FM} 加倍，带宽 $B_{\text{FM}}=2(1+\beta_{\text{FM}})f_m=60(\text{MHz})$。

同时，当视频信号的幅度加倍后，对编码输出的信息速率没有影响，对 2PSK 信号的带宽也没有影响。

【例题 7.5】对最高频率为 4kHz 的模拟语音信号进行线性 PCM 编码，量化电平数为 $L=256$，编码信号先通过 $a=0.5$ 的升余弦滚降滤波器，再进行载波调制。

(1)求 2PSK 信号的传输带宽和频带利用率。

(2)将调制方式改为 8PSK，求信号带宽和频带利用率。

解：(1)PCM 编码输出基带信号的速率为

$$R_b=R_s=f_s n=2f_H\log_2 256=2\times8\times4\times10^3=64(\text{kbit/s})$$

基带信号经过升余弦滚降滤波器后的带宽为

$$B_B=\frac{R_s}{\eta_s}=R_s\cdot\frac{1+a}{2}=0.75\times64=48(\text{kHz})$$

因为 2PSK 信号的带宽是基带信号带宽的两倍，所以

$$B_{2PSK}=2B_B=2\times48=96(\text{kHz})$$

2PSK 系统的频带利用率为

$$\eta_{2PSK}=\frac{R_s}{B_{2PSK}}=\frac{64}{96}=0.67\,[\text{bit}/(\text{s}\cdot\text{Hz})]$$

(2)将调制方式改为 8PSK，$R_s=R_b/\log_2 M=R_b/3$，即码速降为 2PSK 的 1/3。在相同信息传输速率的条件下，信号所需的带宽也为 2PSK 的 1/3。

$$B_{8PSK}=\frac{1}{\log_2 8}B_{2PSK}=\frac{1}{3}\times96=32(\text{kHz})$$

2PSK 系统的频带利用率为

$$\eta_{8PSK}=\frac{R_s}{B_{8PSK}}=\frac{64}{32}=2[\text{bit}/(\text{s}\cdot\text{Hz})]$$

7.5　QPSK 的 Simulink 仿真实现

QPSK 技术的基本原理和工作过程在 7.4 节中已经进行了详细的介绍，本节重点描述如何利用 Simulink 软件完成 QPSK 调制技术的建模仿真。QPSK 调制解调的整体仿真模型如图 7.43 所示。

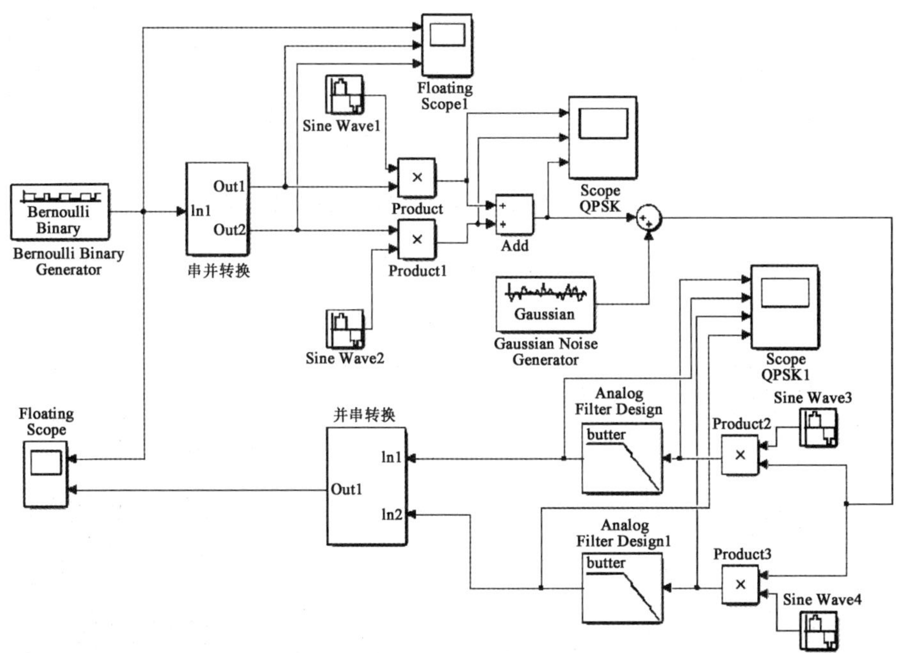

图 7.43　QPSK 调制解调仿真模型

在仿真模型中，串并转换模块(如图 7.44 所示)实现将串行信号转换为上、下两支路的并行信号，并在进行载波调制之前将单极性码支路信号转换为双极性码支路信号。

相关模块参数设置如下：

(1)二进制信号源中 Probability of a zero 设置为 0.01，Initial seed 为 61，Sample time 为 0.001。

(2)Buffer 中 Output buffer sizes 设置为 2，其他为 0。

(3)Demux 中 Number of outputs 设置为 2，其他不变。

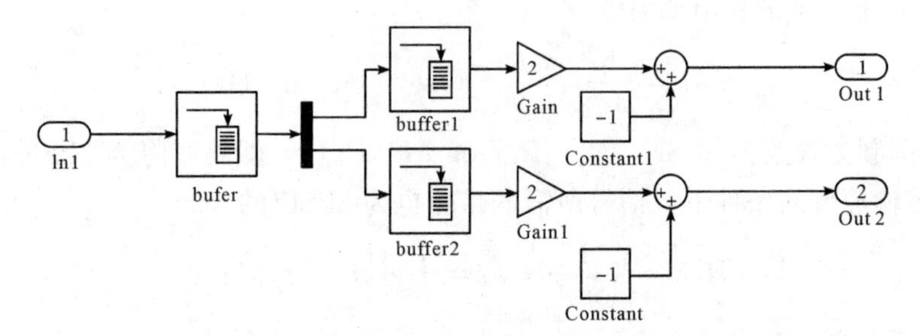

图 7.44 串并转换模块

信源信号经过串并转换模块后，各点波形如图 7.45 所示。

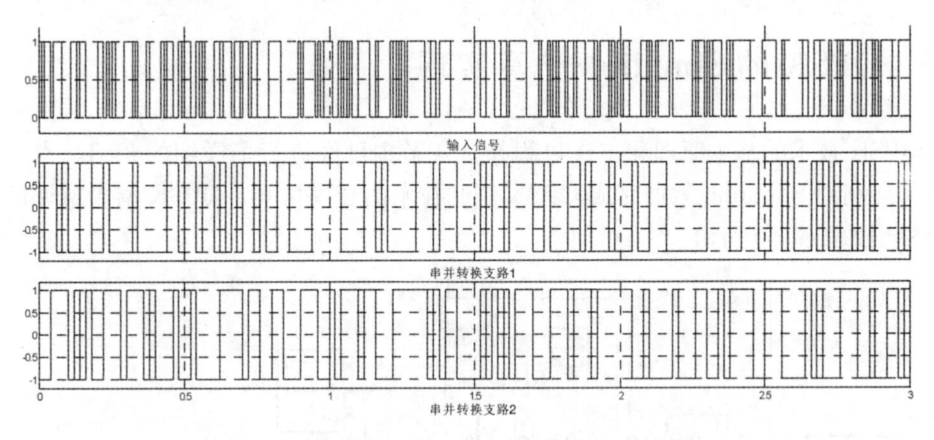

图 7.45 信源信号经过串并转换模块后的各点波形

对串并转换后的两个支路信号分别进行 2PSK 调制，上、下支路载波信号的相位差值为 90°。各支路调制波形和叠加后的 QPSK 波形如图 7.46 所示。

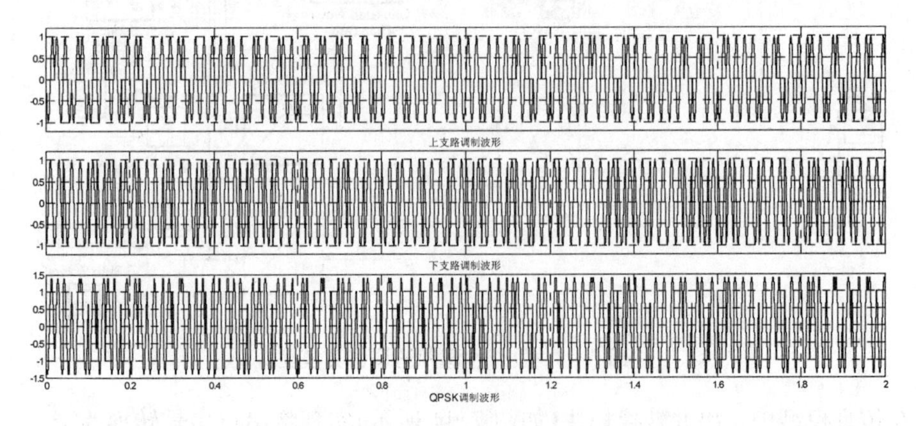

图 7.46 调制波形

在接收端，对上、下两个支路分别进行相干解调，即接收信号先与相干载波相乘，再通过低通滤波器(LPF)。相干解调的各点波形如图 7.47 所示。

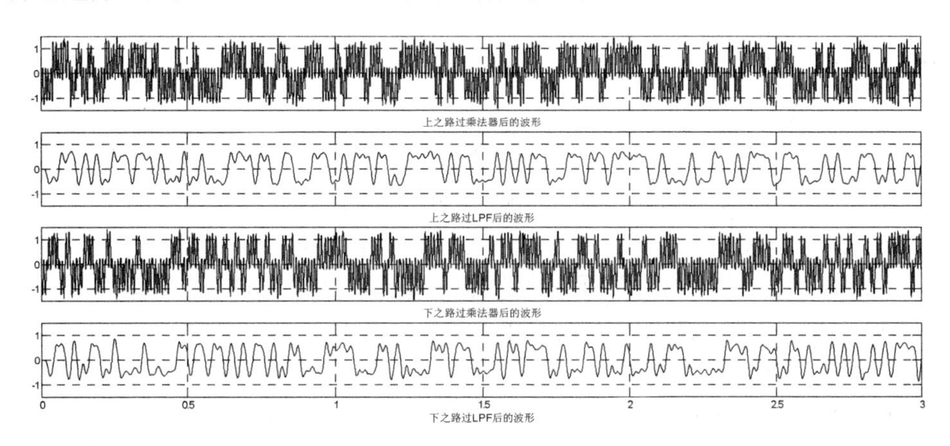

图 7.47　相干解调的各点波形

通过低通滤波器的信号需要进行抽样判决、并串转换后输出。并串转换模块(如图 7.48 所示)将抽样判决后的数字信号按照奇偶排序的方式合并为一路(上、下支路的脉冲有一个码元的时间差)，得到最终的解调输出。

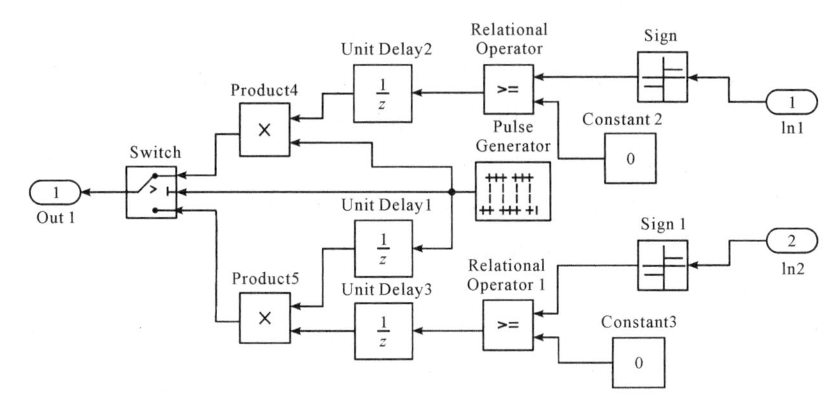

图 7.48　并串转换模块

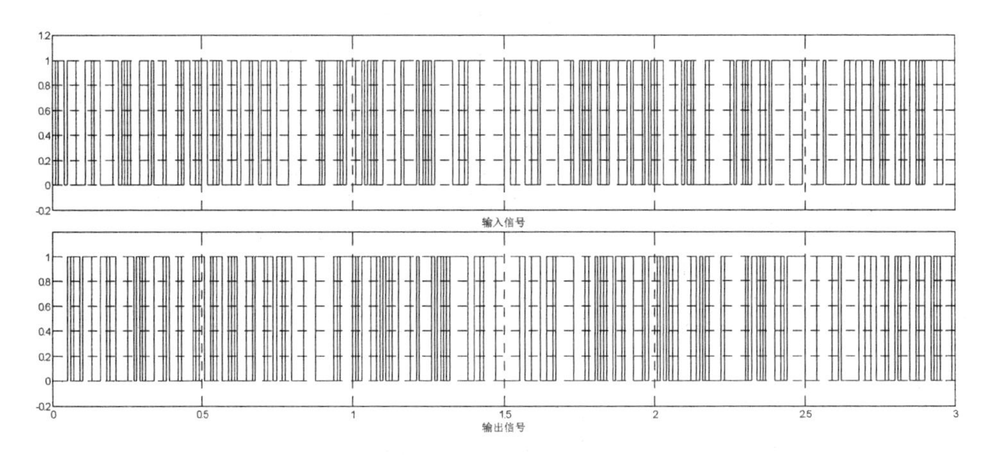

图 7.49　调制输入与解调输出波形

从图7.49所示的调制输入与解调输出波形可以看出，QPSK调制解调模型完成了数字信号QPSK调制与解调功能。

习题

1. 设发送数字信息为011011101，信息速率为1000bit/s，载波频率为2000Hz。

(1)分别画出2ASK、2PSK和2DPSK信号的波形。

(2)分别求出2ASK、2PSK和2DPSK信号的零点带宽。

2. 设某2FSK调制系统的码元速率为1000baud，已知调制信号的载波频率分别为2000Hz和1000Hz，发送数字信息为011011101。

(1)请画出2FSK信号的波形。

(2)请求出2FSK信号的零点带宽。

3. 已知发送载波幅度 $A=10$V，在8kHz带宽的电话信道中分别利用2ASK、2FSK和2PSK系统进行传输，传输信道衰减为1dB/km，$n_0=10^{-8}$W/Hz，若采用相干解调，试求解下列问题：

(1)误码率为10^{-5}时，各种传输方式分别传送了多少千米?

(2)若2ASK所用载波幅度为20V，分别是2FSK和2PSK的1.4倍和2倍，试重新计算问题(1)。

4. 在数字通信系统中，接收机带通滤波器的带宽可否小于已调信号带宽？为什么?

5. 二进制数字调制系统中，在相干接收和非相干接收情况下，哪种调制方式的系统误码率最大？哪种信号的系统误码率最小?

6. 已知某高斯信道的频带宽度为10MHz，如果要求传输34Mbit/s的数字信号，试设计(画出)其发端的原理方框图，并简单加以计算和说明。

7. 2ASK相干解调接收机输入端信噪功率比为7dB，信道中高斯白噪声的双边功率谱密度为2×10^{-14}W/Hz。码元传输速率为50baud，设“1”和“0”等概率出现。试计算最佳判决门限及系统的误码率。

8. 已知电话信道的可用带宽为600～3000Hz，载波为1800Hz，若二进制基带信号首先通过$a=1$升余弦滤波器，试计算：

(1)当采用QPSK调制方式时，系统的最大信息传输速率。

(2)当采用8PSK调制方式时，系统的最大信息传输速率。

9. 一个使用匹配滤波器接收的2ASK系统，在信道上发送的峰值电压为5V，信道的损耗未知。信道噪声的单边功率谱密度为$n_0=6\times10^{-16}$W/Hz，码元周期为0.5μs，该系统的误码率为$P_b=10^{-7}$，试求信道的功率损耗为多少?

10. 在高斯信道上使用2ASK调制方式传输二进制数据，传输的速率为4.8×10^6bit/s，接收机输入的载波幅度为$A=1$mV，信道噪声的单边功率谱密度为$n_0=10^{-15}$W/Hz。

(1)求相干接收机和非相干接收机的误码率。

(2)如果采用匹配滤波器的最佳接收接收机，求最佳相干接收机和最佳非相干接收机的误码率。

11. 已知二进制数字通信系统中的信号波形 $s_0(t)$和 $s_1(t)$如题图 7.1 所示。

(1)试画出利用匹配滤波器的二元最佳接收机框图。

(2)试画出匹配滤波器的单位冲激响应。

(3)试画出判决时刻匹配滤波器的输出。

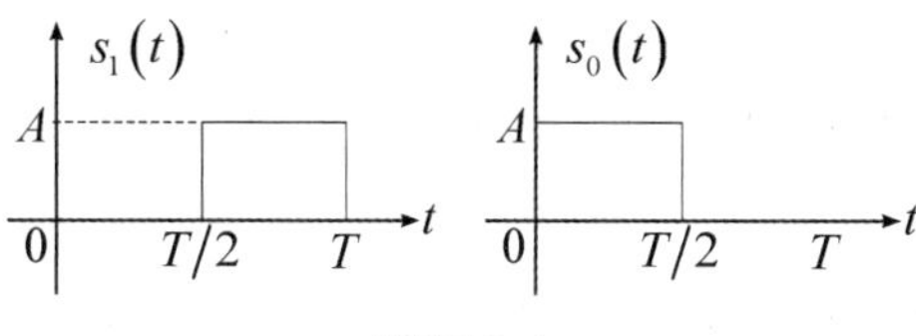

题图 7.1

12. 某二进制数字基带传输系统的基带信号的波形 $s_0(t)$和 $s_1(t)$如题图 7.2 所示。信道中噪声为均值等于 0，且双边带功率谱密度为 $n_0/2$ 的高斯白噪声。现使用匹配滤波器进行最佳接收。设发送数据“0”码和“1”码等概率出现。

(1)确定最佳抽样时刻 t_0，并写出匹配滤波器的单位冲激响应 $h(t)$。

(2)当发送信号为 $s_1(t)$时，画出匹配滤波器输出信号的波形，并计算匹配滤波器的输出信噪比。

(3)当发送信号为 $s_0(t)$时，画出匹配滤波器输出信号的波形。

(4)确定最佳判决门限。

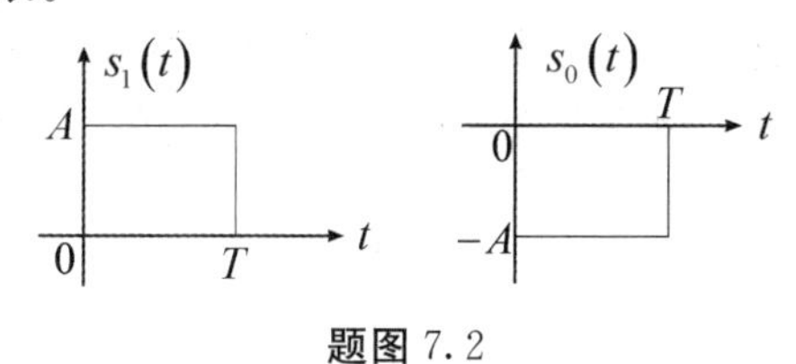

题图 7.2

13. 多进制数字调制系统相对于二进制数字调制系统具有哪些优点和缺点？

14. 单路语音信号的抽样频率为 8kHz，每个样值采用 8bit 编码，4PSK 调制，试求：

(1)语音信号的输入速率和输出波特率。

(2)调制后的最小传输带宽。

科学名家：维纳

诺伯特·维纳(Norbert Wiener，1894—1964)是美国数学家，控制论的创始人。维纳在其科学生涯中，先后涉足哲学、数学、物理学和工程学，最后转向生物学，在多个领域取得了丰硕的研究成果。

在第二次世界大战期间，为了解决防空火力控制和雷达噪声滤波问题，维纳综合运用了他以前在多个领域的工作，于1942年2月首先给出了从时间序列的过去数据推知未来数据的维纳滤波公式，建立了在最小均方误差准则下将时间序列外推进行预测的维纳滤波理论。这一科研成果是当时重大的科学发现之一。他提出的线性滤波理论和线性预测理论，对通信工程理论和应用的发展起到了举足轻重的作用。维纳滤波就是为了纪念维纳的重要贡献而命名的。

在维纳研究的基础上，人们根据最大输出信噪比准则、统计检测准则以及其他最佳准则设计出最佳线性滤波器。实际上，在一定条件下，这些最佳滤波器与维纳滤波器是等价的。因此，在讨论线性滤波器时，一般均以维纳滤波器作为参考。维纳滤波是20世纪40年代在线性滤波理论方面所取得的最重要的科研成果。

第 8 章　现代调制技术及其应用

随着通信业务量的不断增加，频谱资源日趋紧张。为此，需要一些抗干扰性强、误码性能好、频谱利用率高的数字调制技术，尽可能地提高单位频谱内传输数据的速率，以适应移动通信窄带数据传输的要求。目前，常用的现代调制技术主要包括正交振幅调制、最小频移键控调制等。

8.1　正交振幅调制

单独使用幅度和相位携带信息时，不能充分利用信号平面，这可由图 8.1 和图 8.2 中的信号矢量端点的分布直观观察到。

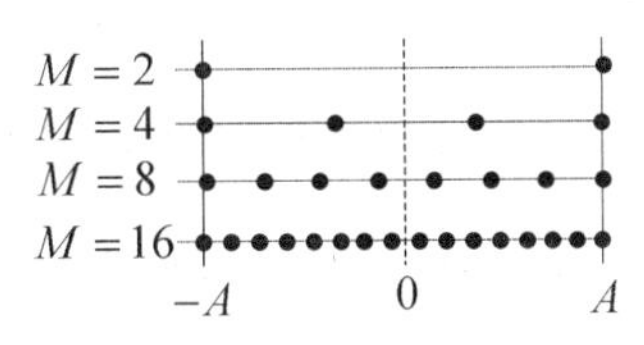

图 8.1　MASK 星座图

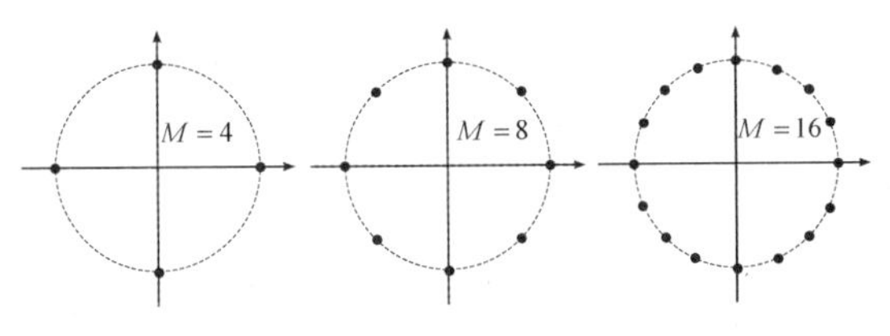

图 8.2　MPSK 星座图

多进制振幅调制时，矢量端点在一条轴上分布；多进制相位调制时，矢量点在一个圆上分布。随着进制数 M 的增大，这些矢量端点之间的最小距离也随之减小，导致误码率难以保证。

由图 8.2 所示的星座图可见，所有矢量信号(图中黑点)均匀分布在一个圆周上。显然，在信号幅度相同(功率相等)的条件下，8PSK 相邻信号点之间的距离比 4PSK 的要小，并且随着 M 的增大，星座图上相邻信号点之间的距离会越来越小。这意味着在相同噪声条件下，系统的误码率随着进制数 M 而增大。那么，如何增大相邻信号点的距离，以减小误码率呢?

一种解决办法是：通过增大圆周半径(即增大发送信号的功率)来增大相邻信号点的距离，但这种方法往往会受发射功率的限制。另外一种更好的设计思想是：在不增大圆周半径的基础上(即不增大发送信号的功率)，重新安排信号点的位置，以增大相邻信号点之间的距离。实现这种思想的可行性方案就是正交振幅调制(QAM)，它是把ASK和PSK结合起来的调制方式。QAM能够充分利用整个平面，将矢量端点重新合理地分布，以增加信号的端点数，如图8.3所示。

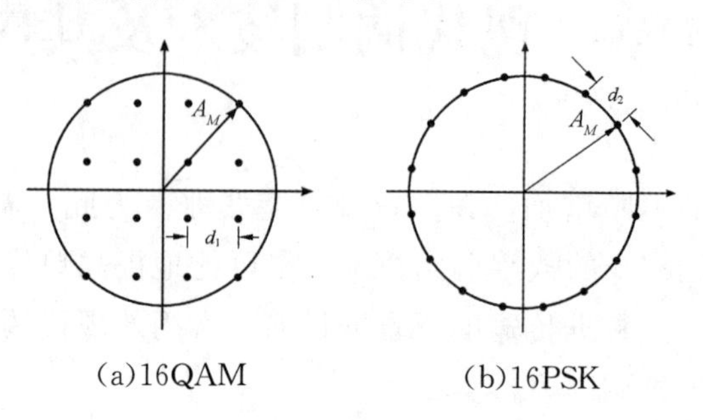

图8.3 QAM星座图

十六进制的QAM和PSK调制的星座图如图8.3所示，16PSK的相位点[如图8.3(b)所示]均匀地落在半径为A_M的圆上，相邻相位之间的距离设为d_2，则$d_2=\frac{\pi}{8}\cdot A_M$。16QAM的相位点分布如图8.3(a)所示，相邻相位之间的距离设为d_1，则$d_1=\frac{\sqrt{2}}{3}\cdot A_M$。显然$d_2>d_1$，即16QAM系统的抗噪性能要优于16PSK系统。

由于QAM是利用载波的幅度和相位两个参数来携带数字信息，因此其数学表达式为

$$\begin{aligned} s_{\text{MQAM}}(t) &= A_k\cos(\omega_C t+\varphi_k) \\ &= A_k\cos\varphi_k\cos\omega_C t + A_k\sin\varphi_k\sin\omega_C t \\ &= I_k\cos\omega_C t + Q_k\sin\omega_C t \end{aligned} \tag{8.1}$$

其中，I_k和Q_k为多电平的离散幅度值。

式(8.1)表明，多进制QAM可以看作两路正交的多进制振幅键控(MASK)信号之和。16QAM信号可以用两路正交的4ASK信号相加得到。现以16QAM为例，介绍QAM调制与解调的基本原理。

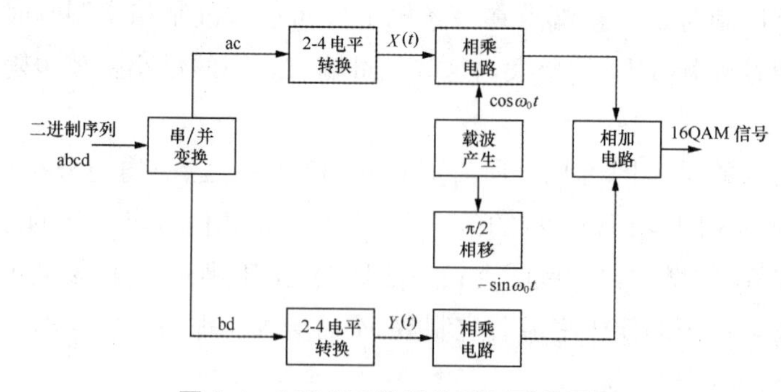

图8.4 16QAM信号的调制原理框图

图8.4给出了16QAM信号的调制原理框图。输入的二进制序列首先通过串并变换

转换成两个支路的二进制信号；再进行电平转化(将二进制转换为四进制)，然后上、下支路同时进行 4ASK 调制。但上、下两个支路载波的相位相互正交，即同时完成了 4PSK 调制。对应的 16QAM 解调原理框图如图 8.5 所示。

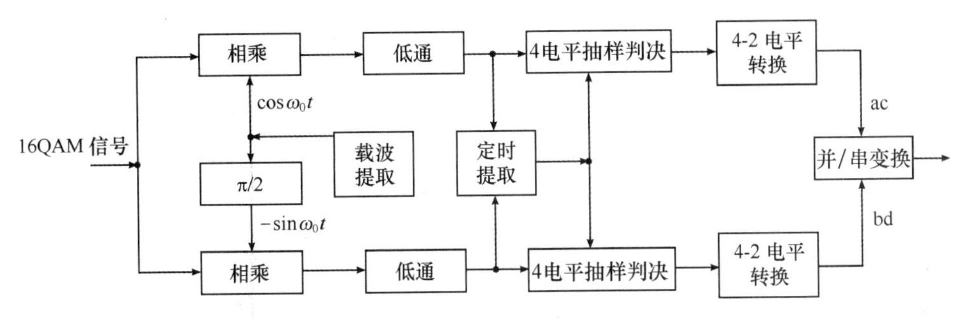

图 8.5　16QAM 信号解调原理框图

常用的 QAM 信号的星座图如图 8.7(b)所示，这种星座图称为方形 QAM 星座图。对于方形 QAM 来说，它可以看成两个 MASK 信号之和，因此利用 MASK 信号的分析结果，可以得到 M 进制 QAM 的误码率为

$$P_M = 4\left(1-\frac{1}{\sqrt{M}}\right)Q\left(\sqrt{\frac{3\log_2 M}{M-1}r_b}\right)\cdot\left[1-\left(1-\frac{1}{\sqrt{M}}\right)Q\left(\sqrt{\frac{3\log_2 M}{M-1}r_b}\right)\right] \tag{8.2}$$

其中 r_b 为每比特的平均信噪比。其计算结果如图 8.6 所示。

从图 8.6 可以看出，随着 M 进制的增大，系统的误码率也在增大；在多进制下，QAM 系统要优于 MPSK 系统。这也是为什么在实际应用中，PSK 调制一般采用 4PSK 调制方式。

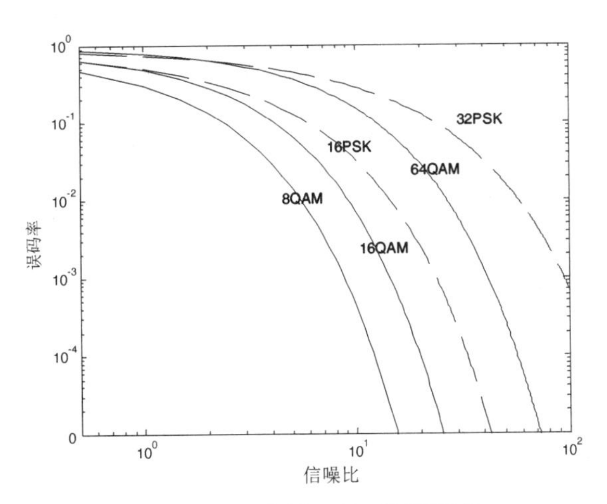

图 8.6　M 进制 QAM 的误码率

为了改善方形 QAM 信号的接收性能，还可以采用星形的星座图，如图 8.7(a)所示。将十六进制方形 QAM 和十六进制星形 QAM 进行比较，可以发现：星形 QAM 的幅度环由方形的 3 个减少为 2 个，相位由 12 个减少为 8 个，这将有利于接收端进行自动增益控制和载波相位跟踪。

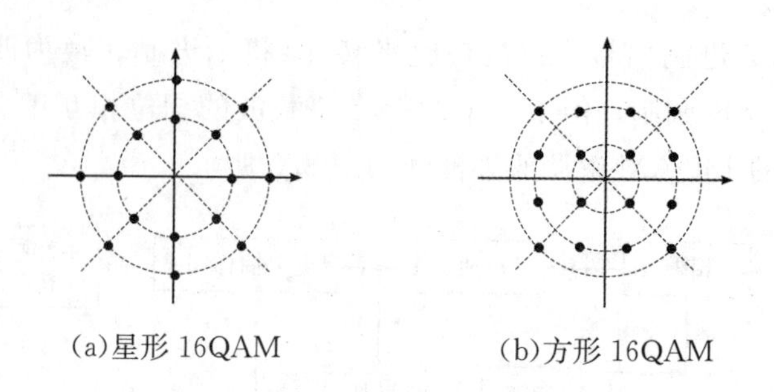

(a)星形 16QAM　　(b)方形 16QAM

图 8.7 十六进制 QAM 星座图

QAM 的频带利用率为

$$\eta_{\mathrm{QAM}}=\frac{R_b}{B}=\frac{\log_2 M\cdot R_s}{2R_s}=\frac{\log_2 M}{2}\ [\mathrm{bit}/(\mathrm{s}\cdot\mathrm{Hz})] \tag{8.3}$$

其中，带宽 B 取其信号的第一零点带宽，输入二进制码为非归零码。

由于 MQAM 同时利用了载波的幅度和相位来传递信息，因此在最小距离相同的条件下，QAM 星座图中可以容纳更多的星座点，可实现更高的频带利用率。目前，QAM 星座点最高已达 256 个。由于 QAM 的频谱利用率高，因此在中大容量数字微波通信系统、有线电视网络高速数据传输、卫星通信系统等领域得到了广泛应用。

8.2 MSK 调制与解调原理

为了克服 2FSK 调制技术中相位不连续、占用频带宽和功率谱旁瓣衰减慢等缺点，提出了基于 2FSK 的改进型——最小频移键控(MSK)调制技术。这里“最小”指的是以最小的调制指数 $h=0.5$ 获得正交信号，以便于接收时域分离信号。MSK 是一种包络恒定、相位连续、占用带宽最小并且严格正交的 2FSK 信号。

二进制 MSK 信号的表达式可写为

$$s_{\mathrm{MSK}}(t)=\cos[\omega_C t+\theta_k(t)]=\cos\left(\omega_C t+\frac{\pi a_k}{2T_s}t+\varphi_k\right),\ (k-1)T_s\leqslant t\leqslant kT_s \tag{8.4}$$

其中：

ω_C——载波角频率；

T_s——码元宽度；

a_k——第 k 个码元中的信息，其取值为 ± 1；

φ_k——第 k 个码元的相位常数，在时间 $(k-1)T_s\leqslant t\leqslant kT_s$ 中保持不变；

$\theta_k(t)$——附加相位，为一直线方程，斜率为 $\frac{\pi a_k}{2T_s}$，截距为 φ_k。

$$\theta_k(t)=\frac{\pi a_k}{2T_s}t+\varphi_k \tag{8.5}$$

当式(8.4)中 $a_k=+1$ 时，MSK 信号的频率为 $f_1=f_C+\frac{1}{4T_s}$；当式(8.1)中

$a_k=-1$ 时，MSK 信号的频率为 $f_0=f_C-\frac{1}{4T_s}$。频率之差 $\Delta f=f_1-f_0=\frac{1}{2T_s}$；调制指数 $h=\frac{\Delta f}{R_s}=\frac{\frac{1}{2T_s}}{R_s}=0.5$。典型 MSK 的信号波形如图 8.8 所示，MSK 是一种包络恒定的信号。

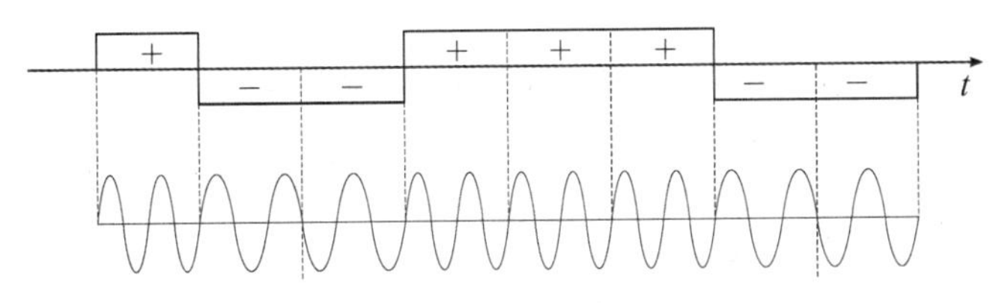

图 8.8　典型 MSK 的信号波形

为了保持相位的连续，在 $t=kT_s$ 时间内应有下式成立：

$$\varphi_k=\varphi_{k-1}+(a_{k-1}-a_k)\left[\frac{\pi}{2}(k-1)\right] \tag{8.6}$$

即当 $a_k=a_{k-1}$ 时，$\varphi_k=\varphi_{k-1}$；当 $a_k\neq a_{k-1}$ 时，$\varphi_k=\varphi_{k-1}\pm(k-1)\pi$。若令 $\varphi_0=0$，则 $\varphi_k=0$ 或 $\pm\pi$。

式(8.6)为相位约束条件，说明本码元内的相位常数不仅与本码元区间的输入有关，还与前一个码元区间的输入及相位常数有关。

将式(8.4)利用余弦函数展开，有

$$\begin{aligned} s_{\text{MSK}}(t)&=\cos\left(\omega_C t+\frac{\pi a_k}{2T_s}t+\varphi_k\right) \\ &=\cos\varphi_k\cos\left(\frac{\pi t}{2T_s}\right)\cos\omega_C t-a_k\sin\varphi_k\sin\left(\frac{\pi t}{2T_s}\right)\sin\omega_C t \end{aligned} \tag{8.7}$$

令 $I_k=\cos\varphi_k$，$Q_k=\alpha_k\sin\varphi_k$，则

$$s_{\text{MSK}}(t)=I_k\cos\left(\frac{\pi t}{2T_s}\right)\cos\omega_C t-Q_k\sin\left(\frac{\pi t}{2T_s}\right)\sin\omega_C t \tag{8.8}$$

根据式(8.8)可构造一种 MSK 调制器，其原理框图如图 8.9 所示。

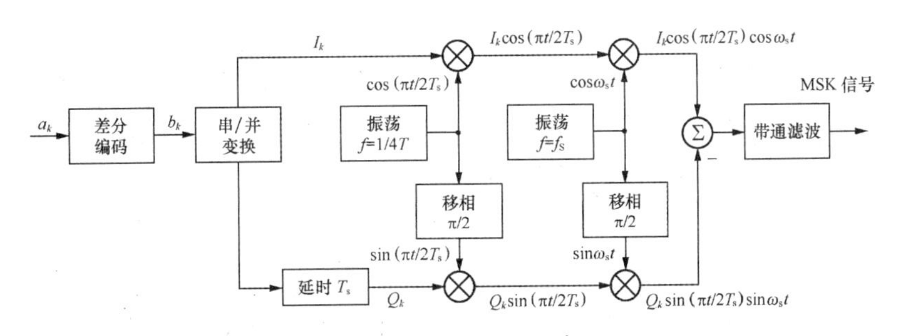

图 8.9　MSK 调制原理框图

MSK 信号的解调与 FSK 信号相似，可以采用相干解调方式，也可以采用非相干解调方式。图 8.10 给出了 MSK 信号的相干解调模型。

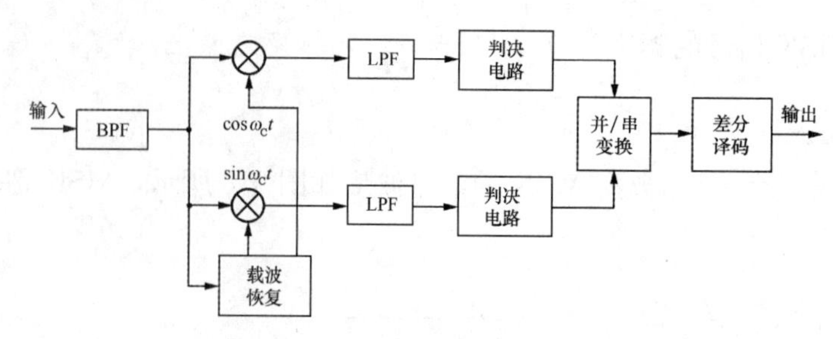

图 8.10 MSK 信号的相干解调模型

【例题 8.1】设发送数据序列为 0010110101，采用 MSK 方式传输，码元速率为 1200baud，载波频率为 2400Hz。

(1)试求“0”码和“1”码对应的频率；

(2)画出 MSK 信号的时间波形；

(3)画出 MSK 信号附加相位路径图(初始相位为 0)。

解：(1)设“0”码对应的频率为 f_0，“1”码对应的频率为 f_1，则有

$$f_1=f_C+\frac{1}{4T_s}=f_C+\frac{R_s}{4}=2400+300=2700(\text{Hz})$$

$$f_0=f_C-\frac{1}{4T_s}=f_C-\frac{R_s}{4}=2400-300=2100(\text{Hz})$$

(2)发送“0”码时，一个周期内有 $f_0/R_s=1\frac{3}{4}$个波形；发送“1”码时，一个周期内有 $f_1/R_s=2\frac{1}{4}$个波形。则 MSK 信号的时间波形如下图所示。

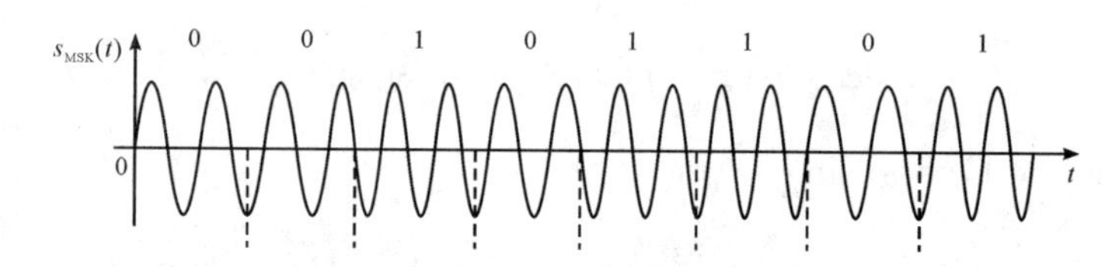

(3)根据式(8.5)画出 MSK 信号附加相位路径图如下：

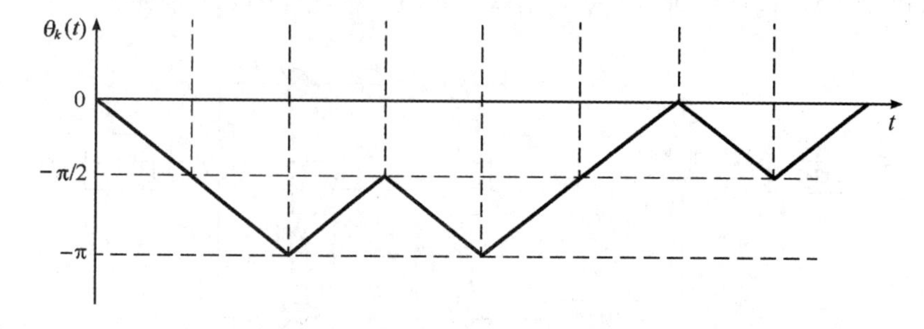

在进行 MSK 调制之前，对基带信号加入一个预处理滤波器(高斯低通滤波器)进行处理，这种调制方式称为 GMSK 调制。高斯低通滤波器能将基带信号变换成高斯脉冲信号，可使信号包络无陡峭边沿和拐点，从而达到改善 MSK 信号频谱特性的目的。同时，高斯低通滤波器平滑了 MSK 信号的相位曲线，稳定了信号的频率变化，这使得发

射频谱上的旁瓣幅度大大降低，能满足蜂窝移动通信环境下对带外辐射的严格要求。

实现 GMSK 信号的调制，关键是设计一个性能良好的高斯低通滤波器，它必须具有如下特性：

(1)有良好的窄带和尖锐的截止特性，以滤除基带信号中多余的高频成分。

(2)脉冲响应过冲量应尽量小，防止已调波瞬时频率偏移过大。

(3)输出脉冲响应曲线的面积对应的相位为 $\pi/2$，使调制指数为 0.5。

以上要求是为了抑制高频分量，防止过量的瞬时频率偏移以及满足相干检测所需要的条件。

8.3　OQPSK 调制与解调原理

当前在移动通信、卫星通信以及航天器的测量跟踪控制中，应用比较多的数字调制技术是多进制相移键控(MPSK)。在 MPSK 调制中最常用的是 4PSK，又称为 QPSK。由于这类信号的包络恒定，但相位是离散取值，即相位不连续，因此它属于恒包络不连续相位调制。由于 QPSK 信号会发生相邻四进制符号的载波相位差为 π 的现象，因而恒定包络 QPSK 信号的功率谱旁瓣幅度较大。

偏移四相相移键控(OQPSK)是继 QPSK 之后发展起来的一种恒包络数字调制技术，它是针对 QPSK 缺陷的一种改进技术。OQPSK 与 QPSK 的不同之处：OQPSK 的正交支路码元与同相支路码元在时间上偏移一个比特间隔(即半个码元周期 $T_b = T_s/2$)。每隔 T_b 时间，OQPSK 信号载波只可能发生 $\pi/2$ 相位变化，不会发生 π 相位突变，如图 8.11 所示。

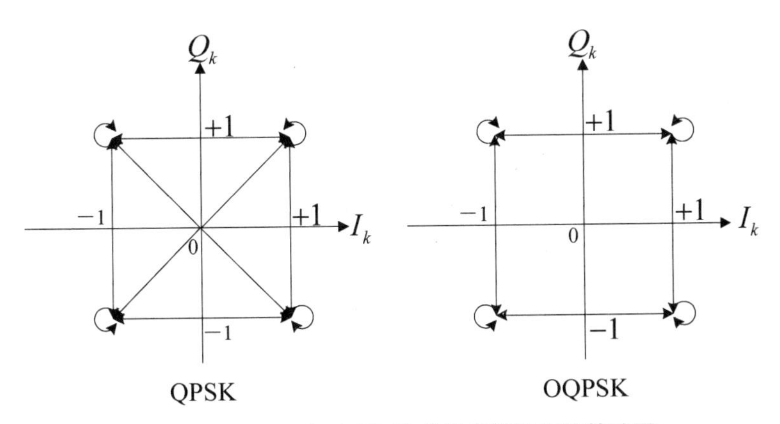

图 8.11　QPSK 和 OQPSK 的星座图和相位转移图

从图 8.11 所示的星座图和相位转移图可以看出，OQPSK 信号消除了 $\pm\pi$ 相位的跳变，所以限带后不会导致信号包络经过零点。OQPSK 包络的变化很小，因此对 OQPSK 的硬限幅或非线性放大不会产生严重的频带扩展，OQPSK 即使在非线性放大后仍能保持其限带性质，这就说明 OQPSK 非常适合移动通信系统。OQPSK 的调制原理框图如图 8.12 所示。

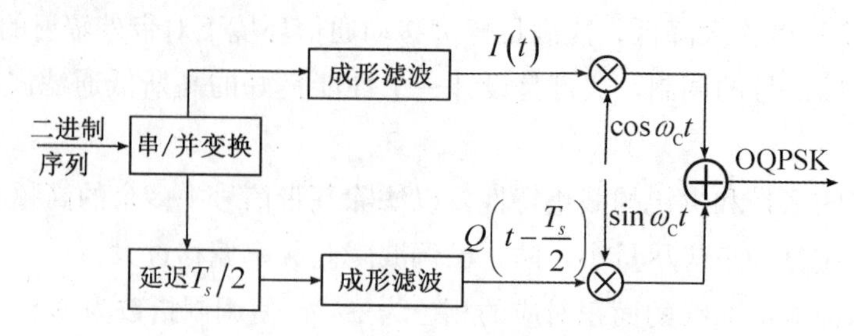

图 8.12 OQPSK 调制原理框图

OQPSK 信号的解调与 QPSK 信号的解调方法非常相似，如图 8.13 所示。

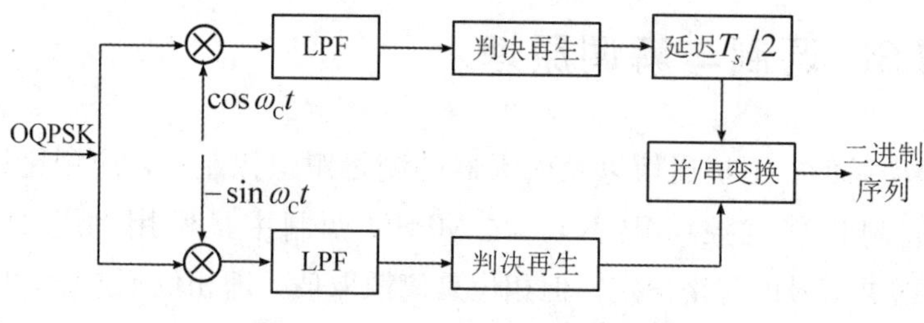

图 8.13 OQPSK 解调原理框图

8.4 π/4—DQPSK 调制与解调原理

π/4—DQPSK 也是对 QPSK 信号进行改进的一种调制方式。改进之一是将 QPSK 的最大相位跳变$\pm\pi$降为$\pm 3\pi/4$，从而改善了 π/4—DQPSK 的频谱特性；改进之二是解调方式，QPSK 只能采用相干解调，而 π/4—DQPSK 既可以采用相干解调，也可以采用非相干解调。π/4—DQPSK 已用于美国的 IS－136 数字蜂窝系统、日本的(个人)数字蜂窝系统(PDC)和美国的个人接入通信系统(PACS)。

π/4—DQPSK 信号的时域表达式为

$$\begin{aligned} s_k(t) &= \cos(\omega_C t + \varphi_k) \\ &= \cos\omega_C t\cos\varphi_k - \sin\omega_C t\sin\varphi_k \\ &= I_k\cos\omega_C t - Q_k\sin\omega_C t \end{aligned} \tag{8.9}$$

其中，φ_k为$(k-1)T_s \leqslant t \leqslant kT_s$范围的附加相位。

当前码元的附加相位φ_k是前一码元附加相位φ_{k-1}与当前码元相位跳变量$\Delta\varphi_k$之和，即附加相位可表示为

$$\varphi_k = \varphi_{k-1} + \Delta\varphi_k \tag{8.10}$$

令：

$$I_k = \cos\varphi_k = \cos(\varphi_{k-1} + \Delta\varphi_k) = \cos\varphi_{k-1}\cos\Delta\varphi_k - \sin\varphi_{k-1}\sin\Delta\varphi_k$$
$$Q_k = \sin\varphi_k = \sin(\varphi_{k-1} + \Delta\varphi_k) = \sin\varphi_{k-1}\cos\Delta\varphi_k + \cos\varphi_{k-1}\sin\Delta\varphi_k$$

其中，$I_{k-1} = \cos\varphi_{k-1}$，$Q_{k-1} = \sin\varphi_{k-1}$，上面两式可改写为

$$\begin{aligned} I_k &= I_{k-1}\cos\Delta\varphi_k - Q_{k-1}\sin\Delta\varphi_k \\ Q_k &= Q_{k-1}\cos\Delta\varphi_k + I_{k-1}\sin\Delta\varphi_k \end{aligned} \tag{8.11}$$

式(8.11)是 π/4—DQPSK 的一个基本关系式，表明了前一码元两正交信号 I_{k-1}，Q_{k-1}与当前码元两正交信号 I_k，Q_k之间的关系。它取决于当前码元的相位跳变量 $\Delta\varphi_k$，而当前码元的相位跳变量 $\Delta\varphi_k$ 又取决于相位编码器的输入码组 I_k，Q_k，它们的关系如表 8.1 所示。

表 8.1　π/4—DQPSK 的相位跳变规则

I_k	Q_k	$\Delta\varphi_k$	$\cos\Delta\varphi_k$	$\sin\Delta\varphi_k$
1	1	$\pi/4$	$1/\sqrt{2}$	$1/\sqrt{2}$
0	1	$3\pi/4$	$-1/\sqrt{2}$	$1/\sqrt{2}$
0	0	$-3\pi/4$	$-1/\sqrt{2}$	$-1/\sqrt{2}$
1	0	$-\pi/4$	$1/\sqrt{2}$	$-1/\sqrt{2}$

式(8.11)决定了在码元转换时刻的相位跳变量只有 $\pm\pi/4$ 和 $\pm3\pi/4$ 四种取值。π/4—DQPSK 的相位关系如图 8.14 所示，从图中可以看出信号相位跳变必定在“○”组和“×”组之间跳变。也就是说，在相邻码元，仅会出现从“○”组到“×”组(或“×组”到“○”组)相位点的跳变，而不会在同组内跳变。同时也可以看到，I_k和 Q_k只可能有 0，$\pm1/\sqrt{2}$，±1 五种取值，分别对应于图 8.14 中 8 个相位点的坐标值。

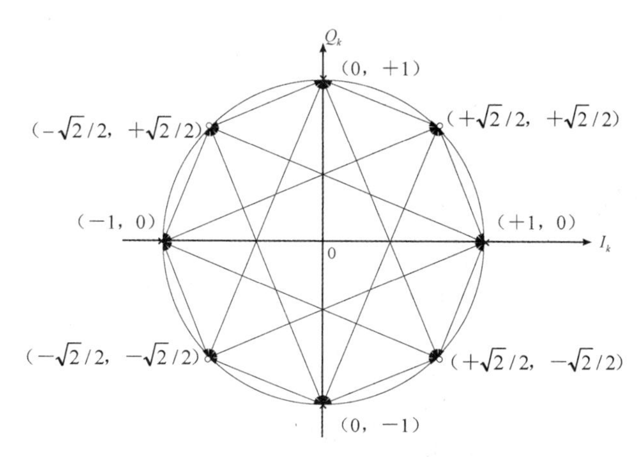

图 8.14　π/4—DQPSK 的相位关系

(1)π/4—DQPSK 调制原理。

由式(8.9)可得 π/4—DQPSK 的原理框图如图 8.15 所示，输入的二进制序列经串/并转换后得到两路序列 I_k，Q_k，然后通过相位差分编码、基带成形，得到成形波形 U_k，V_k，最后分别进行正交调制合成，就得到了 π/4—DQPSK 信号。

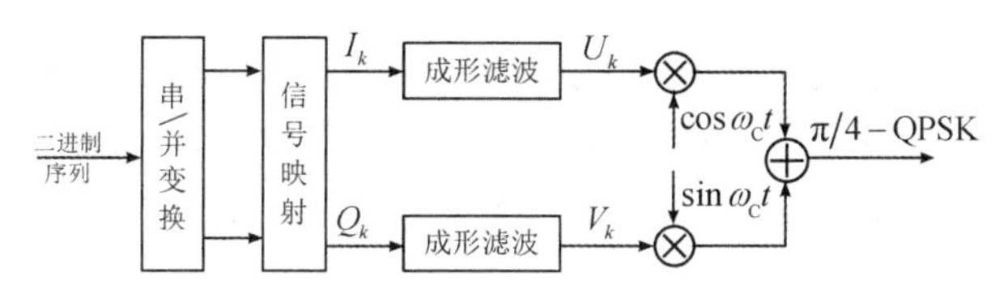

图 8.15　π/4—DQPSK 调制原理框图

(2)π/4—DQPSK 解调原理。

π/4—DQPSK 的解调采用相干解调的方法，其原理框图如图 8.16 所示。

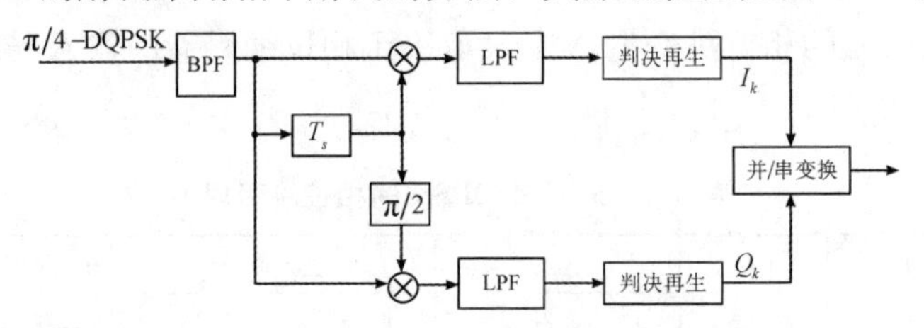

图 8.16　π/4—DQPSK 解调原理框图

由于 U_k 和 V_k 分别有 0，$\pm 1/\sqrt{2}$，± 1 五种取值，因此在它们的基带信号中就有五种电平。与前面介绍的双电平比较器不同，这里采用四电平比较器，然后将比较后的数据进行相位差分译码即可还原成 I_k 和 Q_k，最后通过并/串转换就得到了 NRZ 码。

图 8.17 给出了几种常用现代数字调制技术的功率谱密度。由图中可见，与 QPSK 信号相比，MSK 信号的功率谱密度更为集中，即其旁瓣下降得更快，因此它对相邻频道的干扰较小。

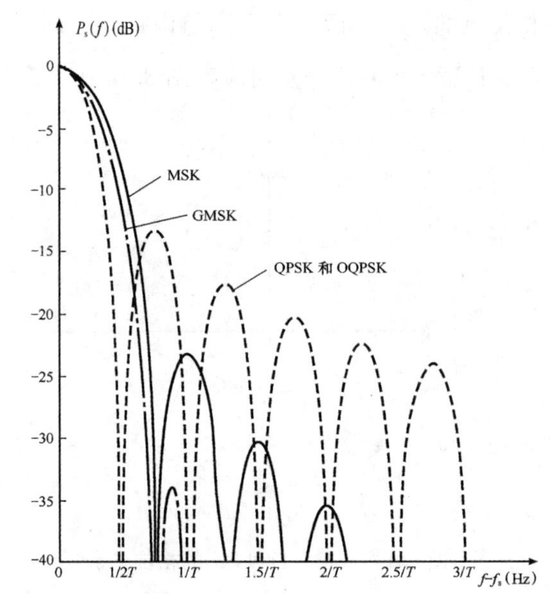

图 8.17　MSK、GMSK 和 QPSK 等信号的功率谱密度

8.5　QAM 在 Simulink 中的建模仿真

QAM 调制是目前通信技术中应用最为广泛的调制方式。QAM 调制可以利用星座集中不同的相位和幅度组合来映射发射信号，以提高通信系统的频带利用率。本节利用 Simulink 软件对 QAM 进行建模仿真，仿真模型如图 8.18 所示。

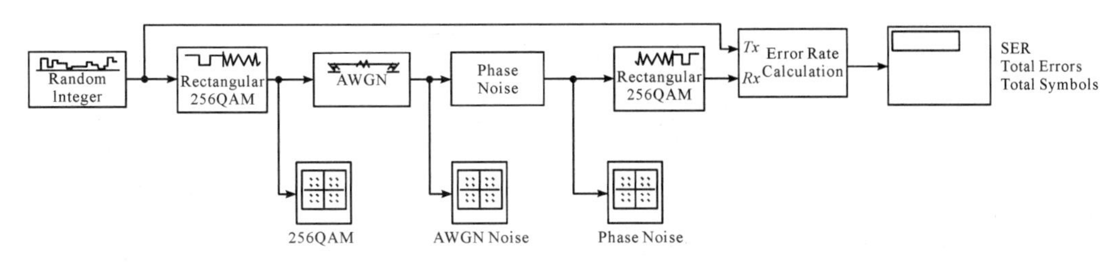

图 8.18 QAM 系统的仿真模型

QAM 系统的仿真模型中主要包括随机信号源、方形 256QAM 调制/解调模块、高斯噪声信道模块、相位噪声模块和误码率统计模块。

通过观察 QAM 模型中星座图的变化，可以了解高斯白噪声和相位噪声对 QAM 系统的影响。

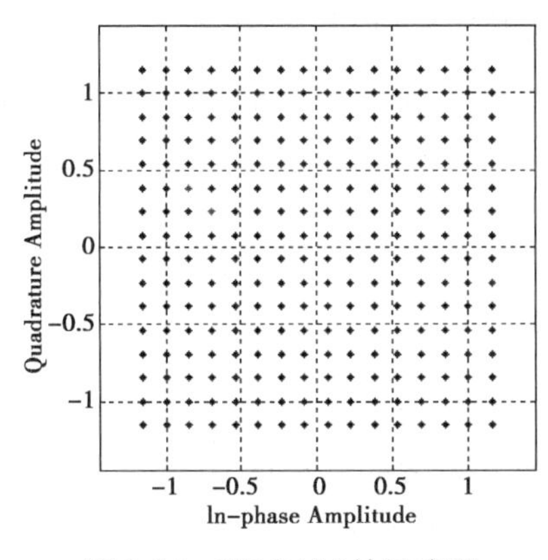

图 8.19 256QAM 的星座图

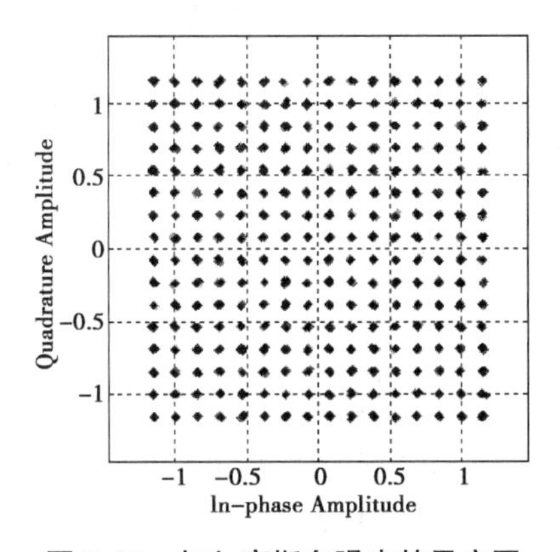

图 8.20 加入高斯白噪声的星座图

图 8.19 所示为 256QAM 信号的星座图，增加了高斯白噪声后的星座图变化如图 8.20 所示。对比两个星座图可以看出高斯白噪声对星座点的影响。相位噪声对星座图的影响如图 8.21 所示。

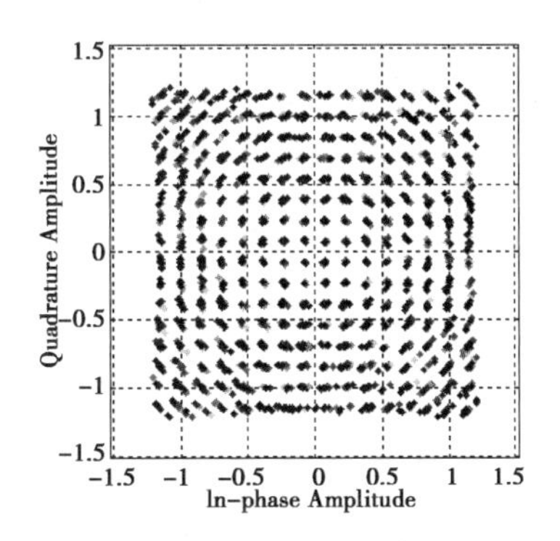

图 8.21 叠加了相位噪声的星座图

统计在不同信噪比和不同相位噪声条件下 QAM 系统的误码率，如图 8.22 所示。

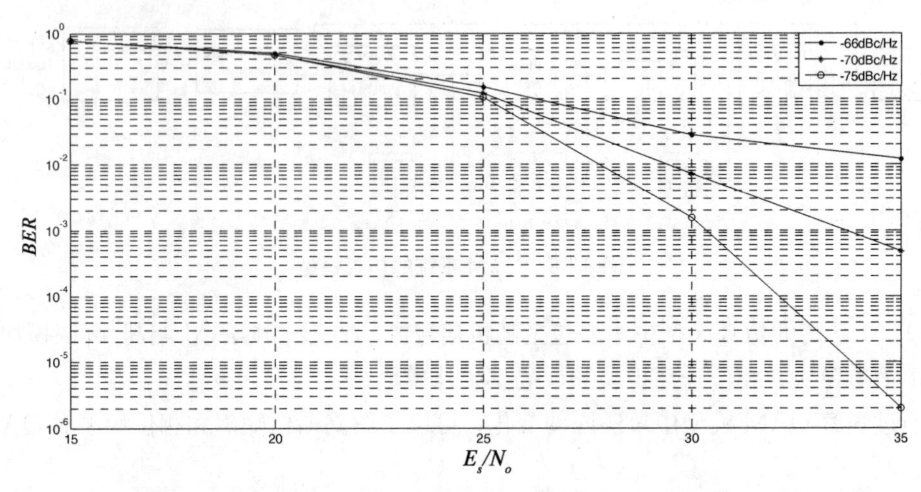

图 8.22 不同信噪比和不同相位噪声下的 QAM 系统的抗噪性能

从图中可以看出，随着信噪比的逐渐增大(噪声强度降低)，QAM 信号的误码率逐渐降低；随着相位噪声强度的降低，QAM 信号的误码率逐渐降低。

习题

1. 试述 MSK 调制和 FSK 调制的区别和联系。

2. 试述 QPSK、OQPSK、π/4—DPSK 的星座图和相位转移图有何异同。

3. 试述方形 QAM 星座图和星形 QAM 星座图有何异同。

4. 语音电话信道的频带为 300～3300Hz。请设计一个调制传输系统，使其能够传输码速为 2400baud，信息速率为 9600bit/s 的数字信息，试确定合适的 QAM 信号、载波频率、滚降系数 a，并给出最佳接收系统的框图。

5. 设发送数字序列为 01100010，试画出 MSK 信号的波形图和附加相位图。设码速为 1000baud，载波频率为 3000Hz。

6. 计算 64QAM 信号的最大信息频带利用率。

科学名家：欧拉

莱昂哈德·欧拉(Leonhard Euler，1707—1783)，瑞士数学家和物理学家，近代数学先驱之一。1707 年，欧拉生于瑞士的巴塞尔，13 岁时入读巴塞尔大学，15 岁大学毕业，16 岁获硕士学位。

欧拉是 18 世纪最优秀的数学家，也是历史上最伟大的数学家之一。他撰写的《无穷小分析引论》《微分学原理》《积分学原理》等都成为数学史上的经典著作。欧拉对数学的研究如此广泛，以至于在许多数学的分支中也可经常见到以他的名字命名的重要常数、公式和定理。他的全部创造在整个物理学和许多工程领域都有着广泛的应用。

欧拉公式是指以欧拉命名的诸多公式。其中最著名的是复变函数中的欧拉幅角公式——将复数、指数函数与三角函数联系了起来。

第 9 章　信道编码技术

数字信号在传输过程中往往会由于各种原因产生误码。通过信道编码技术，在发送端对数字信号进行相应的编码处理，使数字通信系统具有一定的纠错和抗干扰能力，可极大地降低信号在传输中发生误码的概率。

信道编码技术主要是在发送信息中增加一些冗余位(或称为监督位)，并使这些冗余位与信息位之间存在某种数学约束关系，在接收端可利用这种数学约束关系来发现或纠正传输过程中产生的误码。这种技术也称为差错控制编码。差错控制编码有三种基本类型：分组码、卷积码和 Turbo 码。

9.1　信道编码的基本原理

信道编码通过在传输数据中插入冗余位来避免数字信号在传输过程中出现差错。这种技术就像运送一批玻璃杯一样，为了保证在运输过程中不出现损坏玻璃杯的情况，通常需要使用一些泡沫或海绵等物质对玻璃杯进行包裹。但是，包裹使玻璃杯所占的容积增大，原来一辆车能装六千个玻璃杯，包裹后可能只能装五千个了，显然包裹的代价是使运送玻璃杯的有效个数减少了。同样，在带宽固定的信道中，信道的容量是固定不变的，由于信道编码技术增加了传输数据的比特量，其结果只能是以降低传输有用信息比特量为代价。将有用信息比特数 k 除以总比特数 n 就等于编码效率 R，其数学表达式为

$$R=\frac{k}{n}=\frac{k}{k+r} \tag{9.1}$$

式(9.1)也称为编码速率，简称码率。对于不同的编码方式，其编码效率有所不同。

信道编码是以牺牲系统的有效性为代价来换取系统可靠性的。例如，若要求某系统的误码率为 10^{-5}，未采用信道编码时，约需要信噪比为 9dB。当采用某种信道编码时，只需要信噪比为 6dB，比未编码时节省 3dB 的功率。在保持误码率不变的情况下，采用信道编码所节省的信噪比即为编码增益。

下面以 3bit 二进制码字为例描述信道编码的基本概念。3bit 二进制码字共有 8 种组合：000，001，010，011，100，101，110，111。某种编码技术中所有码字的集合称为码组。假设这 8 个码字都用于传递消息，在传输过程中若某一个码字中发生 1bit 的误码，则这个码字就变成了另外一个码字，如发送端发送的码字为 000，由于发生 1bit 误码，收到的码字却为 010。但是接收端无法发现这种错误，因为 8 个码字均为许用码字。假设只选择其中 000，011，101，110 作为许用码字，其他 4 个为禁用码字。许用码字的前 2bit(00，01，10，11)用于信息传递，后 1bit 作为监督码，其作用是保

证许用码字中“1”码的个数为偶数。在传输过程中若发生 1bit 误码，例如 000 变为 010，接收端一旦发现这是个禁用码字，就表明此码字发生了错误，但是不知道具体是哪个数位发生了错误，所以无法进行纠错。若只选择 8 个码字中的 000，111 作为信息 (0，1)进行传递，其他 6 个码字均为禁用码字，则接收端不但能够发现小于或等于 2bit 的错误，如果用来纠错，还能够纠正 1bit 的错误。可见，码字之间的差别与码字的差错控制能力有着至关重要的联系。

在信道编码技术中，将一个码字中码元的个数定义为码长，一个码字中非“0”码元的个数定义为码重。对于二进制编码，码长就是码字中包含的比特数，码重就是码字中“1”的个数。例如，010101 码字的码长是 6，码重是 3。还将两个等长码字之间对应位置上具有不同码元的位数定义为码距(又称为汉明距)。对二进制编码而言，码距就是两个等长码字对应位模 2 加后码字的码重。在某种编码集合(码组)中，任意两个等长码字之间码距的最小值定义为最小码距，记为 d_0。信道编码技术的检错和纠错能力由码组的最小码距决定。

【例题 9.1】有 3 个码字 C_1=010101，C_2=101100，C_3=011011，试求任意两个码字之间的码距分别是多少？最小码距是多少？

解：根据码距的定义，任意两个码字之间的码距如下：

010101	010101	011011
模 2 加 $\oplus$101100	模 2 加 $\oplus$011011	模 2 加 $\oplus$101100
4 个“1” 111001	3 个“1” 001110	5 个“1” 110111
码距　$d_{12}=4$	码距　$d_{13}=3$	码距　$d_{23}=5$

则最小码距 $d_0=\min\{4,3,5\}=3$。

对于分组码而言，最小码距 d_0 与检错和纠错能力的关系如图 9.1 所示。

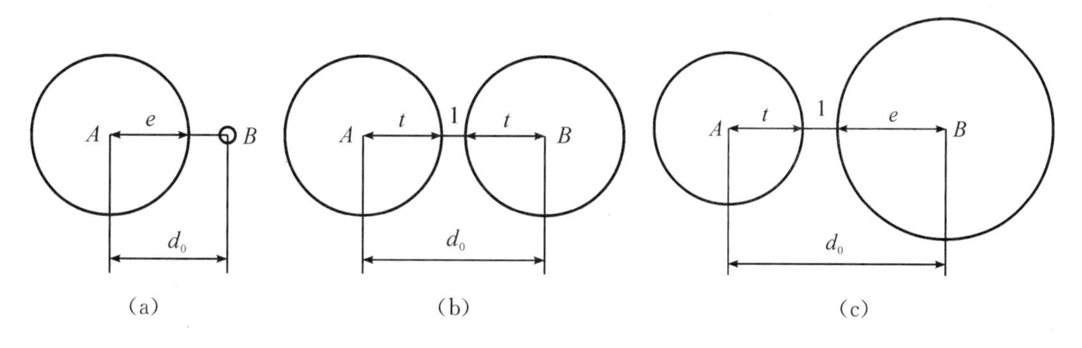

图 9.1　最小码距与检错和纠错能力的关系

若要能检测 e 个错码，则要求码组的最小码距 $d_0\geqslant e$；若要能纠正 t 个错码，则要求码组的最小码距 $d_0\geqslant 2t+1$；若要能纠正 t 个错码，同时检测 e 个错码，则要求码组的最小码距 $d_0\geqslant t+e+1$，且 $e>t$。

9.2　奇偶校验

奇偶校验技术在计算机传输系统中有着重要的应用，如内存数据检错、串行数据检错等。

奇偶校验的基本原理：在发送端通过增加校验位（也称为冗余位）使得码字中“1”的个数恒为奇数或偶数，在接收端通过统计接收数据中“1”的个数是奇数或偶数来判断传输数据是否正确。在实际使用时又可分为垂直奇偶校验、水平奇偶校验和水平垂直奇偶校验等几种。

$\{a_n, \cdots, a_2\}$为信息位，共$(n-1)$bit，a_1为校验位，则奇偶校验编码技术中信息位和校验位应满足下列关系：

$$\text{偶数校验：} a_n \oplus a_{n-1} \oplus \cdots \oplus a_1 = 0 \tag{9.2}$$

$$\text{奇数校验：} a_n \oplus a_{n-1} \oplus \cdots \oplus a_1 = 1 \tag{9.3}$$

奇偶校验的译码原理相同，对于偶校验，接收端对接收到的码组按式(9.2)进行“模2加”计算，若计算结果为“1”就说明存在错码，结果为“0”就认为无错；对于奇校验，接收端对接收到的码组按式(9.3)进行“模2加”计算，若计算结果为“0”就说明存在错码，结果为“1”就认为无错。虽然奇偶校验只能检出单个或奇数个的错码，但是编码效率很高（因为只有一位冗余位）。

9.2.1 垂直奇偶校验

垂直奇偶校验又称为纵向奇偶校验，是将要发送的整个信息块分为固定长度为n的若干段（m段），每段后面按“1”的个数为奇数或偶数的规律加上一位校验位，如图9.2所示。

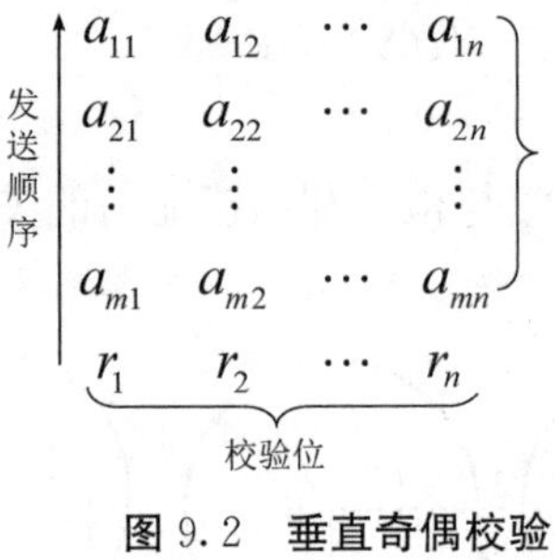

$$\begin{array}{cccc} a_{11} & a_{12} & \cdots & a_{1n} \\ a_{21} & a_{22} & \cdots & a_{2n} \\ \vdots & \vdots & & \vdots \\ a_{m1} & a_{m2} & \cdots & a_{mn} \\ r_1 & r_2 & \cdots & r_n \end{array}$$

图9.2 垂直奇偶校验

图中箭头给出了串行发送数据的顺序。垂直奇偶校验的编码效率为$R=\frac{m}{m+1}$。通常取一个字符的二进制编码为一个信息段，所以垂直奇偶校验有时也称为字符奇偶校验。

9.2.2 水平奇偶校验

为了降低对突发性错误的漏检率，可以采用水平奇偶校验方法。水平奇偶校验又称为横向奇偶校验，它是对各个信息段的相应位横向进行编码，产生一个奇偶校验冗余位，如图9.3所示。

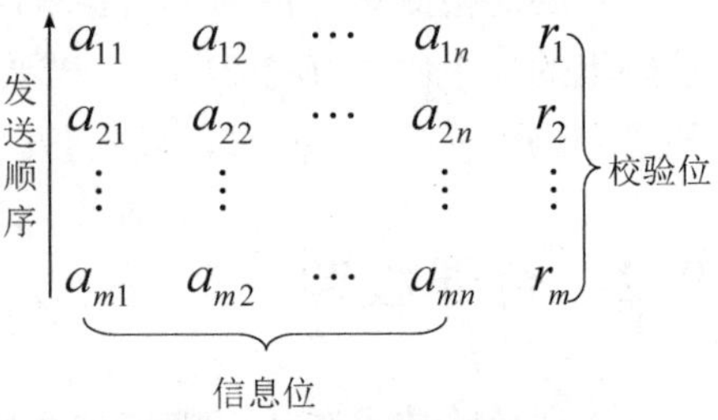

$$\begin{array}{ccccc} a_{11} & a_{12} & \cdots & a_{1n} & r_1 \\ a_{21} & a_{22} & \cdots & a_{2n} & r_2 \\ \vdots & \vdots & & \vdots & \vdots \\ a_{m1} & a_{m2} & \cdots & a_{mn} & r_m \end{array}$$

图9.3 水平奇偶校验

水平奇偶校验的编码效率为$R=\frac{n}{n+1}$。水平奇偶校验不但可以检测出各段同一位上的奇数位错，而且能检测出突发长度≤n 的所有突发错误。从图 9.3 可见，按发送顺序，突发长度≤n 的突发错误必然分布在不同的行中，且每行存在一位错码。因此，水平奇偶校验可以检查出此类突发性差错，它的漏检率比垂直奇偶校验方法要低。但是水平奇偶校验码不能在发送过程中产生，而必须等待要发送的全部信息块到齐后，才能计算校验位。也就是说，这种编码技术需要数据缓冲设备，因此它的编码和检测实现起来都要比垂直奇偶校验技术复杂一些。

9.2.3　水平垂直奇偶校验

同时进行水平奇偶校验和垂直奇偶校验就构成了水平垂直奇偶校验，也称为纵横奇偶校验，如图 9.4 所示。

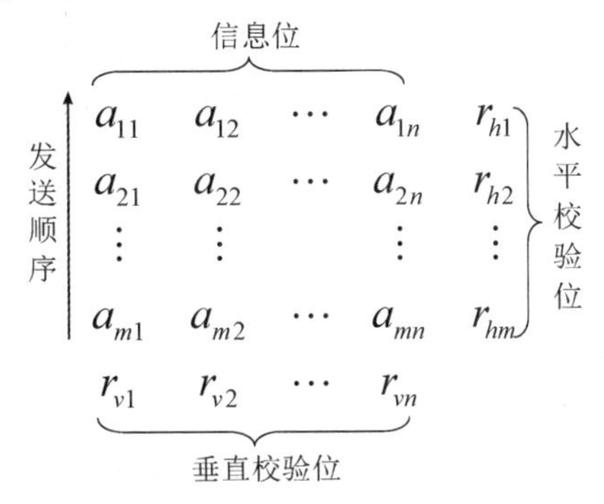

图 9.4　水平垂直奇偶校验

水平垂直奇偶校验的编码效率为 $R=\frac{m \cdot n}{(m+1)(n+1)}$。水平垂直奇偶校验能检测出≤3bit 的错码、奇数个错码、突发长度≤$n+1$ 的突发性错码以及很大一部分偶数位错码。水平垂直奇偶校验不仅可以检错，还可以用来纠正部分差错。例如，数据块中仅存在 1bit 错误时，便能确定错码的位置(某行和某列的交叉处)，从而可以纠正它。

9.3　线性分组码

分组码把信源待发的信息序列按固定长度(k bit)划分成信息组，然后按一定规则通过编码器给每个信息组附加 r 个监督位(冗余位)，从而构成每组长度为 $n=k+r$ 的具有纠错和检错功能的编码集合，简称为码字，记为(n，k)。把信息组变换成码字的过程称为编码，其逆过程称为译码。每一码字的监督位仅与本组中的信息位有关。码字(n，k)的结构如图 9.5 所示。

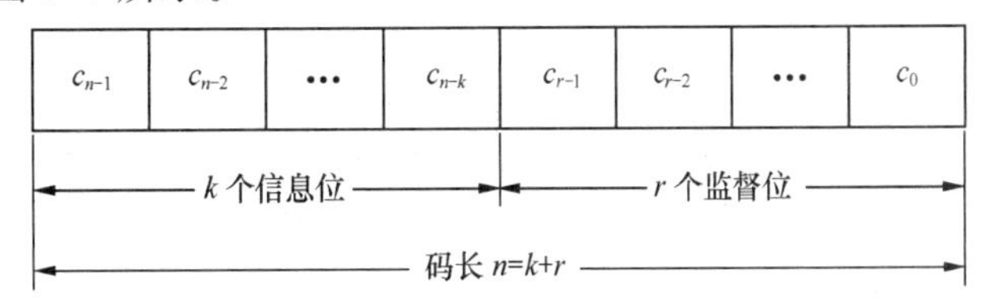

图 9.5　码字(n，k)的结构

在二进制情况下，共有 2^k 个不同的信息组，相应地可得到 2^k 个不同的码字，称为

许用码字。其余 2^n-2^k 个码字未被选用，称为禁用码字。

根据图 9.5 中信息位与监督位之间是否满足线性关系，分组码可分为线性分组码和非线性分组码。线性分组码的特点是编码后的信息位保持不变，监督位附加在信息位的后面。线性分组码具有下列性质：

(1)封闭性：任意两个许用码字之和(逐位模 2 加)仍为一个许用码字，即

$$若\ A_i，A_j\in(n,k)码，则\ A_i+A_j\in(n,k)码$$

(2)最小码距 d_0 等于非全零码字的最小码重。例如，对于表 9.1 中给出的(7，4)码，只需检查 15 个非零码字的码重，即可知该码的最小码距为 3，具有纠正 1bit 错码或检查 2bit 错码的能力。

下面以(7，4)码为例，说明$(n，k)$线性分组码的基本编码原理。(7，4)码的一个码字中共有 7 比特数据：c_6，c_5，c_4，c_3，c_2，c_1，c_0，其中 c_6，c_5，c_4，c_3 为信息位，c_2，c_1，c_0 为监督位。监督位可用下列线性方程组来产生：

$$\begin{cases} c_2=c_6+c_5+c_4 \\ c_1=c_6+c_5+c_3 \\ c_0=c_6+c_4+c_3 \end{cases} \tag{9.4}$$

式(9.4)称为监督方程。满足该式的(7，4)分组码共有 $2^4=16$ 个许用码字，如表 9.1 所示。

表 9.1 (7，4)码的码字表

序号	码字							序号	码字						
	信息元				监督元				信息元				监督元		
0	0	0	0	0	0	0	0	8	1	0	0	0	1	1	1
1	0	0	0	1	0	1	1	9	1	0	0	1	1	0	0
2	0	0	1	0	1	0	1	10	1	0	1	0	0	1	0
3	0	0	1	1	1	1	0	11	1	0	1	1	0	0	1
4	0	1	0	0	1	1	0	12	1	1	0	0	0	0	1
5	0	1	0	1	1	0	1	13	1	1	0	1	0	1	0
6	0	1	1	0	0	1	1	14	1	1	1	0	1	0	0
7	0	1	1	1	0	0	0	15	1	1	1	1	1	1	1

将式(9.4)所述(7，4)码的 3 个监督方程式改写为

$$\begin{cases} 1\cdot c_6+1\cdot c_5+1\cdot c_4+0\cdot c_3+1\cdot c_2+0\cdot c_1+0\cdot c_0=0 \\ 1\cdot c_6+1\cdot c_5+0\cdot c_4+1\cdot c_3+0\cdot c_2+1\cdot c_1+0\cdot c_0=0 \\ 1\cdot c_6+0\cdot c_5+1\cdot c_4+1\cdot c_3+0\cdot c_2+0\cdot c_1+1\cdot c_0=0 \end{cases} \tag{9.5}$$

式(9.5)所示的线性方程组可用矩阵形式表示为

$$\begin{bmatrix} 1 & 1 & 1 & 0 & 1 & 0 & 0 \\ 1 & 1 & 0 & 1 & 0 & 1 & 0 \\ 1 & 0 & 1 & 1 & 0 & 0 & 1 \end{bmatrix} [c_6c_5c_4c_3c_2c_1c_0]^{\mathrm{T}}=\begin{bmatrix} 0 \\ 0 \\ 0 \end{bmatrix}=[000]^{\mathrm{T}}=\boldsymbol{O}^{\mathrm{T}} \tag{9.6}$$

上式可简记为

$$\boldsymbol{H}\boldsymbol{A}^{\mathrm{T}}=\boldsymbol{O}^{\mathrm{T}} \text{ 或 } \boldsymbol{A}\boldsymbol{H}^{\mathrm{T}}=\boldsymbol{O} \tag{9.7}$$

其中：

$$\boldsymbol{H}=\begin{bmatrix}1&1&1&0&1&0&0\\1&1&0&1&0&1&0\\1&0&1&1&0&0&1\end{bmatrix},\ \boldsymbol{A}=[c_6c_5c_4c_3c_2c_1c_0]$$

$\boldsymbol{H}$ 称为监督矩阵。一旦 $\boldsymbol{H}$ 给定，信息位和监督位之间的关系也就确定了。$\boldsymbol{H}$ 为 $r\times n$ 阶矩阵，$\boldsymbol{H}$ 矩阵每行之间是彼此线性无关的。$\boldsymbol{H}$ 矩阵可分成两部分：

$$\boldsymbol{H}_{r\times n}=\left[\begin{array}{cccc:ccc}1&1&1&0&1&0&0\\1&1&0&1&0&1&0\\1&0&1&1&0&0&1\end{array}\right]=[\boldsymbol{P}\boldsymbol{I}_r] \tag{9.8}$$

其中 $\boldsymbol{P}$ 为 $r\times n$ 阶矩阵，$\boldsymbol{I}_r$ 为 $r\times r$ 阶的单位方阵。可以写成 $\boldsymbol{H}=[\boldsymbol{P}\boldsymbol{I}_r]$ 形式的矩阵称为典型监督矩阵。

$\boldsymbol{H}\boldsymbol{A}^{\mathrm{T}}=\boldsymbol{O}^{\mathrm{T}}$ 说明 $\boldsymbol{H}$ 矩阵与码字的转置乘积必为零，以此作为判断接收码字是否出错的依据。监督位与信息位之间的关系还可以用生成方程表示，上述(7，4)码的生成方程为

$$[c_6c_5c_4c_3c_2c_1c_0]=[c_6c_5c_4c_3]\begin{bmatrix}1&0&0&0&1&1&1\\0&1&0&0&1&1&0\\0&0&1&0&1&0&1\\0&0&0&1&0&1&1\end{bmatrix} \tag{9.9}$$

记为 $\boldsymbol{A}=\boldsymbol{m}\cdot\boldsymbol{G}$。

其中 $\boldsymbol{m}=[c_6c_5c_4c_3]$，称为信息组。由矩阵 $\boldsymbol{G}$ 和信息组就可以产生全部码字。其中，生成矩阵 $\boldsymbol{G}$ 可以写为

$$\boldsymbol{G}=\left[\begin{array}{cccc:ccc}1&0&0&0&1&1&1\\0&1&0&0&1&1&0\\0&0&1&0&1&0&1\\0&0&0&1&0&1&1\end{array}\right]=[\boldsymbol{I}_k\boldsymbol{Q}] \tag{9.10}$$

在生成矩阵中，$\boldsymbol{Q}=\boldsymbol{P}^{\mathrm{T}}$ 为 $k\times r$ 阶矩阵，$\boldsymbol{I}_k$ 为 $k\times k$ 阶的单位方阵。可以写成式(9.10)形式的矩阵 $\boldsymbol{G}$，称为典型生成矩阵。非典型形式的生成矩阵经过运算也一定可以化为典型生成矩阵。

设发送端发送的码字 $\boldsymbol{A}=[c_6c_5c_4c_3c_2c_1c_0]$，在传输过程中有可能发生误码。设接收端接收到的码字 $\boldsymbol{B}=[b_6b_5b_4b_3b_2b_1b_0]$，则收发码组之差定义为错误图样 $\boldsymbol{E}$，也称为误差矢量，即

$$\boldsymbol{E}=\boldsymbol{B}-\boldsymbol{A}=[e_6e_5e_4e_3e_2e_1e_0] \tag{9.11}$$

且

$$e_i=\begin{cases}0, & c_i=b_i\\1, & c_i\neq b_i\end{cases} \tag{9.12}$$

令 $\boldsymbol{S}=\boldsymbol{B}\boldsymbol{H}^{\mathrm{T}}$，$\boldsymbol{S}$ 称为伴随式。

$$\boldsymbol{S}=\boldsymbol{B}\boldsymbol{H}^{\mathrm{T}}=(\boldsymbol{A}+\boldsymbol{E})\boldsymbol{H}^{\mathrm{T}}=\boldsymbol{E}\boldsymbol{H}^{\mathrm{T}} \tag{9.13}$$

由式(9.13)可见，伴随式 $\boldsymbol{S}$ 仅与 $\boldsymbol{E}$ 和 $\boldsymbol{H}$ 有关，而与发送码字无关。这意味着，当

$\boldsymbol{H}$ 给定时，$\boldsymbol{S}$ 与 $\boldsymbol{E}$ 呈现一一对应关系，即伴随式 $\boldsymbol{S}$ 与错误图样 $\boldsymbol{E}$ 之间有确定的线性变换关系。将监督矩阵 $\boldsymbol{H}$ 写成列向量的形式 $\boldsymbol{H}=[h_{n-1}, \cdots, h_1, h_0]$，如果能够确定伴随式 $\boldsymbol{S}$ 的值是 $\boldsymbol{H}$ 矩阵中哪个列向量或哪几个列向量的模 2 和，则可以确定错误图样 $\boldsymbol{E}$。译码输出为从接收到的码字中减去错误图样，即 $\boldsymbol{A}'=\boldsymbol{B}-\boldsymbol{E}$。

若上例中(7，4)码伴随式的 3 个校正子 s_3，s_2，s_1 为 [101]，对应监督矩阵 $\boldsymbol{H}$[式(9.8)]中列向量 $\boldsymbol{h}_4$，则错误图样 $\boldsymbol{E}$ 为 [0010000]。

$$
\begin{matrix} & \boldsymbol{h}_6 & \boldsymbol{h}_5 & \boldsymbol{h}_4 & \boldsymbol{h}_3 & \boldsymbol{h}_2 & \boldsymbol{h}_1 & \boldsymbol{h}_0 \end{matrix}
$$

$$
\boldsymbol{H}_{r\times n}=\begin{bmatrix} 1 & 1 & 1 & 0 & 1 & 0 & 0 \\ 1 & 1 & 0 & 1 & 0 & 1 & 0 \\ 1 & 0 & 1 & 1 & 0 & 0 & 1 \end{bmatrix}
$$

接收端译码器的任务就是通过伴随式来确定错误图样，上例中(7，4)码可以指示 $2^3-1=7$ 个错误图样，如表 9.2 所示。

表 9.2 伴随式和错误图样

序号	错误码位	E							S		
		e_6	e_5	e_4	e_3	e_2	e_1	e_0	s_2	s_1	s_0
0	/	0	0	0	0	0	0	0	0	0	0
1	b_0	0	0	0	0	0	0	1	0	0	1
2	b_1	0	0	0	0	0	1	0	0	1	0
3	b_2	0	0	0	0	1	0	0	1	0	0
4	b_3	0	0	0	1	0	0	0	0	1	1
5	b_4	0	0	1	0	0	0	0	1	0	1
6	b_5	0	1	0	0	0	0	0	1	1	0
7	b_6	1	0	0	0	0	0	0	1	1	1

【例题 9.2】已知某(n，k)线性分组码的典型生成矩阵为 $\boldsymbol{G}=\begin{bmatrix} 1001110 \\ 0100111 \\ 0011101 \end{bmatrix}$。

(1)试确定该(n，k)线性分组码的 n，k 和 r 的值。

(2)给出伴随矩阵和错误图样。

(3)若接收到的码字为 $\boldsymbol{B}=$ [1000011]，试判断该码字是否发生了错误？如果发生了错误，请给出纠正后的码字。

解：(1) $\because \boldsymbol{G}_{k\times n}=[\boldsymbol{I}_k\boldsymbol{Q}]$，$\therefore k=3$，$n=7$，$r=n-k=4$。

(2)

$$
\boldsymbol{G}_{k\times n}=[\boldsymbol{I}_k\boldsymbol{Q}]=\left[\begin{array}{ccc|cccc} 1 & 0 & 0 & 1 & 1 & 1 & 0 \\ 0 & 1 & 0 & 0 & 1 & 1 & 1 \\ 0 & 0 & 1 & 1 & 1 & 0 & 1 \end{array}\right]
$$

$$\boldsymbol{Q}=\begin{bmatrix}1&1&1&0\\0&1&1&1\\1&1&0&1\end{bmatrix}\Rightarrow\boldsymbol{P}=\boldsymbol{Q}^{\mathrm{T}}=\begin{bmatrix}1&0&1\\1&1&1\\1&1&0\\0&1&1\end{bmatrix}$$

对应的监督矩阵为

$$\boldsymbol{H}=[\boldsymbol{P}\boldsymbol{I}_r]=\left[\begin{array}{ccc:cccc}1&0&1&1&0&0&0\\1&1&1&0&1&0&0\\1&1&0&0&0&1&0\\0&1&1&0&0&0&1\end{array}\right]$$

伴随矩阵为

$$\boldsymbol{S}=\boldsymbol{B}\boldsymbol{H}^{\mathrm{T}}=[1000011]\begin{bmatrix}1&1&1&0\\0&1&1&1\\1&1&0&1\\1&0&0&0\\0&1&0&0\\0&0&1&0\\0&0&0&1\end{bmatrix}=[1101]$$

根据式(9.13)有 $\boldsymbol{S}=\boldsymbol{E}\boldsymbol{H}^{\mathrm{T}}$，得错误图样 $\boldsymbol{E}$ 为 [0010000]，即发送码字中 c_4 发生了错误，纠错后为 $\boldsymbol{A}'=\boldsymbol{B}-\boldsymbol{E}=$ [1010011]。

9.4 循环码

循环码(CRC)是目前被广泛应用的一种线性分组码，它除具有线性分组码的封闭性外，还具有一个独特的特点——循环性，即循环码中的任意许用码字经过循环移位(循环左移或右移)后所得的码字依然为许用码字，如表 9.3 所示。其中码字 2(0010111)循环右移 1 位后变为码字 5(1001011)。

9.4.1 循环码的编码原理与实现电路

在代数理论中，为了便于计算，常用多项式表示码字。(n，k)循环码的多项式(以降幂顺序排列)可表示为

$$A(x)=c_{n-1}x^{n-1}+c_{n-2}x^{n-2}+\cdots+c_1x+c_0 \tag{9.14}$$

例如，循环码字 1001011 对应的多项式为 x^6+x^3+x+1。如果一种码的所有码字多项式都是多项式 $g(x)$的倍式，则称 $g(x)$为该码的生成多项式。在(n，k)循环码中，任意码字的多项式 $A(x)$都是最低幂数多项式的倍式。因此，循环码中幂数最低的多项式(全 0 码字除外)就是生成多项式 $g(x)$。

表 9.3 (7，3)循环码的码字

码组编号	信息位 3bit	监督位 4bit	码组编号	信息位 3bit	监督位 4bit
0	000	0000	4	100	1011
1	001	0111	5	101	1100
2	010	1110	6	110	0101
3	011	1001	7	111	0010

以一种(7，3)循环码为例(见表 9.3)，生成多项式 $g(x)$应为 x^4+x^2+x+1。其他码字的多项式都是 $g(x)$的倍式，即

$$
\begin{aligned}
A_0(x) &= 0 \cdot g(x) \\
A_1(x) &= 1 \cdot g(x) \\
A_2(x) &= x \cdot g(x) \\
A_3(x) &= (x+1) \cdot g(x) \\
&\vdots \\
A_7(x) &= (x^2+x+1) \cdot g(x)
\end{aligned}
\tag{9.15}
$$

可以证明，$g(x)$是常数项为 1 的 $r=n-k$ 次多项式，是 x^n+1 的一个因式。循环码的生成矩阵常用多项式的形式来表示，即

$$
\boldsymbol{G}(x)=\begin{bmatrix} x^{k-1}g(x) \\ x^{k-2}g(x) \\ \vdots \\ xg(x) \\ g(x) \end{bmatrix}
\tag{9.16}
$$

以上述(7，3)循环码为例，有

$$
\boldsymbol{G}(x)=\begin{bmatrix} x^2g(x) \\ xg(x) \\ g(x) \end{bmatrix}=\begin{bmatrix} x^6+x^4+x^3+x^2 \\ x^5+x^3+x^2+x \\ x^4+x^2+x+1 \end{bmatrix}
$$

对应的生成矩阵为

$$
\boldsymbol{G}=\begin{bmatrix} 1 & 0 & 1 & 1 & 1 & 0 & 0 \\ 0 & 1 & 0 & 1 & 1 & 1 & 0 \\ 0 & 0 & 1 & 0 & 1 & 1 & 1 \end{bmatrix}
$$

则可进一步化为典型生成矩阵

$$
\boldsymbol{G}=\begin{bmatrix} 1 & 0 & 0 & 1 & 0 & 1 & 1 \\ 0 & 1 & 0 & 1 & 1 & 1 & 0 \\ 0 & 0 & 1 & 0 & 1 & 1 & 1 \end{bmatrix}
$$

对于给定的信息元 $\boldsymbol{m}=[101]$，由式(9.9)编出的系统码码字为

$$
\boldsymbol{A}=\boldsymbol{m}\cdot\boldsymbol{G}=[101]\begin{bmatrix} 1 & 0 & 0 & 1 & 0 & 1 & 1 \\ 0 & 1 & 0 & 1 & 1 & 1 & 0 \\ 0 & 0 & 1 & 0 & 1 & 1 & 1 \end{bmatrix}=[1011100]
$$

9.4.1.1 循环码的编码步骤

循环码中的所有码多项式都可以被 $g(x)$ 整除，根据这条原则，就可以对给定的信息进行编码。

(1)根据给定的 (n, k) 值选定生成多项式 $g(x)$，即应在 x^n+1 的因式中选出 $r=n-k$ 次多项式作为生成多项式 $g(x)$。

(2)给出信息多项式 $m(x)$：$m(x)=a_{k-1}x^{k-1}+a_{k-2}x^{k-2}+\cdots+a_1x+a_0$，$m(x)$的最高幂次为 $k-1$。

(3)用 x^r 乘 $m(x)$，得到 $x^r m(x)$(幂次小于 n)。

(4)用 $g(x)$ 去除 $x^r m(x)$，得到余式 $R(x)$，其阶数必小于 $g(x)$ 的阶数，即小于 $(n-k)$。将此余式 $R(x)$ 附加在信息位之后作为监督位，即循环码的多项式可表示为

$$A(x)=x^r \cdot m(x)+R(x) \tag{9.17}$$

其中，$x^r m(x)$ 代表信息位，$R(x)$ 是 $x^r m(x)$ 与 $g(x)$ 相除得到的余式，代表监督位。

9.4.1.2 循环码的编码电路

循环码编码电路的主体由生成多项式构成的除法电路，再加上适当的控制电路组成。当 $g(x)=x^4+x^2+x+1$ 时，(7，3)循环码的编码电路如图 9.6 所示。

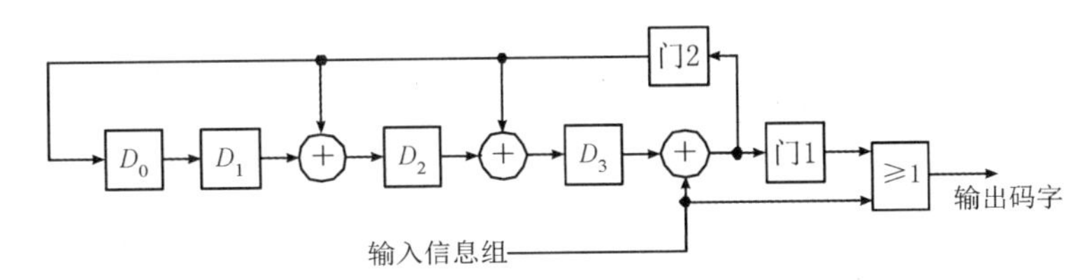

图 9.6 (7，3)循环码的编码电路

$g(x)$的幂次等于移位寄存器的级数，$g(x)$中非零系数对应移位寄存器的反馈抽头。

首先，移位寄存器清零，3 位信息元输入时，门 1 断开，门 2 接通，直接输出信息元。第 3 次移位脉冲到来时，将除法电路运算所得的余数存入移位寄存器。第 4～7 次移位时，门 2 断开，门 1 接通，输出监督元。

9.4.2 循环码的解码原理与实现电路

接收端译码的目的是检错和纠错。由于任一码的多项式 $A(x)$ 都应能被生成多项式 $g(x)$ 整除，所以在接收端可以将接收码字 $B(x)$ 用生成多项式 $g(x)$ 去除。当传输中未发生错误时，接收码字和发送码字相同，即 $A(x)=B(x)$，接收码字 $B(x)$ 必定能被 $g(x)$ 整除。若码字在传输过程中发生错误，即 $A(x)\neq B(x)$，$B(x)$ 除以 $g(x)$ 时，则除不尽，有余项。因此，接收端可利用余项是否为 0 来判断码字中有无误码。以上述(7，3)循环码为例，对应的译码电路如图 9.7 所示。

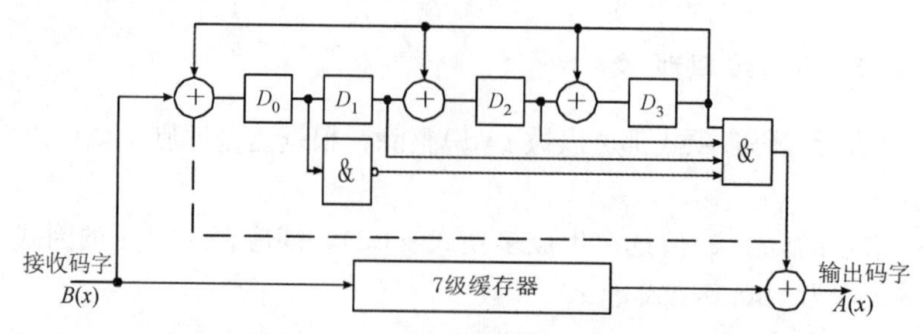

图 9.7 (7，3)循环码的译码电路

在接收端利用译码来纠错自然比检错更加复杂。为了能够纠错，要求每个可纠正的错误图样必须与一个特定余式有一一对应关系。

【例题 9.3】已知(7，4)循环码的全部码字如下：

0000000	0001011	0010110	0101100	1011000	0110001	1100010	1000101
1001110	1011000	0011101	0100111	1101001	1110100	0111010	1111111

试写出该循环码的生成多项式 $g(x)$和生成矩阵 $\boldsymbol{G}(x)$，并将 $\boldsymbol{G}(x)$化为典型矩阵。

解：$g(x)$是一个常数项为 1 的$(n-k)$次多项式，本题中 $r=7-4=3$。由码字集合可知生成多项式对应的码字应该为 0001011，对应的多项式为 $g(x)=x^3+x+1$。

$$\text{生成矩阵 } \boldsymbol{G}(x)=\begin{bmatrix} x^3g(x) \\ x^2g(x) \\ xg(x) \\ g(x) \end{bmatrix}=\begin{bmatrix} x^6+x^4+x^3 \\ x^5+x^3+x^2 \\ x^4+x^2+x \\ x^3+x+1 \end{bmatrix}$$

$$\text{故 } \boldsymbol{G}=\begin{bmatrix} 1 & 0 & 1 & 1 & 0 & 0 & 0 \\ 0 & 1 & 0 & 1 & 1 & 0 & 0 \\ 0 & 0 & 1 & 0 & 1 & 1 & 0 \\ 0 & 0 & 0 & 1 & 0 & 1 & 1 \end{bmatrix}$$

利用矩阵知识得到典型生成矩阵为

$$\boldsymbol{G}=\begin{bmatrix} 1 & 0 & 0 & 0 & 1 & 0 & 1 \\ 0 & 1 & 0 & 0 & 1 & 1 & 1 \\ 0 & 0 & 1 & 0 & 1 & 1 & 0 \\ 0 & 0 & 0 & 1 & 0 & 1 & 1 \end{bmatrix}$$

9.5 卷积码

卷积码是另一类常用的信道编码。在进行分组码编码时，首先将信息序列分成固定长度的信息组，然后逐组进行编码，各信息组互不相关，各码字之间也互不相关。也就是说，分组码编码器本身并无记忆性。卷积码则不同，每个$(n，k)$码段(也称为子码)内的 n 个码元不仅与该码段内的信息元有关，而且与前面 m 段中的信息元有关。通常称 m 为编码存储。卷积码常用符号$(n，k，m)$表示。

9.5.1　卷积码的编码

下面通过一个例子来说明卷积码的定义。图 9.8 给出了一个二进制(2，1，2)卷积码的编码框图。图中 $D_i(i=1,2)$为移位寄存器，⊕为模 2 加法器。

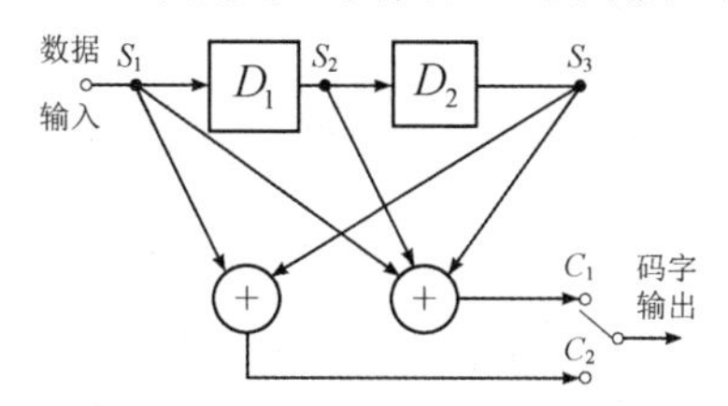

图 9.8　卷积码的编码框图

起始状态，各级移位寄存器清零，即 $S_1S_2S_3$ 为 000。S_1 等于当前输入数据，移位寄存器状态 S_2S_3 存储以前的数据，输出码字 C 由下式确定：

$$\begin{cases} C_1 = S_1 \oplus S_2 \oplus S_3 \\ C_2 = S_1 \oplus S_3 \end{cases} \tag{9.18}$$

当输入数据 $\boldsymbol{D}=[1\quad 1\quad 0\quad 1\quad 0]$ 时，输出码字可以计算出来，具体计算过程如表 9.4 所示。另外，为了保证全部数据通过寄存器，还必须在数据位后加 3 个 0。

表 9.4　卷积码计算过程

S_1	1	1	0	1	0	0	0	0
S_2S_3	00	01	11	10	01	10	00	00
C_1C_2	11	01	01	00	10	11	00	00
状态	a	b	d	c	b	c	a	a

从上述的计算过程可知，每 1bit 的数据，影响$(m+1)$个输出子码，称$(m+1)$为编码约束度。(n, k, m)卷积码中每个子码有 n 个码元，因此编码约束长度为$(m+1)\cdot n$。(2，1，2)卷积码的编码约束度为 3，约束长度为 6。

9.5.2　卷积码的图形描述

卷积码的编码过程常用三种等效的图形来描述，这三种图形分别是状态图、码树图和网格图。

9.5.2.1　状态图

通常卷积码的编码电路可以看作一个有限状态的线性电路，因此可以用状态图来描述。编码移位寄存器 D_i 在任意时刻所存储的数据取值为编码器的一个状态。对于(2，1，2)卷积码，编码器中包含了两个移位寄存器，因此一共具有 $4=2^2$ 种可能状态，如图 9.9 所示。随着信息序列的输入，编码器中移位寄存器的状态在图中四个状态($a=00$，$b=01$，$c=10$，$d=11$)之间转移，并输出相应的编码序列。将编码器随输入而发生状态转移的过程用流图形式表示，即得到卷积码的状态图。

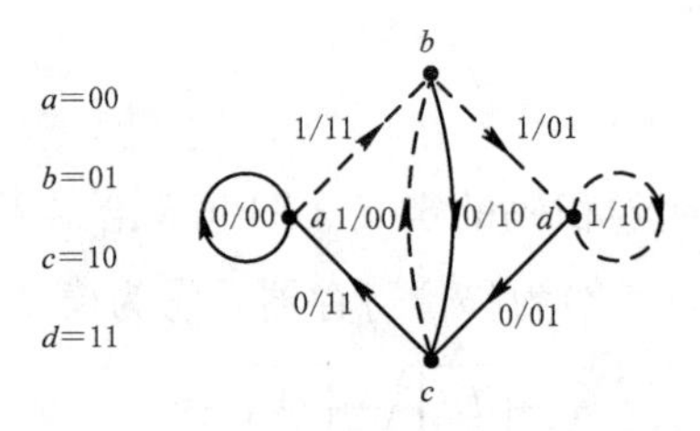

图 9.9 (2，1，2)卷积码的状态图

图 9.9 中实线是输入信息为 0 的状态转移过程，虚线是输入信息为 1 的状态转移过程。线边上的 3 个二进制数据表示输入信息(1 比特)/编码输出信息(2 比特)。例如，当输入信息为 1010 时，从状态图中可得到输出码字序列为 11100010。

9.5.2.2 码树图

码树图描述的是任何数据序列输入时，码字所有可能的输出。对应于图 9.8 所示的(2，1，2)卷积码的编码框图，可以画出其码树图如图 9.10 所示。

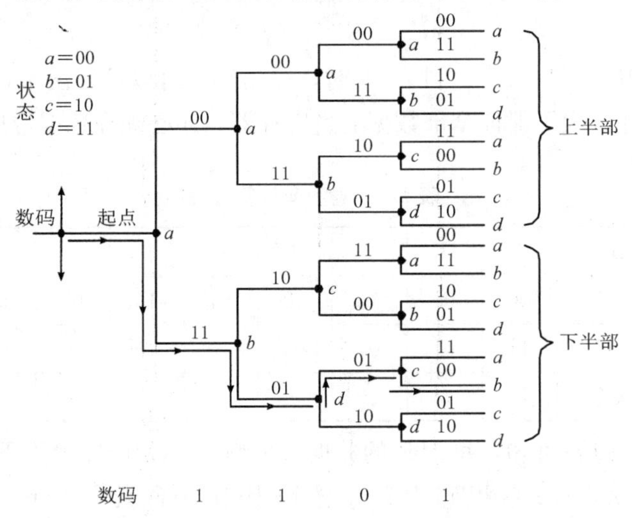

图 9.10 (2，1，2)卷积码的码树图

在图 9.10 中，最左边为起点，初始状态为 $a=00$。从每个状态出发有两条支路(因为每个二进制码字中只有 1bit 信息位)，上支路表示输入为“0”，下支路表示输入为“1”，每个支路上 2bit 的二进制数是相应的输出码字。由图可知，当信息序列给定时，沿着码树图上的支路可以很容易确定相应的输出码序列。例如，当输入信息为 1101 时，从码树图可得到输出码字序列为 11010100。

9.5.2.3 网格图

将卷积码的状态图按着时间顺序展开，就得到卷积码的网格图或篱笆图，如图 9.11 所示。图中给出了对应于所有可能的数据输入，状态转移的全部轨迹，实线表示数据为“0”，虚线表示数据为“1”，线旁数字为编码输出码字，节点表示状态。

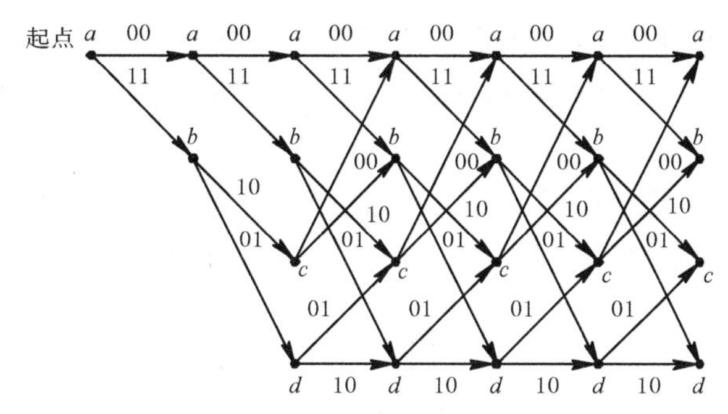

图 9.11　(2，1，2)卷积码的网格图

网格图主要用于卷积码编码过程的分析和 Viterbi 译码。

9.6　Turbo 码

在 1993 年瑞士日内瓦召开的国际通信会议(ICC，1993)上，两位法国教授 C. Berrou 和 A. Glavieux 及一位缅甸博士 P. Thitimajshlwa 提出了一种全新的编码方式——Turbo 码。这种编码方式巧妙地将两个简单分量码通过伪随机交织器并行级联来构造具有伪随机特性的长码，并通过在两个软入/软出(SISO)译码器之间进行多次迭代实现了伪随机译码。Turbo 码由于其近于 Shannon 界的突出纠错能力，成为近年信道编码理论研究的热点。

Turbo 码由于很好地应用了香农信道编码定理中的随机性编译码条件，而获得了接近香农理论极限的译码性能。它不仅在信噪比较低的高噪声环境下性能优越，而且具有很强的抗衰落、抗干扰能力。因此，它在信道条件较差的移动通信系统中得到了广泛的应用，第三代移动通信系统(IMT—2000)中已经将 Turbo 码作为传输高速数据的信道编码标准。

9.6.1　Turbo 码的编码

Turbo 码的编码可以有多种形式，如并行级联卷积码(PCCC)和串行级联卷积码(SCCC)等。图 9.12 给出了采用 PCCC 的 Turbo 码编码器的原理框图。该编码器由两个卷积码编码器和一个交织器并行连接而成，编码后的校验位经过删余矩阵产生不同码率的码字。

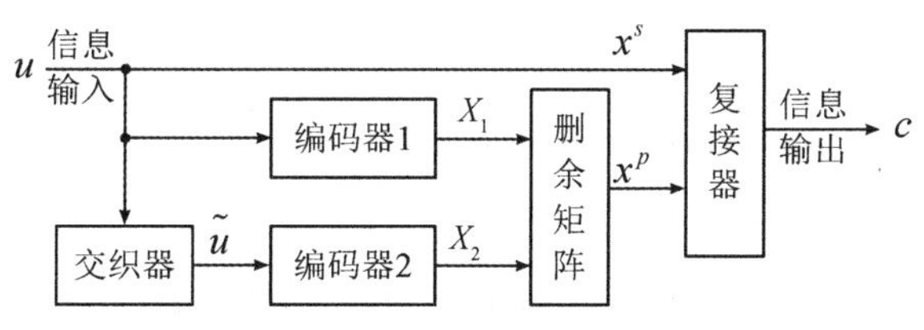

图 9.12　Turbo 码编码器的原理框图

一般情况下，图 9.12 中两个分量编码器的结构相同，产生的 Turbo 码为二维分量码，可以很自然地推广到多维分量码。分量码可以是卷积码，也可以是分组码，还可以是级联码；两个分量码可以相同，也可以不同。

删余矩阵的作用是提高编码码率，其元素取自集合 {0，1}，其中“0”表示相应位置上的校验比特被删除(该操作也称为“打孔”)，“1”表示保留相应位置上的校验比特。

交织器的作用是将输入的信息序列经过处理后变成一个新的序列，新序列的长度与内容不变，只是对比特位进行重新排列。交织器具有提高 Turbo 码纠正突发错误和随机错误的能力。

图 9.12 中两个分量编码器生成序列 X_1 和 X_2，为了提高码率，序列 X_1 和 X_2 需经过删余矩阵，采用删余技术从这两个校验序列中周期性地删除一些校验位，形成校验序列 X，X 与未编码序列 X' 经过复用调制后，生成了 Turbo 码序列。下面通过一个具体例子来说明 Turbo 码的编码过程。

图 9.13 给出了由约束长度为 3，生成矩阵为(7，5)[生成多项式为 $(1+D+D^2，1+D^2)$ 的八进制表示]，码率为 $\frac{1}{2}$ 的两个相同的递归卷积码作为分量码的 Turbo 编码器。

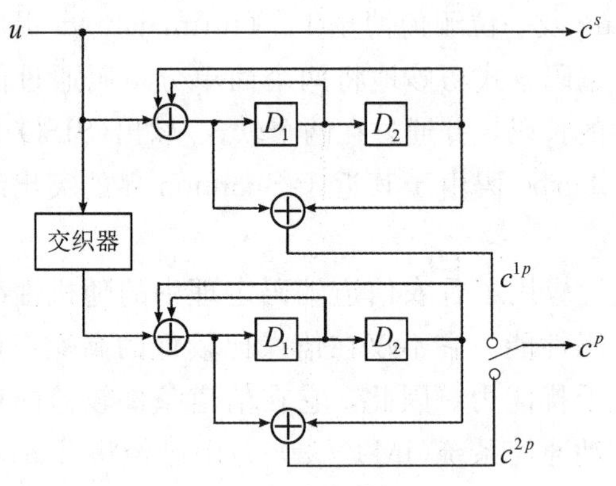

图 9.13 Turbo 码的编码器

若输入信息序列 $u=$ {1011001}，则编码器 1(上半部的递归卷积编码器)的校验输出 $c^{1p}=$ {1100100}。编码器 1 的输入信息、移位寄存器及输出信息的关系如表 9.5 所示。

表 9.5 编码器 1 的状态信息

脉冲	输入信息	D_1	D_2	c^{1p}
0		0	0	
1	1	1	0	1
2	0	1	1	1
3	1	1	1	0
4	1	1	1	0
5	0	0	1	1
6	0	1	1	0
7	1	1	1	0

假设经过交织器交织后输出的信息序列为$\tilde{u}=\{1101010\}$，对应的编码器 2 的校验输出为 $c^{2p}=\{1000000\}$。

经过编码后得到的输出中，每个信息比特对应两个递归卷积分量码输出的校验比特，从而得到码率为$\frac{1}{3}$的输出码字序列为

$$c=\{c_0^s,\ c_0^{1p},\ c_0^{2p};\ c_1^s,\ c_2^{1p},\ c_3^{2p};\ \cdots;\ c_{N-1}^s,\ c_{N-1}^{1p},\ c_{N-1}^{2p}\} \tag{9.19}$$

其中 N 为输入信息序列的长度。在上例中，输出码字序列为

$$c=\{111;\ 010;\ 100;\ 100;\ 100;\ 010;\ 000;\ 100\} \tag{9.20}$$

若要将码率提高到 1/2，则可以采用如下的删余矩阵：

$$\boldsymbol{P}=\begin{bmatrix}0 & 1\\1 & 0\end{bmatrix} \tag{9.21}$$

该删余矩阵表示：分别删除编码器 1 输出的校验信息序列 c^{1p} 中偶数位置的校验比特和编码器 2 输出的校验信息序列 c^{2p} 中奇数位置的校验比特。式(9.20)中的输出码字经过删余矩阵打孔后得到码率为 1/2 的输出码字序列为

$$c=\{11;\ 00;\ 10;\ 10;\ 10;\ 01;\ 00;\ 10\} \tag{9.22}$$

同理，可以通过在码字中增加校验比特的个数来提高 Turbo 码的性能，但是校验比特个数的增加必然降低 Turbo 码的码率。

对于由两个分量码组成的 Turbo 码，其码率 R 与两个分量码的码率 R_1 和 R_2 之间的关系为

$$R=\frac{R_1\cdot R_2}{R_1+R_2} \tag{9.23}$$

9.6.2　Turbo 码的译码

Turbo 码具有优异性能的根本原因之一是采用了迭代译码，通过分量译码器之间软信息的交换来提高译码性能。Turbo 码的译码器是由两个与分量码编码器对应的译码单元和交织器及解交织器组成的，将一个译码单元的软输出信息作为下一个译码单元的输入，为了获得更好的译码性能，将此过程迭代数次。这就是 Turbo 码译码器的基本工作原理。

图 9.14 给出了与 PCCC 相应的 Turbo 码译码原理框图。

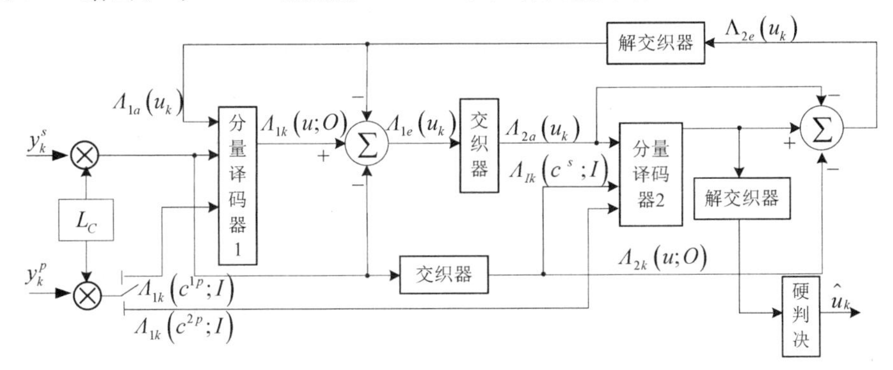

图 9.14　Turbo 码译码原理框图

在描述迭代译码过程之前，首先说明几个符号的意义。

$p_k(\cdot)$——码字符号或信息符号的概率；

$\Lambda_k(\cdot)$——码字符号或信息符号的概率对数似然比(LLR)；

$\Lambda_e(\cdot)$——外部对数似然比信息；

$\Lambda_a(\cdot)$——先验对数似然比信息；

u——信息符号；

c——码字符号。

以码率为1/2，采用PCCC的Turbo码为例，编码输出信号为

$$X_k=(x_k^s,\ x_k^p) \tag{9.24}$$

对于2PSK调制，输出信号与编码码字为

$$C_k=(c_k^s,\ c_k^p) \tag{9.25}$$

式(9.24)与式(9.25)之间满足关系

$$X_k=\sqrt{E_s}\,(2C_k-1) \tag{9.26}$$

假定接收信号为

$$Y_k=(y_k^s,\ y_k^p) \tag{9.27}$$

其中

$$\begin{aligned} y_k^s&=x_k^s+i_k \\ y_k^p&=x_k^p+q_k \end{aligned} \tag{9.28}$$

式(9.28)中i_k和q_k是服从均值为0，方差为$N_0/2$的独立同分布高斯随机变量。x_k和y_k对应于第k个比特。

在接收端，设接收信号经过匹配滤波之后得到的接收序列为

$$R=(R_1,\ R_2,\ \cdots,\ R_N)$$

经过串/并转换后，得到如下3个序列：

(1)系统接收信息序列为

$$Y^s=(y_1^s,\ y_2^s,\ \cdots,\ y_N^s)$$

(2)用于分量译码器1(与分量编码器1相对应)的接收校验序列为

$$Y^{1p}=(y_1^{1p},\ y_2^{1p},\ \cdots,\ y_N^{1p})$$

(3)用于分量译码器2(与分量编码器2相对应)的接收校验序列为

$$Y^{2p}=(y_1^{2p},\ y_2^{2p},\ \cdots,\ y_N^{2p})$$

若其中某些校验比特在编码过程中通过删余矩阵被删除，则在接收校验序列的相应位置以“0”填充。上述3个接收序列Y^s，Y^{1p}，Y^{2p}经过信道置信度L_C加权后作为系统信息序列$\Lambda(c^s;\ I)$、校验信息$\Lambda(c^{1p};\ I)$和$\Lambda(c^{2p};\ I)$送入译码器。对于噪声服从$N(0,\ N_0/2)$的AWGN信道来说，信道置信度定义为

$$L_C=4\sqrt{E_s}/N_0$$

对于第k个被译比特，PCCC译码器中每个分量译码器都包含系统信息$\Lambda_k(c^s;\ I)$、校验信息$\Lambda_k(c^{ip};\ I)$和先验信息$\Lambda_{ia}(u_k)$。其中，先验信息$\Lambda_{ia}(u_k)$是由另外一个分量译码器生成的外部信息$\Lambda_{3-i,e}(u_k)$经过解交织/交织后的对数似然比。译码输出为对数似然比$\Lambda_{ik}(u;\ O)$，其中$i=1$，2。

在迭代过程中，分量译码器1的输出$\Lambda_{1k}(u;O)$可以表示为系统信息$\Lambda_k(c^s;I)$、先验信息$\Lambda_{1a}(u_k)$和外部信息$\Lambda_{1e}(u_k)$之和的形式：

$$\Lambda_{1k}(u;O)=\Lambda_k(c^s;I)+\Lambda_{1a}(u_k)+\Lambda_{1e}(u_k) \tag{9.29}$$

$$\Lambda_{1a}(u_{I(k)})=\Lambda_{2e}(u_k)$$

$I(k)$为交织映射函数。在第1次译码迭代时，有$\Lambda_{2e}(u_k)=0$，因此$\Lambda_{1a}(u_{I(k)})=0$。

由于第1个分量译码器生成的外部信息$\Lambda_{1e}(u_k)$与先验信息$\Lambda_{1a}(u_k)$和系统信息$\Lambda_k(c^{ip};I)$无关，因此可在交织后作为第2分量译码器的先验信息输入，从而提高译码的准确性。

同样，对于第2分量译码器，其外部信息$\Lambda_{2e}(u_k)$为输出对数似然比$\Lambda_{2k}(u;O)$减去系统信息$\Lambda_{I(k)}(c^s;I)$(经过交织映射)和先验信息$\Lambda_{2a}(u_k)$的结果，即

$$\Lambda_{2e}(u_k)=\Lambda_{2k}(u;O)-\Lambda_{I(k)}(c^s;I)-\Lambda_{2a}(u_k) \tag{9.30}$$

其中

$$\Lambda_{2a}(u_k)=\Lambda_{1e}(u_{I(k)})$$

外部信息$\Lambda_{2e}(u_k)$解交织后反馈给第1分量译码器作为先验输入，完成第一轮迭代译码。随着迭代次数的增加，两个分量译码器得到的外部信息对译码性能提高的作用越来越小，在达到一定迭代次数后，译码的性能不再提高。这时，第2分量译码器的输出对数似然比经过解交织后再进行硬判决即得到译码输出。

9.7 信道编码的应用举例

9.7.1 移动通信技术

移动通信技术的发展日新月异，从1978年第1代模拟蜂窝通信系统诞生，至今不过30多年的时间就已出现了五代的演变。我国拥有自主知识产权的第四代(4G)移动通信系统已经在全国得到广泛应用，目前第五代(5G)移动通信系统正处于试用阶段。

移动通信一方面能为人们带来固定电话无法提供的灵活、机动和高效；但另一方面，移动通信系统的研究、开发和实现相较于有线通信系统会更复杂、更困难。这是因为无线信道不仅存在衰落现象，而且存在多径效应等问题，从而极大地影响了通信的质量。为了提高移动通信系统的性能，人们不断地改进现有的通信技术。本节重点介绍在几代移动通信系统中所使用的不同的纠错编码技术，展示纠错编码在现代数字通信中的重要作用。

9.7.1.1 第1代模拟蜂窝通信系统

模拟蜂窝通信系统的业务信道主要是传输模拟FM话音及少量模拟信令。其控制信道均传输数字信令，并进行了数字调制和纠错编码。以英国通信系统为例，采用FSK调制，传输速率为8kbit/s，基站采用的是BCH(40，28)编码，最小码距$d_0=5$，具有纠正2位随机误码或纠正1位及检错2位随机误码的能力。

9.7.1.2 第2代GSM蜂窝通信系统

GSM曾是使用最广泛的第2代移动通信系统，也是纠错编码最重要的应用之一。GSM标准的语音和数据业务使用了多种信道编码技术，包括FEC码、BCH码和CRC码等。这些码都作为级联码的外码，最初用于全速率语音业务信道，语音编码后的速率为13kbit/s，一个时隙为20ms，包括260bit，分成三个敏感类：78bit是对错误不敏感类，不加编码保护；50bit是特别敏感类，加3bit奇偶校验；4bit是网格图中的结尾比特，与其余的132bit采用(2，1，5)的非系统卷积码进行编码，总的速率为22.8kbit/s。再加上一个相邻的语音编码块，每组各占57bit×2进行8×114交织，分布到TDMA的8个突发块中，在移动信道中使用GMSK调制。这些突发块里还包括2bit业务/控制标识比特，26bit训练序列，以及提供给接收端的每块456bit的软或硬判决值。

9.7.1.3 第3代移动通信系统

相对于2G而言，3G最大的不同就是提供更高速率、更多形式的数据业务。因此，对其中的纠错编码体制提出了更高的要求。语音和短消息等业务仍然采用与2G相似的卷积码，而数据业务3GPP协议中采用Turbo码为其纠错编码方案。

(1)CDMA2000的编码方案

Turbo码主要用在数据业务(突发)前向补充信道(F—SCH)和后向补充信道(R—SCH)，具体编码方案如图9.15所示。在前向基本信道(F—FCH)中采用约束长度为9的卷积码。在前向补充信道中，对于速率不大于14.4kbit/s的数据仍采用约束长度为9的卷积码；对于速率大于14.4kbit/s的数据采用约束长度为4，码率为1/2，1/3，1/4的Turbo码。在反向基本信道(R—FCH)中采用约束长度为9，码率为1/4的卷积码。在反向信道的补充信道中，当数据传输速率不大于14.4kbit/s时，采用卷积码进行纠错；当数据传输速率大于14.4kbit/s时，采用码率为1/2，1/3的卷积码或码率为1/2，1/3，1/4的Turbo码进行纠错。

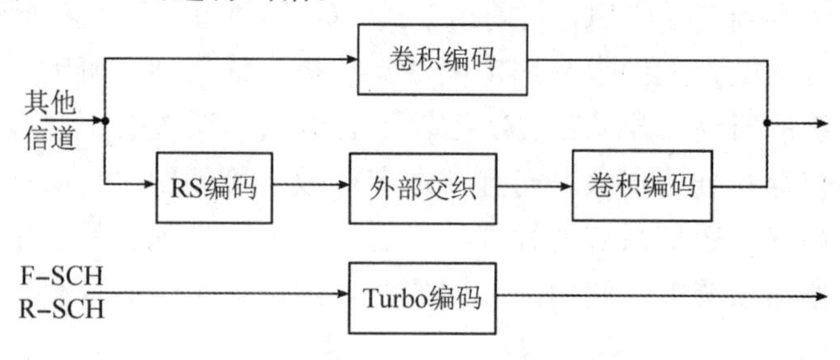

图9.15 CDMA2000的编码方案

(2)TD—SCDMA和WCDMA的编码方案。

TD—SCDMA的编码方案与WCDMA的编码方案相同，根据不同业务种类的质量要求分为两个等级，误码率分别为10^{-3}和10^{-6}，如图9.16所示。信道编码的原则：对于误码率要求在10^{-3}量级的业务，采用卷积码的编码方案；对于误码率要求在10^{-6}量级的业务，采用级联码的编码方案。其中级联码可以是Reed—Solomon码与卷积码组成的串行级联码，也可以是特殊卷积组成的并行级联码，即Turbo码。

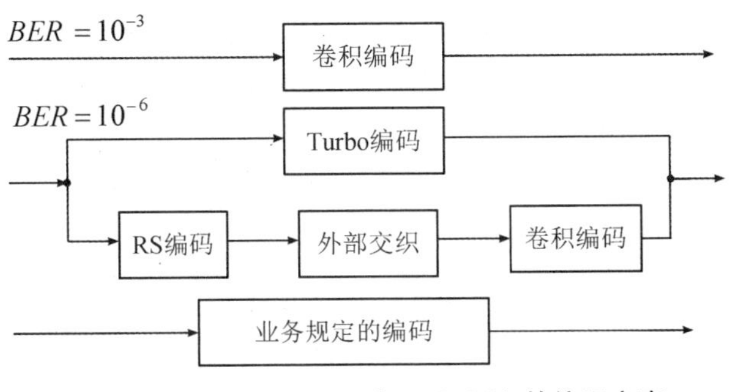

图9.16 TD—SCDMA和WCDMA的编码方案

9.7.1.4 第4代移动通信系统

与3G移动通信系统相比，4G移动通信系统应具有更高的数据传输速率，更好的业务质量，更高的频谱利用率，更可靠的安全性和更高的灵活性等。4G系统应能支持非对称性业务并体现移动、无线接入网与IP网络不断融合的发展趋势。

低密度奇偶校验码(LDPC)是一种线性分组码，它于1962年由Gallager提出，但是其后很长一段时间没有受到人们的重视。直到1993年Turbo码问世，人们才重新认识到LDPC码所具有的优越性能和巨大的实用价值。研究表明，经过优化的非规则LDPC码采用可信传播译码算法时，能得到比Turbo码更好的性能。

目前，LDPC码已广泛应用于深空通信、光纤通信、卫星数字视频和音频广播等4G移动通信领域。基于LDPC码的编码方案已经被下一代卫星数字视频广播标准DVB－S2采纳。

随着移动通信系统从第一代模拟系统到第四代移动通信系统的演变，所采用的纠错编码技术也在不断进步，由最初的BCH码、FEC码到Turbo码，再到LDPC码。它们的性能越来越接近香农定理极限。这些纠错编码技术在推动移动通信系统发展的同时，自身也会得到蓬勃的发展，在现代数字社会中发挥更加重要的作用。

9.7.2 数字电视技术

数字电视就是指从演播室到发射、传输、接收的所有环节都是使用数字电视信号或对数字电视信号进行处理和调制的全新电视系统。数字电视信号的传播速率是19.39Mbit/s，如此大的数据流的传递保证了数字电视的高清晰度，克服了模拟电视的先天不足。数字电视信号的具体传输过程是：由电视台送出的图像及声音信号，经数字压缩和数字调制后，形成数字电视信号，经过卫星、地面无线广播或有线电缆等方式传送，由数字电视接收后，通过数字解调和数字视音频解码处理还原出原来的图像及伴音。

《地面数字电视传输国家标准》(以下简称“标准”)包含了单载波和多载波两种模式。标准支持在8MHz电视带宽内传输4.813～32.486Mbps的净荷数据率；标准支持开展标准清晰度和高清晰度电视业务；支持包括固定接收和移动接收在内的多种接收模式。此外，标准还支持多频网和单频网的组网模式。

《地面数字电视传输国家标准》中的发端系统包括随机化、前向纠错编码、星座映射与交织、复用、帧体数据处理、组帧、基带后处理和正交上变频共8个主要功能模块，完成从输入数据流到无线射频信号输出的整个转换过程。图9.17给出了数字电视传输国家标准的发端系统原理框图。

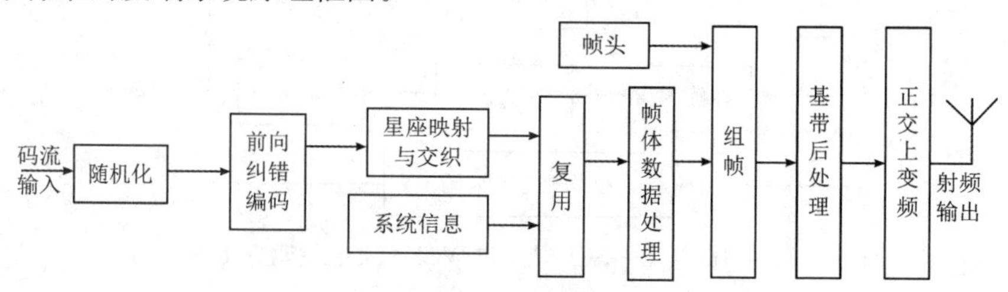

图9.17 数字电视的发端系统原理框图

如图9.17所示，系统首先对外部输入的码流进行扰码(随机化)和前向纠错编码(FEC)，然后完成比特流到符号流的星座映射。映射的符号流经过交织后形成基本数据块，基本数据块插入系统信息后经过帧体数据处理形成帧体。帧体数据与相应的帧头(PN序列)复接组成信号帧(组帧)，然后经过基带后处理转换为基带输出信号。基带后处理产生的基带模拟信号经过正交上变频转换为所需的射频信号。收端处理流程则是针对上述过程进行逆变换。

(1)随机化：为了保证传输数据流的随机性，系统首先采用扰码序列对输入的数据码流进行加扰。国家标准中所采用的扰码序列是一个最大长度的二进制伪随机序列(PRBS)，扰码序列生成多项式为$G(x)=x^{15}+x^{14}+1$。

(2)前向纠错编码(FEC)：FEC是整个信道传输标准的核心部分，其主要功能是纠正信道干扰引起的数据流误码。国家标准中采用的FEC是由外码和内码级联来实现的，如图9.18所示。

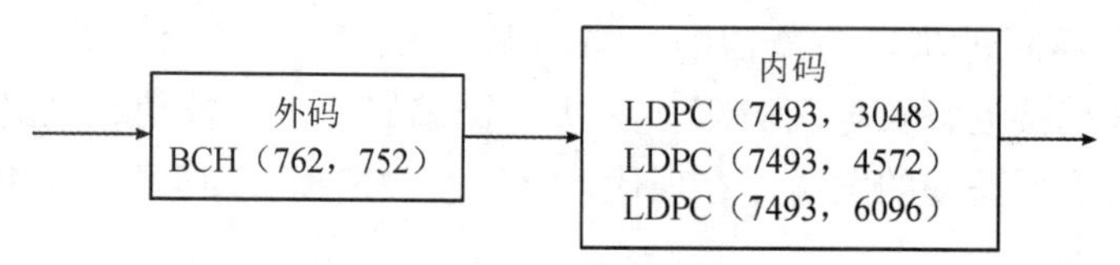

图9.18 FEC编码的国家标准

从图9.18可以看出，国家标准采用BCH(762，752)码作为外码。BCH(762，752)码由BCH(1023，1013)码缩短而成，系统首先在经过扰码的752比特数据前添加261比特0，形成长度为1013比特的信息数据，然后编码成1023比特BCH(1023，1013)码块(信息位在前，校验位在后)，最后去除前261比特0，形成BCH(762，752)码字。国家标准中采用LDPC作为内码，LDPC码的输出码长度固定。国家标准采用了三种不同效率的LDPC编码，即LDPC(7493，3048)、LDPC(7493，4572)和LDPC(7493，6096)，因此标准中FEC编码效率分别为0.4，0.6和0.8。

(3)星座映射：国家标准包含以下5种符号映射关系：64QAM、32QAM、16QAM、4QAM和4QAM—NR。

(4)交织：在国家标准的整个处理流程中，共涉及两类三种交织方式：时域交织

(包括比特交织、符号交织)和频域交织。

(5)复用：系统对交织后的数据符号进行组帧。在国家标准中，一个基本帧称为信号帧，信号帧由帧头和帧体两部分组成。帧体部分包含 36 个符号的系统信息和 3744 个符号的数据，共 3780 个符号，帧体长度是 500μs。

(6)帧体数据处理：映射后的 3744 个数据符号复接 36 个系统信息符号后，形成帧体，用 C 个子载波调制。在国家标准中，C 有两种模式：$C=1$ 或 $C=3780$。

(7)组帧：根据前面介绍，除了帧体数据外，一个信号帧还包括帧头数据。为适应不同的应用需求，系统定义了三种不同的帧头。

(8)基带后处理：基带信号形成后，采用平方根升余弦(SRRC)滤波器进行基带脉冲成形。

(9)正交上变频：把基带信号调制到一个载波上，或者把调制在低频载波上的信号变换到高频载波上。

9.7.3　计算机通信技术

一个实用的通信系统必须具备发现(即检测)差错的能力，并采取某种措施纠正，使差错被控制在允许的范围内，这就是差错控制过程。计算机通信系统的差错控制主要是在数据链路层完成的。

数据链路层最基本的功能是向该层用户提供透明的和可靠的数据传送基本服务。数据链路层是将物理层提供的可能出错的物理连接改造成逻辑上无差错的数据链路，使之对网络层表现为无差错的线路。

数据链路层采用的差错编码主要有奇偶校验码和循环码。通过差错编码可以判断一帧在传输过程中是否发生了错误。用以使发送方确定接收方是否正确收到了由它发送的数据信息的方法称为反馈差错控制。通常采用反馈检测和自动重发请求(ARQ)两种基本方法实现。

反馈检测法主要用于面向字符的异步传输中，如终端与远程计算机间的通信。双方进行数据传输时，接收方将接收到的数据(可以是一个字符，也可以是一帧)重新发回发送方，由发送方检查是否与原始数据完全相符。若不相符，则发送方发送一个控制字符通知接收方删去出错的数据，并重新发送该数据；若相符，则发送下一个数据。

反馈检测法原理简单、实现容易，也有较高的可靠性，但是，每个数据均被传输两次，信道利用率很低。一般在面向字符的异步传输中，信道效率并不是主要考虑的问题，因此这种差错控制方法仍被广泛使用。

ARQ 法是一种实用的差错控制方法，不仅传输可靠性高，而且信道利用率高。发送方将要发送的数据帧附加一定的冗余检错码一并发送，接收方则根据检错码对数据帧进行错误检测，若发现错误，就返回请求重发应答，发送方收到请求重发应答后，便重新传送该数据帧。

ARQ 法仅返回很少的控制信息，便可有效地确认所发送数据帧是否被正确接收。ARQ 法有若干种实现方案，如空闲重发请求(Idle RQ)和连续重发请求(Continuous RQ)等。

9.8 CRC 码建模与仿真

本节利用 MATLAB/Simulink 软件库中的模型，设计并实现 CRC 编、解码传输系统。通过观测 CRC 编码传输系统的误码率，总结 CRC 码的抗噪性能；改变 CRC 编码参数，观测 CRC 的纠错能力与参数设置的关系。

CRC 编码系统的仿真模型如图 9.19 所示，主要包括数字信号源模块、CRC 编码模块、CRC 解码模块、编码信道模块和误码率统计模块。

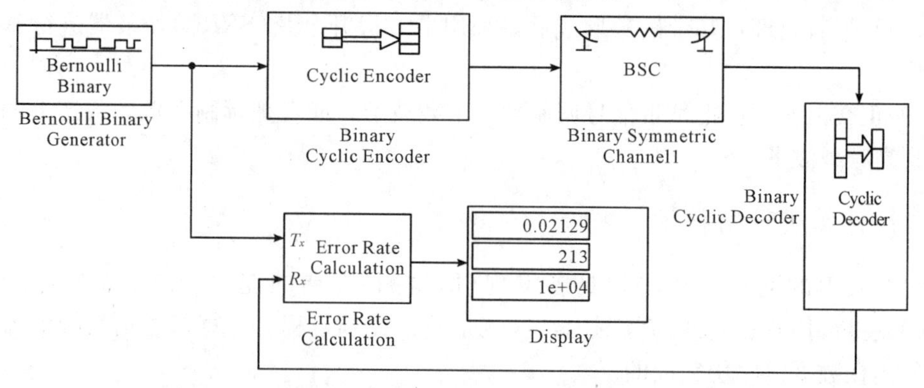

图 9.19 CRC 编码系统的仿真模型

其中主要模块参数的设计如图 9.20～图 9.22 所示。

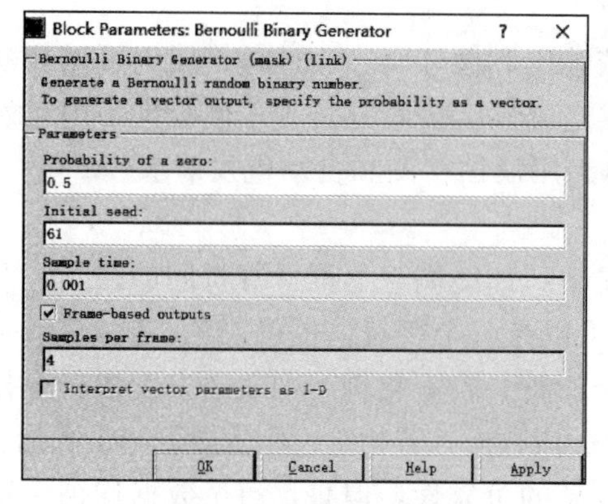

图 9.20 信号源参数设置

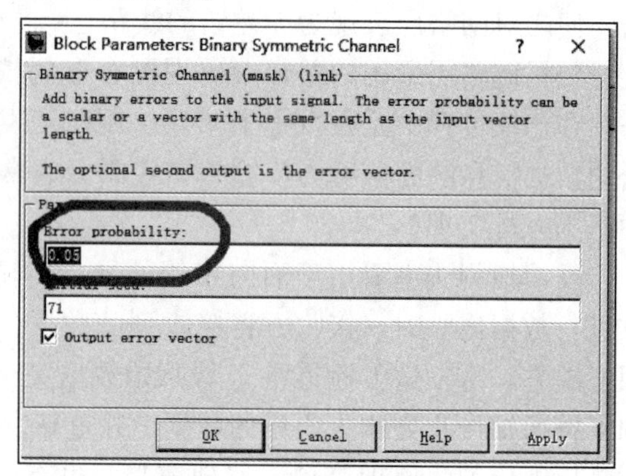

图 9.21 信道参数设置

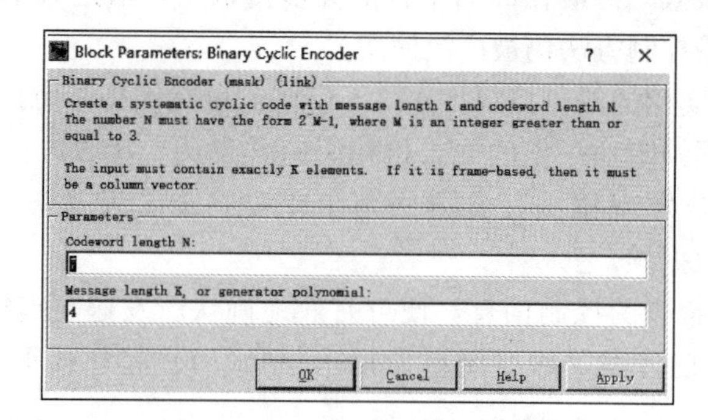

图 9.22 CRC 编码模块参数设置

通过修改编码信道模块的参数(图 9.21 中的 Error probability)，分别统计 CRC(7，4)和 CRC(7，3)的误码率，并记录在表 9.6 中。

表 9.6　CRC 编码对通信系统抗噪性能的改善情况

BSC	0.05	0.025	0.01	0.0075	0.005	0.0025	0.001	0.0005
CRC(7，4)	0.0213	0.007	0.0015	0.0007	0.0004	6e−05	1.4e−05	3e−06
CRC(7，3)	0.0162	0.0044	0.0008	0.00048	0.00025	7e−05	9e−06	2e−06

从表 9.6 中可以看出，通过应用信道编码技术，可以有效地降低通信系统的误码率。分组码 CRC(7，4)的误码率要高于 CRC(7，3)的误码率。也就是说，CRC 的抗噪性能与编码效率 $R=\frac{k}{n}$ 有关，编码效率越高，抗噪性能越差(误码率越高)。

习题

1. 假设二进制对称信息的误码率为 $P_e=10^{-3}$，当信道编码采用(7，3)循环码时，接收端译码发生错误的概率是多少?

2. (6，3)线性分组码的输入信息为 $\{m_2, m_1, m_0\}$，输出码字为 $C=\{c_5, c_4, c_3, c_2, c_1, c_0\}$。已知输入信息组和输出码字之间的关系为

$$\begin{cases} c_5=m_2 \\ c_4=m_1 \\ c_3=m_0 \\ c_2=m_2+m_1 \\ c_1=m_2+m_1+m_0 \\ c_0=m_2+m_0 \end{cases}$$

(1)试写出该线性分组码的生成矩阵。

(2)试写出该线性分组码的监督矩阵。

(3)该线性分组码若用于检测，可以检测出几比特的错误?若用于纠错，可以纠正几比特的错误?

(4)若接收码字为(001101)，检验该线性分组码是否发生误码?

3. 设线性分组码的生成矩阵为

$$\boldsymbol{G}=\begin{bmatrix} 0 & 0 & 1 & 0 & 1 & 1 \\ 1 & 0 & 0 & 1 & 0 & 1 \\ 0 & 1 & 0 & 1 & 1 & 0 \end{bmatrix}$$

(1)确定(n, k)码中 n 和 k 的值。

(2)给出监督矩阵。

(3)给出该分组码的全部码字。

(4)说明该分组码的纠错能力。

4. 已知(7，4)循环码的生成多项式为 $g(x)=x^3+x+1$，当收到一个循环码字为(0010111)或(1001010)时，判断是否存在误码?若发生误码，给出纠正后的码字。

5. 已知(2，1，2)卷积码的编码器结构如题图 9.1 所示。

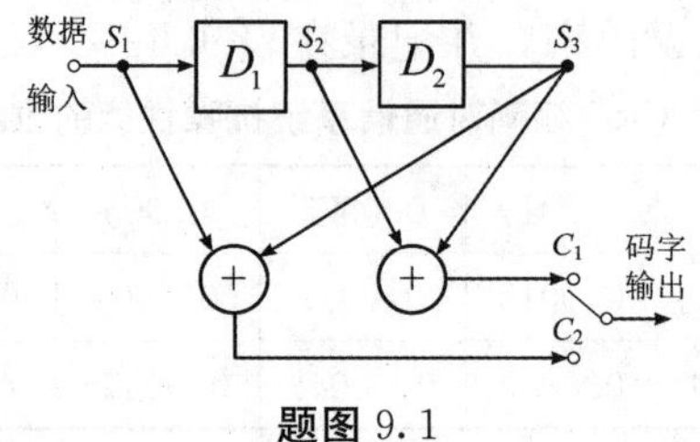

题图 9.1

(1)画出它的码树图和网格图。

(2)如果输入信息为 1011，计算其输出码序列。

6. 某信源的信息速率为 30kbit/s，通过一个码率为 1/2 的循环码编码器，然后经过滚降系数为 0.5 的升余弦滤波器，再进行 4PSK 调制。试计算：

(1)循环码编码器输出的信息速率。

(2)调制后输出的信息速率和码元速率。

7. 已知(2，1，3)卷积码编码器的输出与输入信息 $\{m_2, m_1, m_0\}$ 之间的关系如下：

$$y_1 = m_1 + m_0$$
$$y_2 = m_2 + m_1$$

(1)试确定该卷积码编码电路的结构。

(2)试画出该卷积码的码树图、状态图和网格图。

科学名家：维特比

安德鲁·维特比(Andrew J. Viterbi)，“CDMA之父”，高通公司创始人之一，高通公司首席科学家。他因开发了卷积码编码的最大似然算法而享誉全球。

1967年他发明维特比算法，用来对卷积码数据进行译码，用于在数字通信链路中解卷积以消除噪音。此算法被广泛应用于CDMA和GSM数字蜂窝网络、拨号调制解调器、卫星、深空通信和802.11无线网络中。现在，维特比算法也常常用于语音识别、关键字识别、计算语言学和生物信息学中。

2007年6月19日，维特比荣获首届IEEE/RSE/欧胜联合颁发的James Clerk Maxwell大奖。2008年9月，由于发明维特比算法，以及对CDMA无线技术发展所做的贡献，维特比获得美国国家科学奖章。

附录1 常用三角公式

1. 三角公式

$\sin(\alpha\pm\beta)=\sin\alpha\cos\beta\pm\cos\alpha\sin\beta$

$\cos(\alpha\pm\beta)=\cos\alpha\cos\beta\mp\sin\alpha\sin\beta$

$\sin\alpha+\sin\beta=2\sin\frac{\alpha+\beta}{2}\cos\frac{\alpha-\beta}{2}$

$\sin\alpha-\sin\beta=2\cos\frac{\alpha+\beta}{2}\sin\frac{\alpha-\beta}{2}$

$\cos\alpha+\cos\beta=2\cos\frac{\alpha+\beta}{2}\cos\frac{\alpha-\beta}{2}$

$\cos\alpha-\cos\beta=2\sin\frac{\alpha+\beta}{2}\sin\frac{\alpha-\beta}{2}$

$\sin\alpha\cos\beta=\frac{1}{2}[\sin(\alpha+\beta)+\sin(\alpha-\beta)]$

$\cos\alpha\sin\beta=\frac{1}{2}[\sin(\alpha+\beta)-\sin(\alpha-\beta)]$

$\cos\alpha\cos\beta=\frac{1}{2}[\cos(\alpha+\beta)+\cos(\alpha-\beta)]$

$\sin\alpha\sin\beta=\frac{1}{2}[\cos(\alpha+\beta)-\cos(\alpha-\beta)]$

$\sin2\alpha=2\sin\alpha\cos\alpha$

$\cos2\alpha=2\cos^2\alpha-1$

$\sin^2\alpha=\frac{1-\cos2\alpha}{2}$

$\cos^2\alpha=\frac{1+\cos2\alpha}{2}$

2. 欧拉公式

$\sin\alpha=\frac{e^{j\alpha}-e^{-j\alpha}}{2j}$，$\cos\alpha=\frac{e^{j\alpha}+e^{-j\alpha}}{2}$

$e^{j\alpha}=\cos\alpha+j\sin\alpha$

附录 2　Q 函数表和误差函数表

附表 2.1　$Q(a)$函数表

a	0.00	0.01	0.02	0.03	0.04	0.05	0.06	0.07	0.08	0.09
0.0	0.5000	0.4960	0.4920	0.4880	0.4840	0.4801	0.4761	0.4721	0.4681	0.4641
0.1	0.4602	0.4562	0.4522	0.4483	0.4443	0.4404	0.4364	0.4325	0.4286	0.4247
0.2	0.4207	0.4168	0.4129	0.4090	0.4052	0.4013	0.3974	0.3936	0.3897	0.3859
0.3	0.3821	0.3783	0.3745	0.3707	0.3669	0.3632	0.3594	0.3557	0.3520	0.3483
0.4	0.3446	0.3409	0.3372	0.3336	0.3300	0.3264	0.3228	0.3192	0.3156	0.3121
0.5	0.3085	0.3050	0.3015	0.2981	0.2946	0.2912	0.2877	0.2843	0.2810	0.2776
0.6	0.2743	0.2709	0.2676	0.2643	0.2611	0.2578	0.2546	0.2514	0.2483	0.2451
0.7	0.2420	0.2389	0.2358	0.2327	0.2296	0.2266	0.2236	0.2206	0.2177	0.2148
0.8	0.2119	0.2090	0.2061	0.2033	0.2005	0.1977	0.1949	0.1922	0.1894	0.1867
0.9	0.1841	0.1814	0.1788	0.1762	0.1736	0.1711	0.1685	0.1660	0.1635	0.1611
1.0	0.1587	0.1562	0.1539	0.1515	0.1492	0.1469	0.1446	0.1423	0.1401	0.1379
1.1	0.1357	0.1335	0.1314	0.1292	0.1271	0.1251	0.1230	0.1210	0.1190	0.1170
1.2	0.1151	0.1131	0.1112	0.1093	0.1075	0.1056	0.1038	0.1020	0.1003	0.0985
1.3	0.0968	0.0951	0.0934	0.0918	0.0901	0.0885	0.0869	0.0853	0.0838	0.0823
1.4	0.0808	0.0793	0.0778	0.0764	0.0749	0.0735	0.0721	0.0708	0.0694	0.0681
1.5	0.0668	0.0655	0.0643	0.0630	0.0618	0.0606	0.0594	0.0582	0.0571	0.0559
1.6	0.0548	0.0537	0.0526	0.0516	0.0505	0.0495	0.0485	0.0475	0.0465	0.0455
1.7	0.0446	0.0436	0.0427	0.0418	0.0409	0.0401	0.0392	0.0384	0.0375	0.0367
1.8	0.0359	0.0351	0.0344	0.0336	0.0329	0.0322	0.0314	0.0307	0.0301	0.0294
1.9	0.0287	0.0281	0.0274	0.0268	0.0262	0.0256	0.0250	0.0244	0.0239	0.0233
2.0	0.0228	0.0222	0.0217	0.0212	0.0207	0.0202	0.0197	0.0192	0.0188	0.0183
2.1	0.0179	0.0174	0.0170	0.0166	0.0162	0.0158	0.0154	0.0150	0.0146	0.0143
2.2	0.0139	0.0136	0.0132	0.0129	0.0125	0.0122	0.0119	0.0116	0.0113	0.0110
2.3	0.0107	0.0104	0.0102	0.0099	0.0096	0.0094	0.0091	0.0089	0.0087	0.0084
2.4	0.0082	0.0080	0.0078	0.0075	0.0073	0.0071	0.0069	0.0068	0.0066	0.0064
2.5	0.0062	0.0060	0.0059	0.0057	0.0055	0.0054	0.0052	0.0051	0.0049	0.0048
2.6	0.0047	0.0045	0.0044	0.0043	0.0041	0.0040	0.0039	0.0038	0.0037	0.0036
2.7	0.0035	0.0034	0.0033	0.0032	0.0031	0.0030	0.0029	0.0028	0.0027	0.0026
2.8	0.0026	0.0025	0.0024	0.0023	0.0023	0.0022	0.0021	0.0021	0.0020	0.0019
2.9	0.0019	0.0018	0.0018	0.0017	0.0016	0.0016	0.0015	0.0015	0.0014	0.0014

附表 2.2 大 a 值的 $Q(a)$ 函数表

a	$Q(a)$	a	$Q(a)$	a	$Q(a)$
3.00	1.35e−03	4.00	3.17e−05	5.00	2.87e−07
3.05	1.14e−03	4.05	2.56e−05	5.05	2.21e−07
3.10	9.68e−04	4.10	2.07e−05	5.10	1.70e−07
3.15	8.16e−04	4.15	1.66e−05	5.15	1.30e−07
3.20	6.87e−04	4.20	1.33e−05	5.20	9.96e−08
3.25	5.77e−04	4.25	1.07e−05	5.25	7.60e−08
3.30	4.83e−04	4.30	8.54e−06	5.30	5.79e−08
3.35	4.04e−04	4.35	6.81e−06	5.35	4.40e−08
3.40	3.37e−04	4.40	5.41e−06	5.40	3.33e−08
3.45	2.80e−04	4.45	4.29e−06	5.45	2.52e−08
3.50	2.33e−04	4.50	3.40e−06	5.50	1.90e−08
3.55	1.93e−04	4.55	2.68e−06	5.55	1.43e−08
3.60	1.59e−04	4.60	2.11e−06	5.60	1.07e−08
3.65	1.31e−04	4.65	1.66e−06	5.65	8.02e−09
3.70	1.08e−04	4.70	1.30e−06	5.70	5.99e−09
3.75	8.84e−05	4.75	1.02e−06	5.75	4.46e−09
3.80	7.23e−05	4.80	7.93e−07	5.80	3.32e−09
3.85	5.91e−05	4.85	6.17e−07	5.85	2.46e−09
3.90	4.81e−05	4.90	4.79e−07	5.90	1.82e−09
3.95	3.91e−05	4.95	3.71e−07	5.95	1.34e−09

附录 3　第一类贝塞尔函数表

β	J_0	J_1	J_2	J_3	J_4	J_5	J_6	J_7	J_8	J_9	J_{10}
0.0	1.00										
0.2	0.99	0.10									
0.4	0.96	0.20	0.02								
0.6	0.91	0.29	0.04								
0.8	0.85	0.37	0.08	0.01							
1.0	0.77	0.44	0.11	0.02							
1.2	0.67	0.50	0.16	0.03	0.01						
1.4	0.57	0.54	0.21	0.05	0.01						
1.6	0.46	0.57	0.26	0.07	0.01						
1.8	0.34	0.58	0.31	0.10	0.02						
2.0	0.22	0.58	0.35	0.13	0.03	0.01					
2.2	0.11	0.56	0.40	0.16	0.05	0.01					
2.4	0.00	0.52	0.43	0.20	0.06	0.02					
2.6	−0.10	0.47	0.46	0.24	0.08	0.02	0.01				
2.8	−0.19	0.41	0.48	0.27	0.11	0.03	0.01				
3.0	−0.26	0.34	0.49	0.31	0.13	0.04	0.01				
3.2	−0.32	0.26	0.48	0.34	0.16	0.06	0.02				
3.4	−0.36	0.18	0.47	0.37	0.19	0.07	0.02	0.01			
3.6	−0.39	0.10	0.44	0.40	0.22	0.09	0.03	0.01			
3.8	−0.40	0.01	0.41	0.42	0.25	0.11	0.04	0.01			
4.0	−0.40	−0.07	0.36	0.43	0.28	0.13	0.05	0.02			
4.2	−0.38	−0.14	0.31	0.43	0.31	0.16	0.06	0.02	0.01		
4.4	−0.34	−0.20	0.25	0.43	0.34	0.18	0.08	0.03	0.01		
4.6	−0.30	−0.26	0.18	0.42	0.36	0.21	0.09	0.03	0.01		
4.8	−0.24	−0.30	0.12	0.40	0.38	0.23	0.11	0.04	0.01		
5.0	−0.18	−0.33	0.05	0.36	0.39	0.26	0.13	0.05	0.02	0.01	
5.2	−0.11	−0.34	−0.02	0.33	0.40	0.29	0.15	0.07	0.02	0.01	
5.4	−0.04	−0.35	−0.09	0.28	0.40	0.31	0.18	0.08	0.03	0.01	
5.6	0.03	−0.33	−0.15	0.23	0.39	0.33	0.20	0.09	0.04	0.01	

续表

5.8	0.09	-0.31	-0.20	0.17	0.38	0.35	0.22	0.11	0.05	0.02	0.01
6.0	0.15	-0.28	-0.24	0.11	0.36	0.36	0.25	0.13	0.06	0.02	0.01
6.2	0.20	-0.23	-0.28	0.05	0.33	0.37	0.27	0.15	0.07	0.03	0.01
6.4	0.24	-0.18	-0.30	-0.01	0.29	0.37	0.29	0.17	0.08	0.03	0.01
6.6	0.27	-0.12	-0.31	-0.06	0.25	0.37	0.31	0.19	0.10	0.04	0.01
6.8	0.29	-0.07	-0.31	-0.12	0.21	0.36	0.33	0.21	0.11	0.05	0.02
7.0	0.30	0.00	-0.30	-0.17	0.16	0.35	0.34	0.23	0.13	0.06	0.02
7.2	0.30	0.05	-0.28	-0.21	0.11	0.33	0.35	0.25	0.15	0.07	0.03
7.4	0.28	0.11	-0.25	-0.24	0.05	0.30	0.35	0.27	0.16	0.08	0.04
7.6	0.25	0.16	-0.21	-0.27	0.00	0.27	0.35	0.29	0.18	0.10	0.04
7.8	0.22	0.20	-0.16	-0.29	-0.06	0.23	0.35	0.31	0.20	0.11	0.05
8.0	0.17	0.23	-0.11	-0.29	-0.11	0.19	0.34	0.32	0.22	0.13	0.06
8.2	0.12	0.26	-0.06	-0.29	-0.15	0.14	0.32	0.33	0.24	0.14	0.07
8.4	0.07	0.27	0.00	-0.27	-0.19	0.09	0.30	0.34	0.26	0.16	0.08
8.6	0.01	0.27	0.05	-0.25	-0.22	0.04	0.27	0.34	0.28	0.18	0.10
8.8	-0.04	0.26	0.10	-0.22	-0.25	-0.01	0.24	0.34	0.29	0.20	0.11
9.0	-0.09	0.25	0.14	-0.18	-0.27	-0.06	0.20	0.33	0.31	0.21	0.12
9.2	-0.14	0.22	0.18	-0.14	-0.27	-0.10	0.16	0.31	0.31	0.23	0.14
9.4	-0.18	0.18	0.22	-0.09	-0.27	-0.14	0.12	0.30	0.32	0.25	0.16
9.6	-0.21	0.14	0.24	-0.04	-0.26	-0.18	0.08	0.27	0.32	0.27	0.17
9.8	-0.23	0.09	0.25	0.01	-0.25	-0.21	0.03	0.25	0.32	0.28	0.19
10.0	-0.25	0.04	0.25	0.06	-0.22	-0.23	-0.01	0.22	0.32	0.29	0.21